看圖學酒

看圖學酒：125 張圖表看懂世界酒飲的製造科學、品飲技巧與關鍵知識　暢銷平裝版

原　書　名／A Visual Guide to Drink
著　　　者／Ben Gibson & Patrick Mulligan
譯　　　者／潘芸芝、鍾偉凱

總　編　輯／王秀婷
行 銷 業 務／陳紫晴、羅仔伶

發　行　人／凃玉雲
出　　　版／積木文化
104 台北市民生東路二段 141 號 5 樓
官方部落格：http://cubepress.com.tw/
電話：(02) 2500-7696　　傳真：(02) 2500-1953
讀者服務信箱：service_cube@hmg.com.tw
發　　　行／英屬蓋曼群島商家庭傳媒股份有限公司城邦分公司
台北市民生東路二段 141 號 11 樓
讀者服務專線：(02)25007718-9　　24 小時傳真專線：(02)25001990-1
服務時間：週一至週五上午 09:30-12:00、下午 13:30-17:00
郵撥：19863813　　戶名：書虫股份有限公司
網站：城邦讀書花園　網址：www.cite.com.tw
香港發行所／城邦（香港）出版集團有限公司
香港九龍九龍城土瓜灣道 86 號順聯工業大廈 6 樓 A 室
電話：852-25086231　　傳真：852-25789337
電子信箱：hkcite@biznetvigator.com
馬新發行所／城邦（馬新）出版集團
Cite (M) Sdn Bhd
41, Jalan Radin Anum, Bandar Baru Sri Petaling,
57000 Kuala Lumpur, Malaysia.
Tel: 603-90563833　　Fax:(603) 90576622
email: services@cite.my

封面完稿　梁家瑄
內頁排版　梁家瑄、張倚禎
製版印刷　上晴彩色印刷製版有限公司

國家圖書館出版品預行編目（CIP）資料

看圖學酒：125 張圖表看懂世界酒飲的製造科學、品飲技巧與
關鍵知識 / Ben Gibson, Patrick Mulligan 著；潘芸芝、鍾偉凱
譯 . -- 二版 . -- 臺北市：積木文化出版：英屬蓋曼群島商家庭
傳媒股份有限公司城邦分公司發行 , 2023.11
　面；　公分
譯自：A visual guide to drink.
ISBN 978-986-459-542-6(平裝)

1.CST: 酒業 2.CST: 品酒

463.8　　　　　　　　　　　　　　112017313

2017 年 4 月 25 日 初版一刷
2023 年 11 月 09 日 二版一刷
售價／ NT$990
ISBN 978-986-459-542-6
版權所有・不得翻印

看圖學酒
A Visual Guide to Drink

125張圖表
看懂世界酒飲的製造科學、
品飲技巧與關鍵知識

Ben Gibson & Patrick Mulligan 著
潘芸芝、鍾偉凱 譯

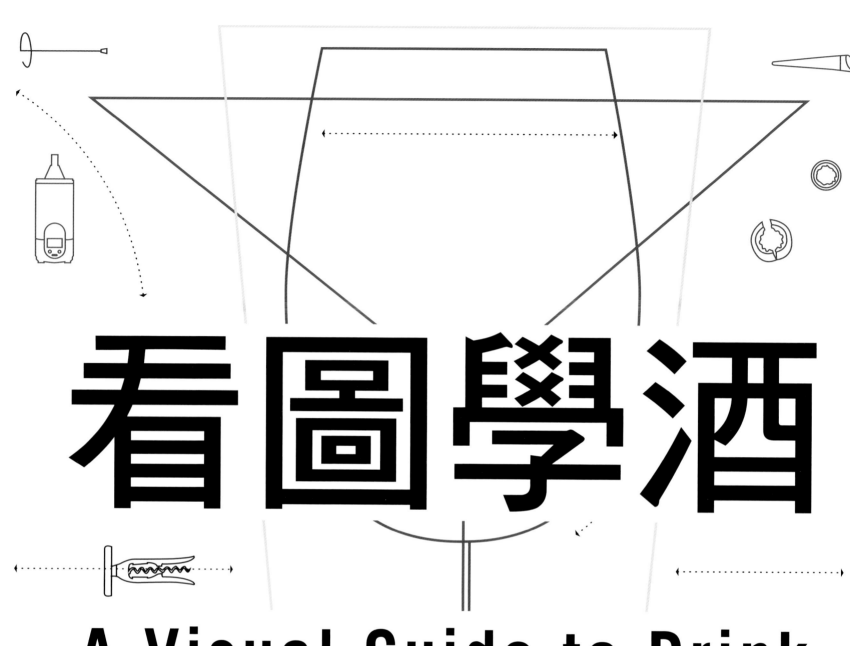

看圖學酒

A Visual Guide to Drink

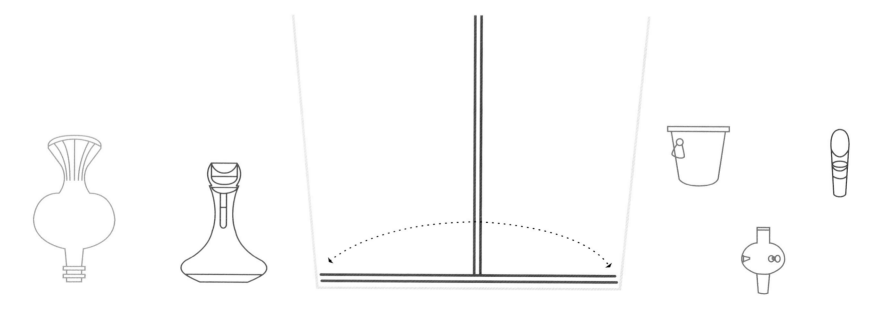

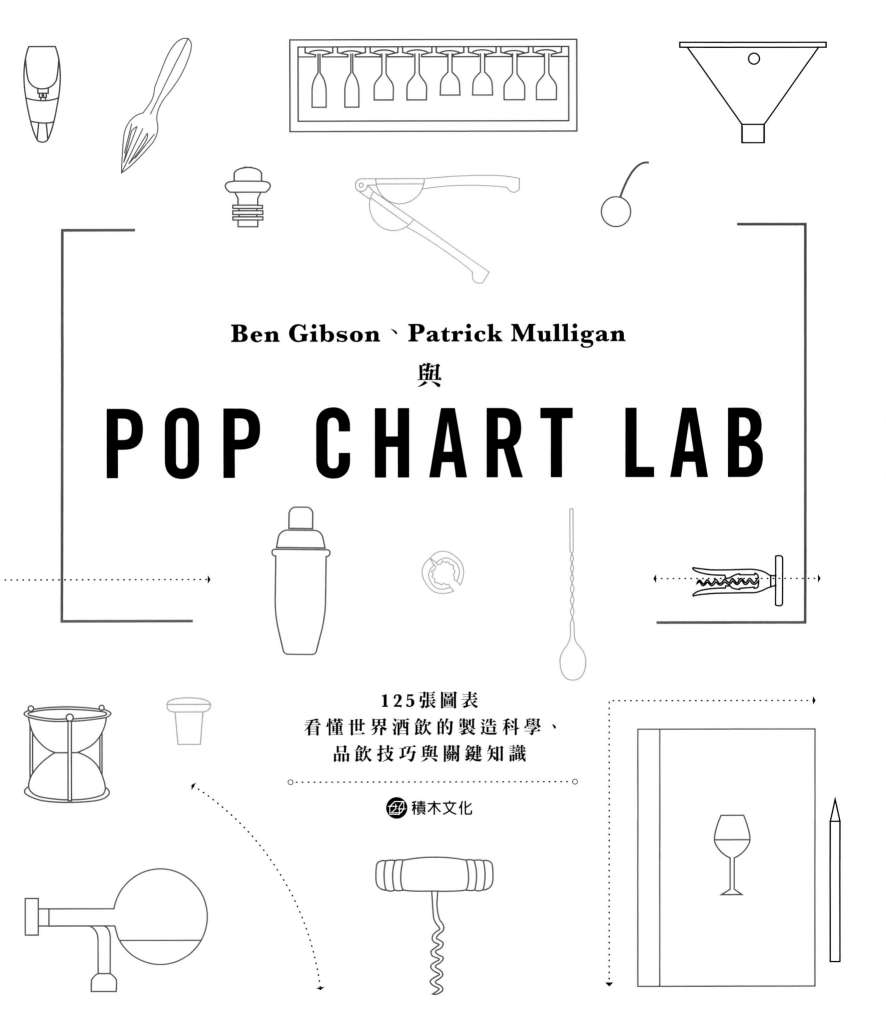

Ben Gibson、Patrick Mulligan

與

POP CHART LAB

125張圖表
看懂世界酒飲的製造科學、
品飲技巧與關鍵知識

積木文化

前言

op Chart Lab 的第一個計畫是啤酒分類學，在那之後的數年，我們創作出許多關於酒類飲品和其他主題的作品。完成本書的過程中，我們嘗試在不同的飲品間用不同的切入點，但始終秉持著呈現最正確資料的精神。我們避開了一些無法被量化的領域，如風味與搭餐建議等；不過，當這些風味與口感有統一的量化單位時，如國際苦度值（International Bittering Units, IBU）與酒精濃度（Alcohol by Voume, ABV），我們仍然嘗試以圖解方式呈現。

所有酒類飲品中，啤酒的風格分類可謂是最容易理解的，絕大多數的啤酒飲者也都相當熟悉特定廠牌，因此，我們在討論啤酒時就以它的主要類型出發，再搭配代表的特定酒款，但依舊以精釀啤酒為主。葡萄酒則完全不同。這是一個極度仰賴風土條件（terroir）的飲品，因此在葡萄酒的單元中，我們就以地理著手。葡萄酒有成千上萬款，所以我們盡可能地呈現不同國家與品種的主要相貌，而非拘泥於年份的差異。烈酒則以製作方式區分，並強調產區來源，向特定類型的酒款致敬（如威士忌），另外，我們也試著表現不同烈酒如何混合調配成各種飲品。

打從成立，Pop Chart Lab就努力嘗試結合資訊、設計與樂趣。我們希望本書能發揮酒類飲品背後真實、有趣，並極具視覺效果的一面。

＊編注：本書包含眾多專有名詞。其中酒莊、釀酒廠與酒款名稱皆保留原文；酒種與國際葡萄品種等專有名詞的多數原文皆附在該頁中文譯名旁，唯少數頁面僅留存中文譯名，因此書末附有全書譯名索引。

酒類簡介

酵母菌如何製造酒精

在絕大部分的歷史中，人類並不曉得世上有種負責製造酒精的微生物。酵母菌能攝取糖，然後在一連串的化學過程中產生副產品——酒精，圖解如下。

酒精發酵

| 酵母菌 | + | 葡萄 | = | 葡萄酒 |

| 酵母菌 | + | 發芽穀物 | + | 啤酒花 | = | 啤酒 |

| 酵母菌 | + | 發芽米 | = | 日本酒 |

| 酵母菌 | + | 澱粉／未發芽穀物 | X | 蒸餾 | = | 伏特加／威士忌 |

| 酵母菌 | + | 甘蔗 | X | 蒸餾 | = | 蘭姆酒 |

| 酵母菌 | + | 澱粉／未發芽穀物 | X | 蒸餾 | + | 調味 | = | 琴酒 |

由酵母菌促成的葡萄糖與乙醇轉換

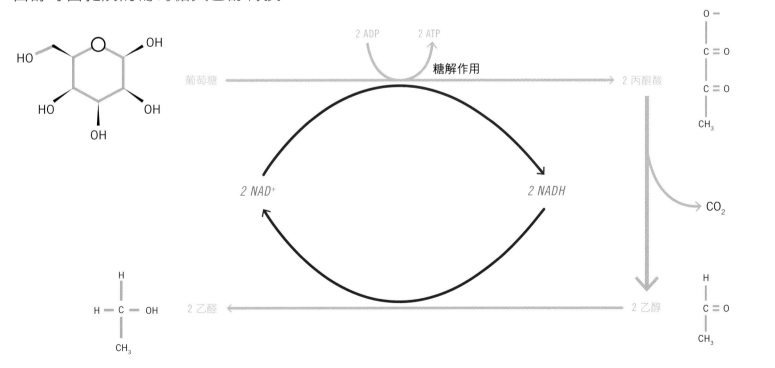

各種酒精飲品

所有酒精飲品都會經過發酵（前頁提到的酵母菌製造酒精之過程），而發酵
後的飲品還可以再進行蒸餾，濃縮酒精。下方圖表先將酒精飲品以發酵與蒸
餾區分，再進一步依原料分類。

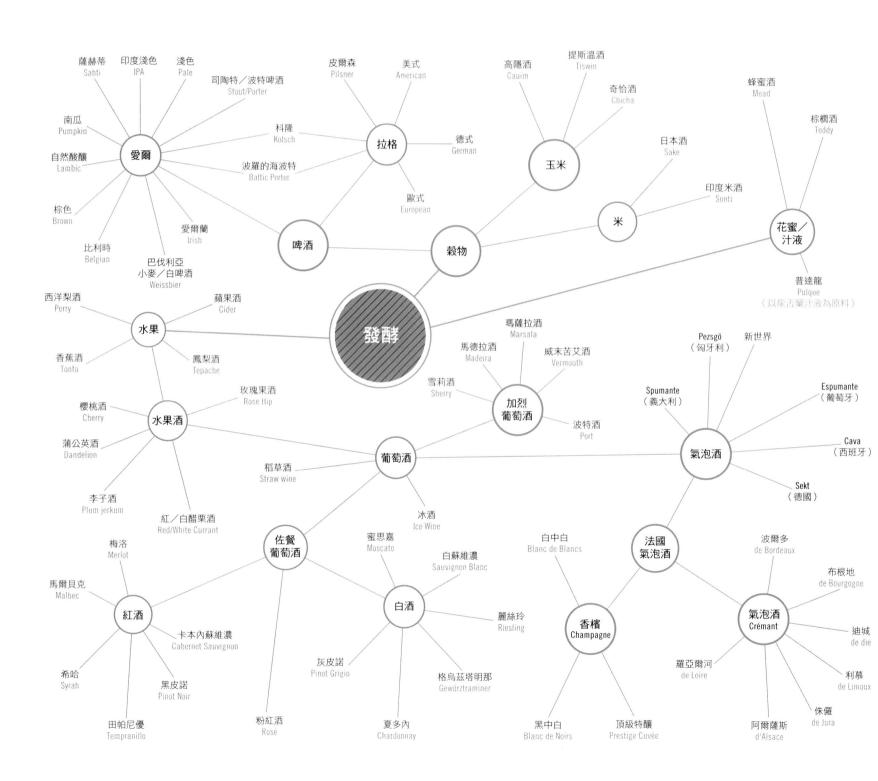

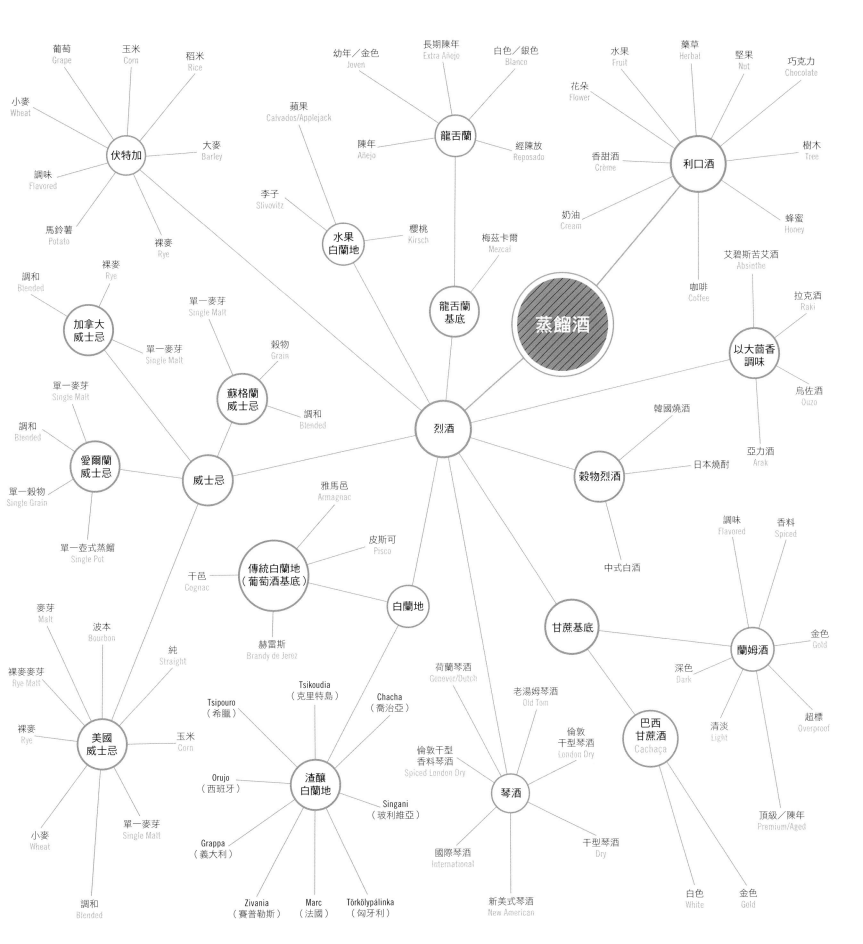

葡萄
Grape

玉米
Corn

稻米
Rice

小麥
Wheat

大麥
Barley

伏特加

調味
Flavored

馬鈴薯
Potato

裸麥
Rye

蘋果
Calvados/Applejack

李子
Slivovitz

水果
白蘭地

櫻桃
Kirsch

幼年／金色
Joven

長期陳年
Extra Añejo

白色／銀色
Blanco

陳年
Añejo

龍舌蘭

經陳放
Reposado

水果
Fruit

藥草
Herbal

堅果
Nut

巧克力
Chocolate

花朵
Flower

利口酒

樹木
Tree

香甜酒
Crème

奶油
Cream

蜂蜜
Honey

咖啡
Coffee

梅茲卡爾
Mezcal

龍舌蘭
基底

艾碧斯苦艾酒
Absinthe

拉克酒
Raki

蒸餾酒

以大茴香
調味

烏佐酒
Ouzo

亞力酒
Arak

裸麥
Rye

調和
Blended

加拿大
威士忌

單一麥芽
Single Malt

單一麥芽
Single Malt

穀物
Grain

蘇格蘭
威士忌

調和
Blended

單一麥芽
Single Malt

調和
Blended

愛爾蘭
威士忌

單一穀物
Single Grain

威士忌

烈酒

韓國燒酒

穀物烈酒

日本燒酎

雅馬邑
Armagnac

皮斯可
Pisco

中式白酒

單一壺式蒸餾
Single Pot

干邑
Cognac

傳統白蘭地
（葡萄酒基底）

白蘭地

赫雷斯
Brandy de Jerez

調味
Flavored

香料
Spiced

麥芽
Malt

波本
Bourbon

甘蔗基底

蘭姆酒

金色
Gold

裸麥麥芽
Rye Malt

純
Straight

荷蘭琴酒
Genever/Dutch

深色
Dark

裸麥
Rye

老湯姆琴酒
Old Tom

清淡
Light

超標
Overproof

美國
威士忌

玉米
Corn

倫敦
干型琴酒
London Dry

巴西
甘蔗酒
Cachaça

小麥
Wheat

單一麥芽
Single Malt

Tsipouro
（希臘）

Tsikoudia
（克里特島）

Chacha
（喬治亞）

倫敦干型
香料琴酒
Spiced London Dry

琴酒

干型琴酒
Dry

頂級／陳年
Premium/Aged

調和
Blended

Orujo
（西班牙）

渣釀
白蘭地

Singani
（玻利維亞）

國際琴酒
International

Grappa
（義大利）

新美式琴酒
New American

白色
White

金色
Gold

Zivania
（賽普勒斯）

Marc
（法國）

Törkölypálinka
（匈牙利）

大麥麥芽　　　小麥　　　稻米　　　飼料玉米　　　裸麥

美國釀酒作物地圖

美國釀造啤酒、葡萄酒與烈酒的主要原料及調味料多樣，境內多州皆有種植。穀物大多集中於中西部，絕大部分的葡萄則產自加州。有趣的是，多數琴酒的風味必要原料——杜松子，仍是來自野外採集，目前沒有任何人工栽培的方式。

燕麥　　馬鈴薯　　葡萄　　甘蔗　　啤酒花

原料×釀製＝飲品

自古至今，幾乎所有原料能製造酒的方法都被我們找到了。透過使用發酵及蒸餾兩種方式，許多原料不斷被組合、甚至再組合地創造出酒精飲品。眾多發酵酒類也被蒸餾成更強烈的飲料，例如葡萄酒變成白蘭地，另一方面，酒精濃度較高的酒款還可以再用各種水果及藥草稀釋或調味。

＊譯注：扁桃仁（almond）在台灣常稱為杏仁（apricot），但兩者為不同品種植物的果仁。

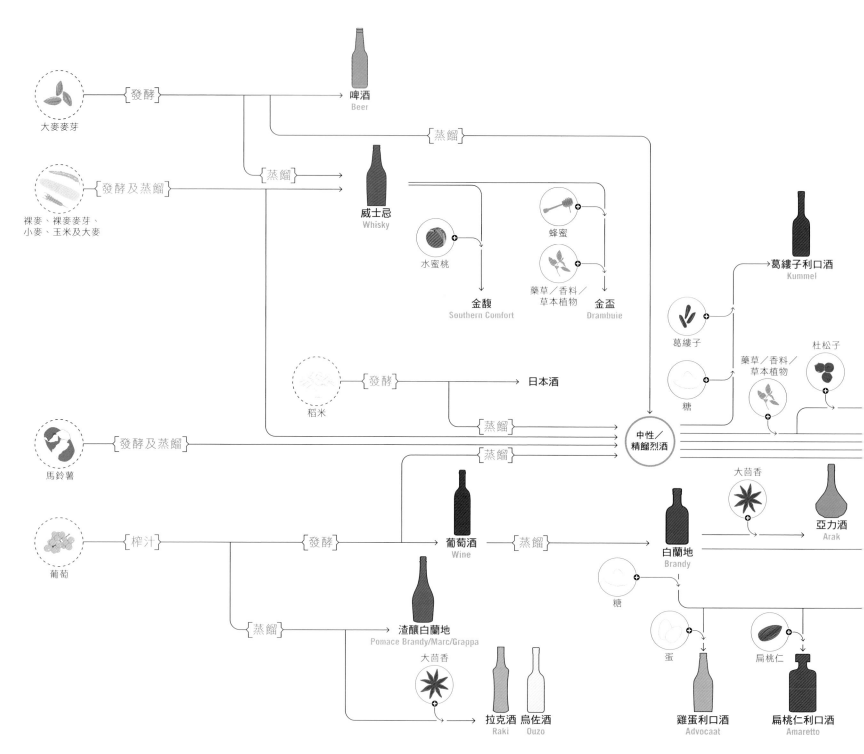

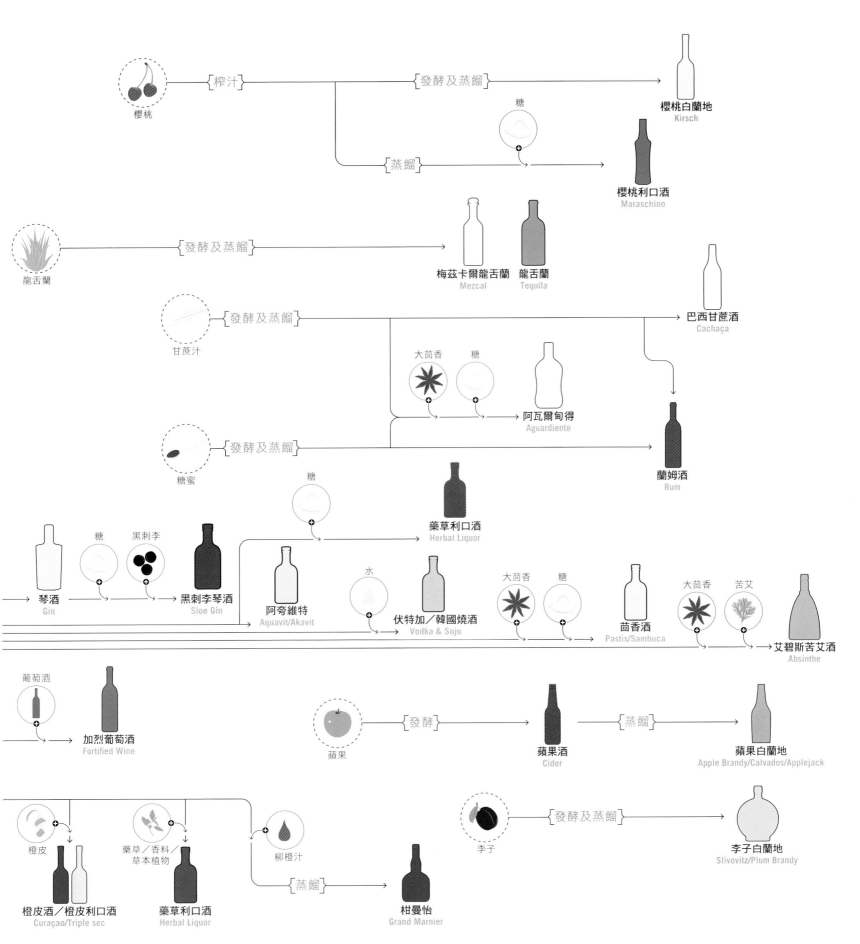

櫻桃
〔榨汁〕
〔發酵及蒸餾〕
櫻桃白蘭地
Kirsch

糖

〔蒸餾〕
櫻桃利口酒
Maraschino

龍舌蘭
〔發酵及蒸餾〕
梅茲卡爾龍舌蘭
Mezcal

龍舌蘭
Tequila

甘蔗汁
〔發酵及蒸餾〕
巴西甘蔗酒
Cachaça

大茴香　糖

阿瓦爾甸得
Aguardiente

糖蜜
〔發酵及蒸餾〕
蘭姆酒
Rum

糖
藥草利口酒
Herbal Liquor

糖　黑刺李

琴酒
Gin

黑刺李琴酒
Sloe Gin

阿夸維特
Aquavit/Akavit

水

伏特加／韓國燒酒
Vodka & Soju

大茴香　糖

茴香酒
Pastis/Sambuca

大茴香　苦艾

艾碧斯苦艾酒
Absinthe

葡萄酒

加烈葡萄酒
Fortified Wine

蘋果
〔發酵〕
蘋果酒
Cider
〔蒸餾〕
蘋果白蘭地
Apple Brandy/Calvados/Applejack

李子
〔發酵及蒸餾〕
李子白蘭地
Slivovitz/Plum Brandy

橙皮

藥草／香料／草本植物

柳橙汁

橙皮酒／橙皮利口酒
Curaçao/Triple sec

藥草利口酒
Herbal Liquor

〔蒸餾〕
柑曼怡
Grand Marnier

酒精濃度

一般而言，發酵後再經過蒸餾的飲品，酒精濃度會比只經過發酵的更高，因為蒸餾會移除水分，濃縮酒精。但燒酒（全球最流行的烈酒）酒精濃度只落在較高的發酵飲品範圍內。此處標示出各種飲品的平均酒精濃度，當然會有特例，像是小批釀造的精釀啤酒酒精濃度可達40%。

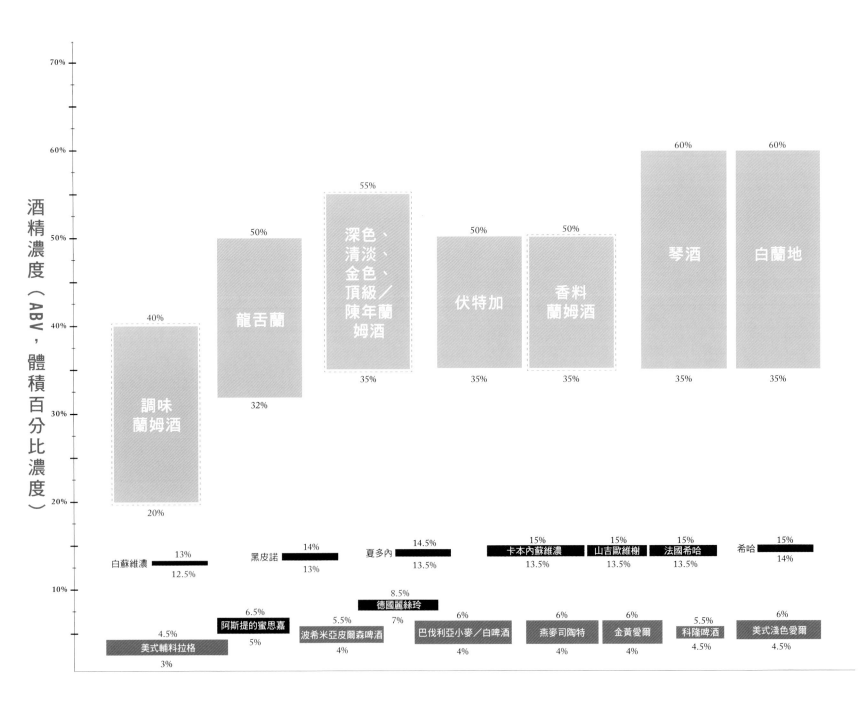

酒精濃度（ABV，體積百分比濃度）

- 調味蘭姆酒 40% / 20%
- 龍舌蘭 50% / 32%
- 深色、清淡、金色、頂級／陳年蘭姆酒 55% / 35%
- 伏特加 50% / 35%
- 香料蘭姆酒 50% / 35%
- 琴酒 60% / 35%
- 白蘭地 60% / 35%

- 白蘇維濃 13% / 12.5%
- 黑皮諾 14% / 13%
- 夏多內 14.5% / 13.5%
- 卡本內蘇維濃 15% / 13.5%
- 山吉歐維榭 15% / 13.5%
- 法國希哈 15% / 13.5%
- 希哈 15% / 14%

- 德國麗絲玲 8.5% / 7%
- 阿斯提的蜜思嘉 6.5% / 5%
- 波希米亞皮爾森啤酒 5.5% / 4%
- 巴伐利亞小麥／白啤酒 6% / 4%
- 燕麥司陶特 6% / 4%
- 金黃愛爾 6% / 4%
- 科隆啤酒 5.5% / 4.5%
- 美式淺色愛爾 6% / 4.5%
- 美式輔料拉格 4.5% / 3%

發酵酒類
 啤酒　 葡萄酒　 加烈葡萄酒　○ 其他

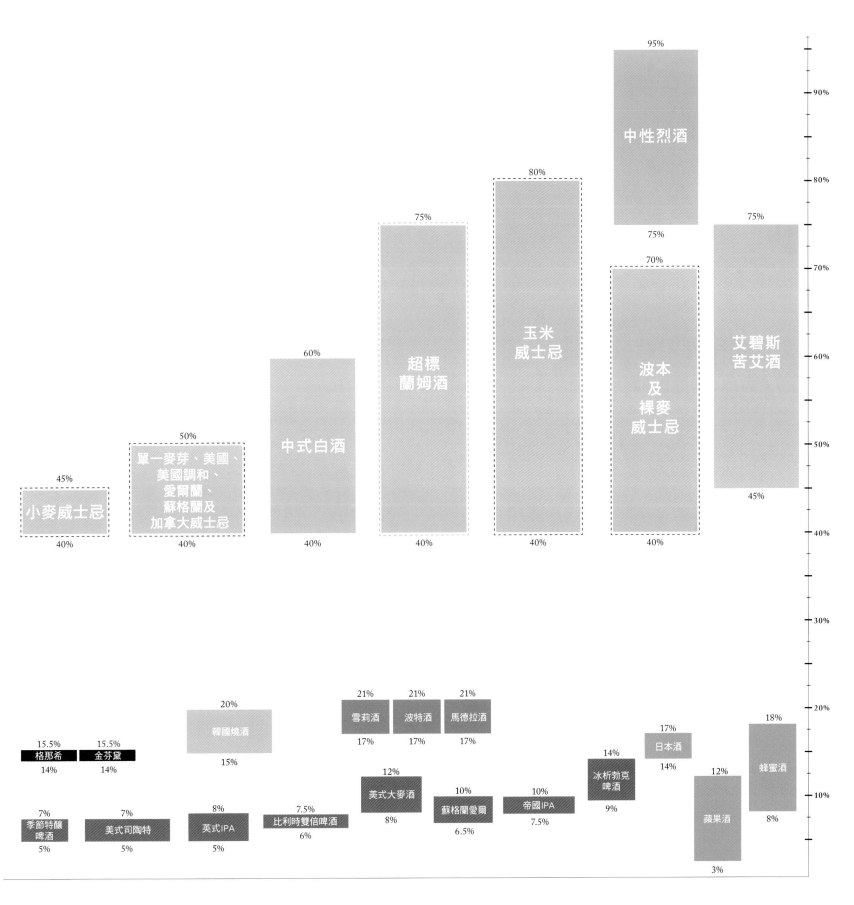

95%

中性烈酒

75%

90%

80%

玉米
威士忌

80%

70%

75%

超標
蘭姆酒

75%

波本
及
裸麥
威士忌

70%

艾碧斯
苦艾酒

75%

60%

中式白酒

60%

60%

50%

50%

單一麥芽、美國、
美國調和、
愛爾蘭、
蘇格蘭及
加拿大威士忌

50%

45%

小麥威士忌

45%

45%

40%

40%

40%

40%

40%

40%

40%

30%

21%

雪莉酒

21%

波特酒

21%

馬德拉酒

20%

20%

韓國燒酒

20%

18%

蜂蜜酒

17%

17%

17%

17%

日本酒

15.5%

格那希

15.5%

金芬黛

15%

14%

14%

14%

14%

冰桸勃克
啤酒

12%

美式大麥酒

12%

蘋果酒

10%

10%

帝國IPA

7%

季節特釀
啤酒

7%

美式司陶特

8%

英式IPA

8%

蘇格蘭愛爾

9%

8%

8%

7.5%

比利時雙倍啤酒

7.5%

6.5%

6%

5%

5%

5%

3%

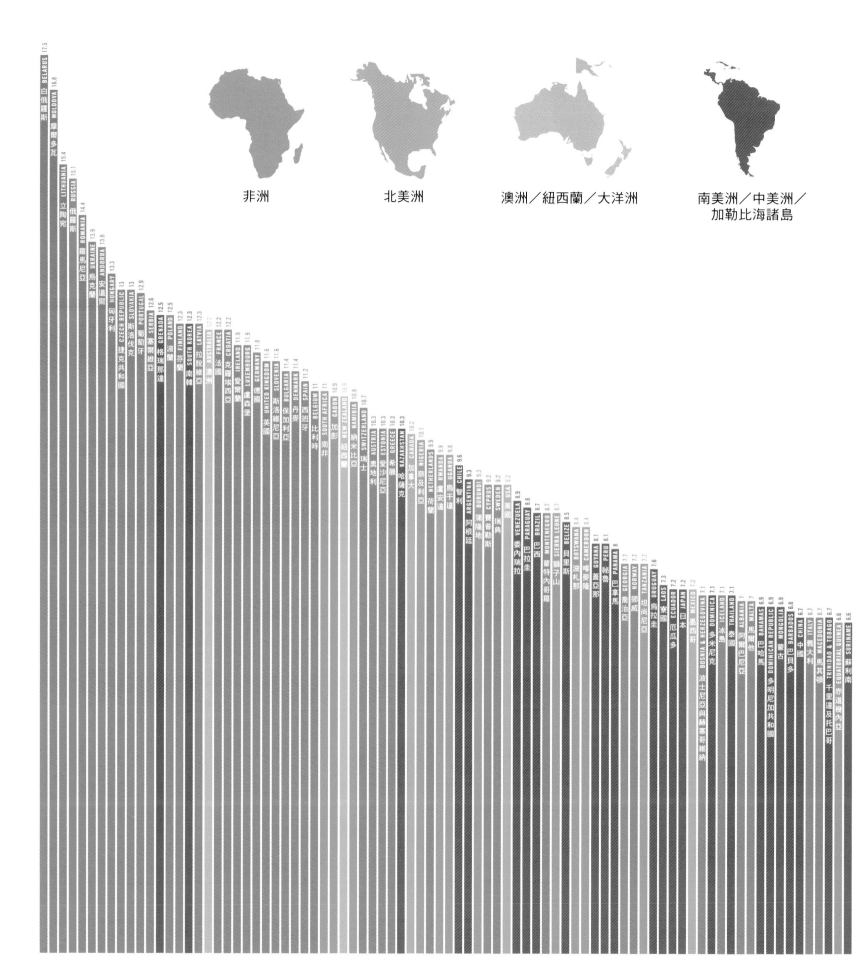

非洲　　　　　北美洲　　　　澳洲／紐西蘭／大洋洲　　　南美洲／中美洲／
　　　　　　　　　　　　　　　　　　　　　　　　　　　加勒比海諸島

白俄羅斯 BELARUS 17.5
摩爾多瓦 MOLDOVA 16.8
立陶宛 LITHUANIA 15.4
俄羅斯 RUSSIA 15.1
羅馬尼亞 ROMANIA 14.4
烏克蘭 UKRAINE 13.9
安道爾 ANDORRA 13.8
匈牙利 HUNGARY 13.3
捷克共和國 CZECH REPUBLIC 13
斯洛伐克 SLOVAKIA 13
葡萄牙 PORTUGAL 12.9
塞爾維亞 SERBIA 12.6
格瑞那達 GRENADA 12.5
波蘭 POLAND 12.5
芬蘭 FINLAND 12.3
南韓 SOUTH KOREA 12.3
拉脫維亞 LATVIA 12.3
澳洲 AUSTRALIA 12.2
法國 FRANCE 12.2
克羅埃西亞 CROATIA 12.2
愛爾蘭 IRELAND 11.9
盧森堡 LUXEMBOURG 11.9
德國 GERMANY 11.8
英國 UNITED KINGDOM 11.6
斯洛維尼亞 SLOVENIA 11.6
保加利亞 BULGARIA 11.4
丹麥 DENMARK 11.4
西班牙 SPAIN 11.2
比利時 BELGIUM 11
南非 SOUTH AFRICA 11
加彭 GABON 10.9
紐西蘭 NEW ZEALAND 10.9
納米比亞 NAMIBIA 10.8
瑞士 SWITZERLAND 10.7
奧地利 AUSTRIA 10.3
愛沙尼亞 ESTONIA 10.3
希臘 GREECE 10.3
哈薩克 KAZAKHSTAN 10.3
加拿大 CANADA 10.2
奈及利亞 NIGERIA 10.1
荷蘭 NETHERLANDS 9.9
盧安達 RWANDA 9.8
烏干達 UGANDA 9.8
智利 CHILE 9.6
阿根廷 ARGENTINA 9.3
蒲隆地 BURUNDI 9.3
賽普勒斯 CYPRUS 9.2
瑞典 SWEDEN 9.2
美國 USA 9.2
委內瑞拉 VENEZUELA 8.9
巴拉圭 PARAGUAY 8.8
巴西 BRAZIL 8.7
蒙特內哥羅 MONTENEGRO 8.7
獅子山 SIERRA LEONE 8.7
貝里斯 BELIZE 8.5
波札那 BOTSWANA 8.4
喀麥隆 CAMEROON 8.4
蓋亞那 GUYANA 8.1
祕魯 PERU 8.1
拿馬 PANAMA 8
喬治亞 GEORGIA 7.7
挪威 NORWAY 7.7
坦尚尼亞 TANZANIA 7.6
烏拉圭 URUGUAY 7.3
寮國 LAOS 7.3
厄瓜多 ECUADOR 7.2
日本 JAPAN 7.2
墨西哥 MEXICO 7.2
多米尼克 DOMINICA 7.1
冰島 ICELAND 7.1
泰國 THAILAND 7.1
阿爾巴尼亞 ALBANIA 7
馬爾他 MALTA 7
巴哈馬 BAHAMAS 6.9
多明尼加共和國 DOMINICAN REPUBLIC 6.9
蒙古 MONGOLIA 6.9
貝多 BARBADOS 6.8
中國 CHINA 6.7
義大利 ITALY 6.7
馬其頓 MACEDONIA 6.7
千里達及托巴哥 TRINIDAD & TOBAGO 6.7
蘇利南 SURINAME 6.6
赤道幾內亞 EQUATORIAL GUINEA 6.6
波士尼亞與赫塞哥維納 BOSNIA & HERZEGOVINA 7.1

10　酒類簡介

歐亞大陸

歐洲

亞洲

世界各國酒精銷量

若將全球各國每年售出的酒精飲品換算成純酒精，東歐國家名列前茅，反觀多數人口信奉伊斯蘭教、酒類受限制或完全禁止的國家，其消費量甚至只達東歐國家的千分之一。

狄俄尼索斯
Dionysus/Bacchus
希臘

西列諾斯
Silenus
希臘

拉德加斯特
Radegast
斯拉夫

利勃
Liber
羅馬

寧卡西
Ninkasi
蘇美

亞希吉
Yasigi
非洲

酒神

澱粉和水轉換成酒精的過程如此神奇，分布世界各地的眾多古文化都敬奉酒神。

姆巴巴－姆瓦納－瓦麗莎
Mbaba Mwana Waresa
南非祖魯女神

特斯卡瓊特卡托
Tezcatzontecatl
阿茲特克

蘇克魯斯
Sucellus
凱爾特

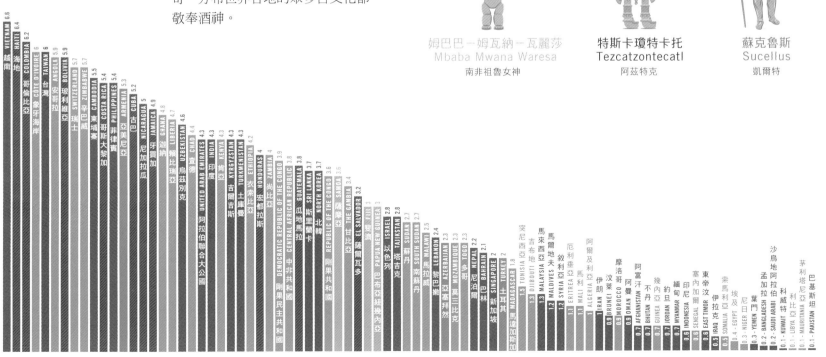

越南 VIETNAM 6.6
海地 HAITI 6.4
哥倫比亞 COLOMBIA 6.2
象牙海岸 CÔTE D'IVOIRE 6
台灣 TAIWAN 6
安哥拉 ANGOLA 5.9
玻利維亞 BOLIVIA 5.9
瑞士 SWITZERLAND 5.7
辛巴威 ZIMBABWE 5.7
東埔寨 CAMBODIA 5.5
哥斯大黎加 COSTA RICA 5.4
菲律賓 PHILIPPINES 5.4
亞美尼亞 ARMENIA 5.3
古巴 CUBA 5.2
尼加拉瓜 NICARAGUA 5
牙買加 JAMAICA 4.9
迦納 GHANA 4.8
賴比瑞亞 LIBERIA 4.7
烏茲別克 UZBEKISTAN 4.6
查德 CHAD 4.4
印度 INDIA 4.3
肯亞 KENYA 4.3
吉爾吉斯 KYRGYZSTAN 4.3
土庫曼 TURKMENISTAN 4.3
衣索比亞 ETHIOPIA 4.2
宏都拉斯 HONDURAS 4
尚比亞 ZAMBIA 4
薩爾瓦多 EL SALVADOR 3.9
剛果民主共和國 DEMOCRATIC REPUBLIC OF THE CONGO 3.9
中非共和國 CENTRAL AFRICAN REPUBLIC 3.8
瓜地馬拉 GUATEMALA 3.8
斯里蘭卡 SRI LANKA 3.7
北韓 NORTH KOREA 3.7
剛果共和國 REPUBLIC OF THE CONGO 3.6
多哥 TOGO 3.6
甘比亞 THE GAMBIA 3.4
巴布亞紐幾內亞 PAPUA NEW GUINEA 3
斐濟 FIJI 3
以色列 ISRAEL 2.8
塔吉克 TAJIKISTAN 2.8
蘇丹 SUDAN 2.7
南蘇丹 SOUTH SUDAN 2.7
馬拉威 MALAWI 2.5
黎巴嫩 LEBANON 2.4
亞塞拜然 AZERBAIJAN 2.3
莫三比克 MOZAMBIQUE 2.3
尼泊爾 NEPAL 2.2
巴林 BAHRAIN 2.1
新加坡 SINGAPORE 2
土耳其 TURKEY 2
馬達加斯加 MADAGASCAR 1.8
突尼西亞 TUNISIA 1.3
吉布地 DJIBOUTI 1.3
馬來西亞 MALAYSIA 1.3
馬爾地夫 MALDIVES 1.2
敘利亞 SYRIA 1.2
厄利垂亞 ERITREA 1.1
馬利 MALI 1.1
阿爾及利亞 ALGERIA 1
伊朗 IRAN 1
汶萊 BRUNEI 0.9
摩洛哥 MOROCCO 0.9
阿曼 OMAN 0.9
阿富汗 AFGHANISTAN 0.7
不丹 BHUTAN 0.7
幾內亞 GUINEA 0.7
約旦 JORDAN 0.7
緬甸 MYANMAR 0.7
印尼 INDONESIA 0.6
塞內加爾 SENEGAL 0.6
東帝汶 EAST TIMOR 0.6
伊拉克 IRAQ 0.5
索馬利亞 SOMALIA 0.5
埃及 EGYPT 0.4
尼日 NIGER 0.3
葉門 YEMEN 0.3
沙烏地阿拉伯 SAUDI ARABI 0.2
孟加拉 BANGLADESH 0.2
茅利塔尼亞 MAURITANIA 0.1
利比亞 LIBYA 0.1
科威特 KUWAIT 0.1
巴基斯坦 PAKISTAN 0.1

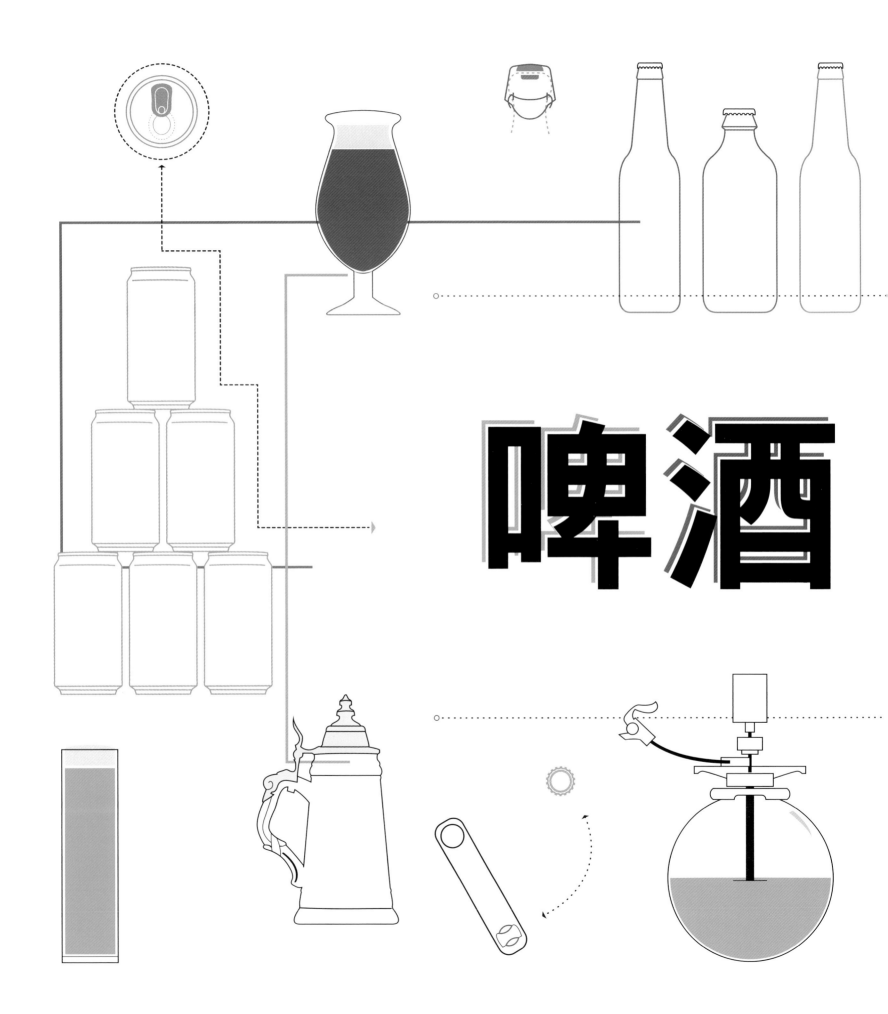

啤酒

BEER

釀造啤酒

讓我們來看看穀物如何轉化為啤酒。但並非每間啤酒廠都會執行以下所有步驟，例如會自行發芽穀物的啤酒廠就非常少見；另外，許多啤酒廠會將兩個步驟或裝置合而為一，像是糖化／過濾槽；還有一些啤酒廠會加入特殊的處理，像是使用酒花熱沖（hopback）裝置以增加酒花風味。自釀和商業大量的啤酒釀造過程，也因設備與規模的差異而有不同。

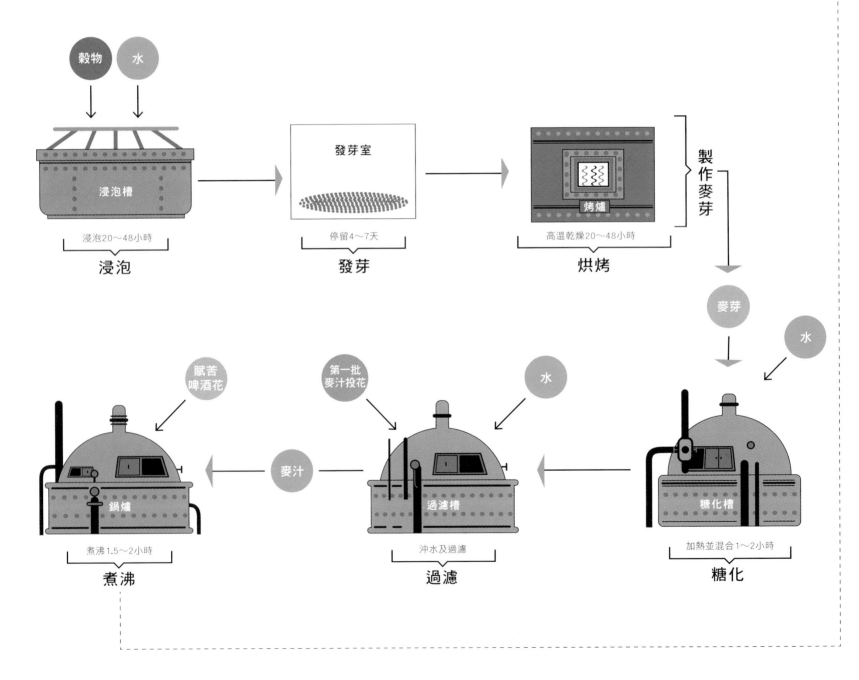

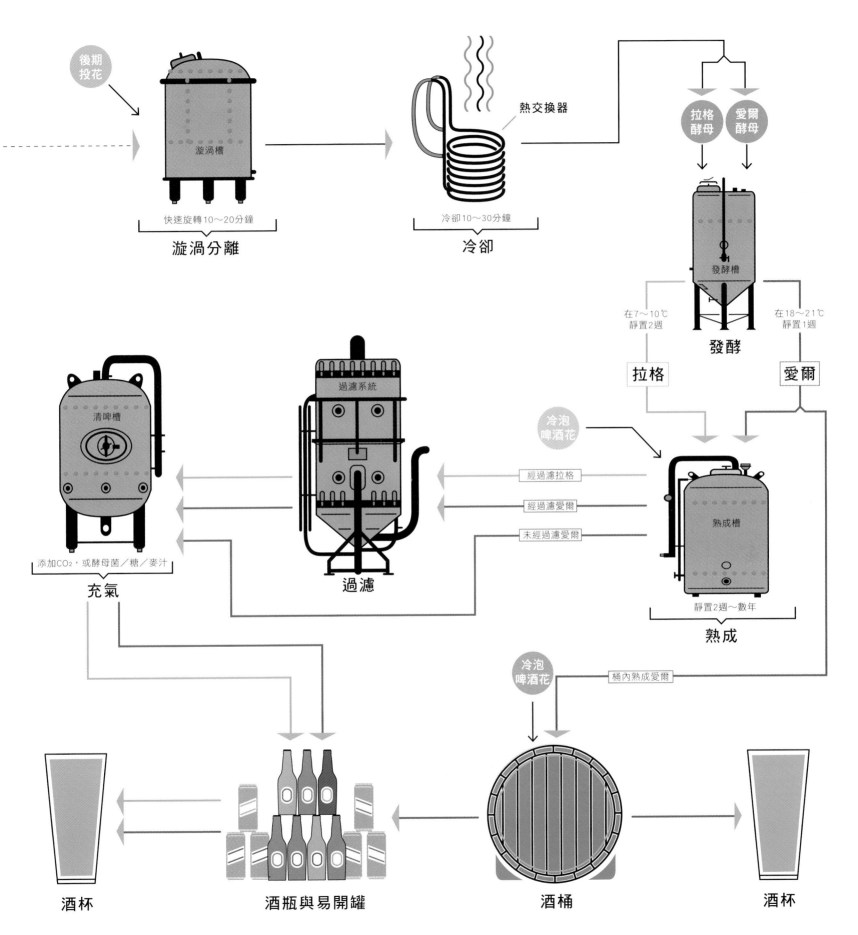

後期投花

漩渦槽

快速旋轉10～20分鐘

漩渦分離

熱交換器

冷卻10～30分鐘

冷卻

拉格酵母　愛爾酵母

發酵槽

在7～10℃靜置2週　　在18～21℃靜置1週

發酵

拉格　　愛爾

清啤槽

過濾系統

冷泡啤酒花

經過濾拉格

經過濾愛爾

未經過濾愛爾

熟成槽

添加CO₂，或酵母菌／糖／麥汁

充氣　**過濾**

靜置2週～數年

熟成

冷泡啤酒花

桶內熟成愛爾

酒杯　**酒瓶與易開罐**　**酒桶**　**酒杯**

啤酒的原料

啤酒的核心原料為穀物，穀物通常是大麥。製作麥芽及烘烤的過程，會將生穀轉變成易於發酵為酒精的形態。任何未發芽的穀物都被視為「輔料」，而玉米與稻米輔料通常會聯想到單薄、低品質而只適合大口喝的啤酒。啤酒花是最有名的啤酒添加物（幾乎不可能找到未添加啤酒花的啤酒），不過，水果、蔬菜，甚至是牡蠣都曾用來為啤酒增味。

生穀

| 二稜大麥 | 六稜大麥 | 燕麥 | 稻米 | 飼料玉米 | 小麥 | 裸麥 |

經處理之穀物

| 基礎麥芽 | 黑色麥芽 | 焦糖麥芽 | 巧克力麥芽 | 結晶麥芽 | 烤大麥 | 大麥片 | 玉米片 | 燕麥片 | 米片 | 烤小麥 |

添加物　●水果　●蔬菜　●其他

| 啤酒花 | 蘋果 | 水蜜桃 | 杏桃 | 藍莓 | 櫻桃 | 草莓 | 西瓜 | 墨西哥辣椒 |

| 哈瓦那辣椒 | 南瓜 | 咖啡 | 牡蠣 | 甘蔗 | 巧克力 |

酵母菌的魔法

啤酒通常使用兩種酵母菌。愛爾酵母（*Saccharomyces cerevisiae*）喜歡在較暖的溫度發酵，並釀產出愛爾；拉格酵母（*Saccharomyces pastorianus*）則適合在較低溫發揮魔力，而釀產出拉格。兩大主要酵母菌之外，某些啤酒廠會用「野味」（Brett）酵母菌釀造酸啤酒。另外，透過基因分析，我們已知拉格酵母的親系之一是愛爾酵母，但另一個親系真貝酵母（*Saccharomyces eubayanus*），則只在巴塔哥尼亞（Patagonia）地區出現。巴伐利亞人早在十四世紀，便開始釀造拉格，此時歐洲人尚未抵達新大陸，究竟巴塔哥尼亞酵母是如何遇到愛爾酵母並產生拉格酵母，至今仍是令人費解的謎團。

愛爾酵母

頂層發酵，可在**18～24°C**之間發酵。

今日，至少有200種愛爾酵母可釀造啤酒。

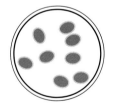

Saccharomyces cerevisiae

拉格酵母

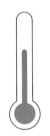

底層發酵，可在**5～15°C**之間發酵。

遍及於巴伐利亞，拉格酵母在較低溫度發酵之後，於低溫儲藏下熟成。

Saccharomyces pastorianus

野味酵母

頂層發酵，可在**15～30°C**之間發酵。

用於首次及二次發酵中。可將糖與氧氣轉變成醋酸，產生酸味。在桶陳啤酒中，氧氣會滲入啤酒而產生酸味；除了醋酸，它也能產生具揮發性的酚類，以及具果香的己酸乙酯（ethyl caproate）和辛酸乙酯（ethyl caprylate）。

Brettanomyces bruxellensis &
Brettanomyces anomalus

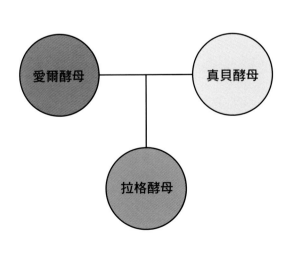

啤酒方程式

啤酒釀酒師使用兩種不同單位表示啤酒中水與萃取物（可發酵糖與其他穀物副產品）的比例。「柏拉圖濃度」（degree Plato）就是較舊的表示單位，其中10柏拉圖濃度表示純葡萄糖的萃取物（它其實不純）占總重的10%。而更常見的比重表示方式則是直接測量啤酒相對於水的密度。純水的比重是1.00，因此比重為1.16的啤酒的密度便比純水高出16%。釀酒師會以液體比重計（hydrometer）測量出麥汁（即是啤酒在煮沸、冷卻與發酵前的混合物）的原始比重（original gravity）。發酵後，釀酒師會再度測量啤酒並得到最終比重（final gravity）。我們還可透過比較原始比重與最終比重，得知有多少糖成功轉化為酒精。

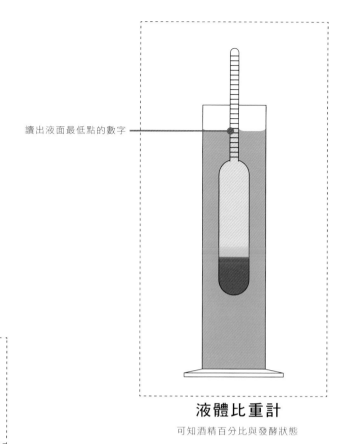

讀出液面最低點的數字

液體比重計
可知酒精百分比與發酵狀態

原始比重
= 1 + (柏拉圖濃度 / (258.6 − ((柏拉圖濃度/258.2) x 227.1)))

柏拉圖濃度
= − 616.868 + (1111.14 x 原始比重) − (630.272 x 原始比重^2) + (135.997 x 原始比重^3)

國際賦苦單位IBU

啤酒苦度的表示方式可用國際賦苦單位（International Bittering Units, IBU）。Alpha 酸化合物（即啤酒花帶來的苦味）可以透過光譜儀測量。最不具酒花風味的啤酒大約為10 IBU，而最富酒花風味的IPA則接近100 IBU。IBU可以告訴我們啤酒含有多少苦味化合物，但未必表示啤酒嘗起來有多苦，因為大量的麥芽風味可以降低苦味的表現。

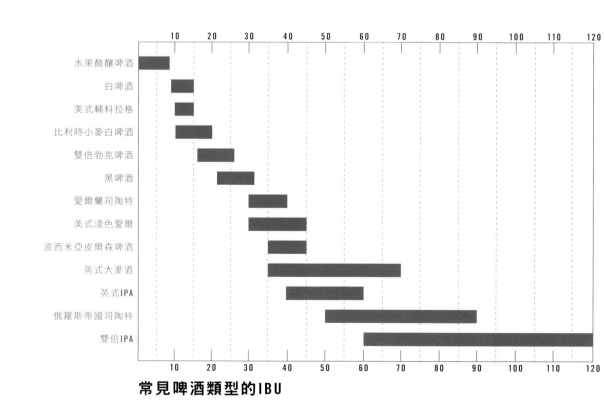

常見啤酒類型的IBU

標準參考方法（Standard Reference Method）可表示啤酒的色彩。更精確地說，它表示光線穿越啤酒時的衰減。下圖表示不同啤酒類型在 SRM 尺度中的位置。

$$SRM = 12.7 \times D \times A_{430}$$

D 為稀釋參數（D = 1 即樣本未經稀釋，D = 2 表示稀釋比例為 1：1，依此類推），A₄₃₀是波長 430 奈米的藍光在長度為 1 公分樣品中的吸光率。

1	2	3	4	5	6	7	8	9	10
	美式拉格						英式淺色愛爾		
	白啤酒						印度淺色愛爾		
		美式小麥啤酒					大麥酒		
		自然酸釀啤酒					春季勃克啤酒		美式淺色愛爾
		小麥啤酒					雙倍勃克啤酒		
		比利時白啤酒							
		英式苦啤酒							維也納拉格
		皮爾森啤酒							
			梅爾森啤酒						

11	12	13	14	15	16	17	18	19	20
英式淺色愛爾							美式棕愛爾		
印度淺色愛爾							冰析勃克啤酒		
大麥酒									
春季勃克啤酒		老啤酒							棕色波特啤酒
美式淺色愛爾								英式棕愛爾	
雙倍勃克啤酒									
英式苦啤酒									
維也納拉格									
梅爾森啤酒				勃克啤酒					

21	22	23	24	25	26	27	28	29	30
美式棕愛爾									
冰析勃克啤酒									帝國司陶特啤酒
大麥酒									
棕色波特啤酒			干型司陶特啤酒						甜美司陶特啤酒
英式棕愛爾									
雙倍勃克啤酒									
勃克啤酒									

31	32	33	34	35	36	37	38	39	40
美式棕愛爾									
帝國司陶特啤酒									
英式棕愛爾									
甜美司陶特啤酒									
干型司陶特啤酒									

啤酒花系譜

美國農業部（USDA）在太平洋西北地區進行的啤酒花育種計畫，讓啤酒花品種在過去四十年間大幅成長。透過上千次的育種，Hallertau 與 Brewer's Gold 等舊世界啤酒花，衍生出了 Cascade 和Chinook 等美國原生品種，為精釀啤酒界復興啤酒花風格強烈的類型（如 IPA）鋪平了道路。下圖中若有標上 MALE 表示雄性、FEMALE 表示雌性、UNKNOWN 表示不明。

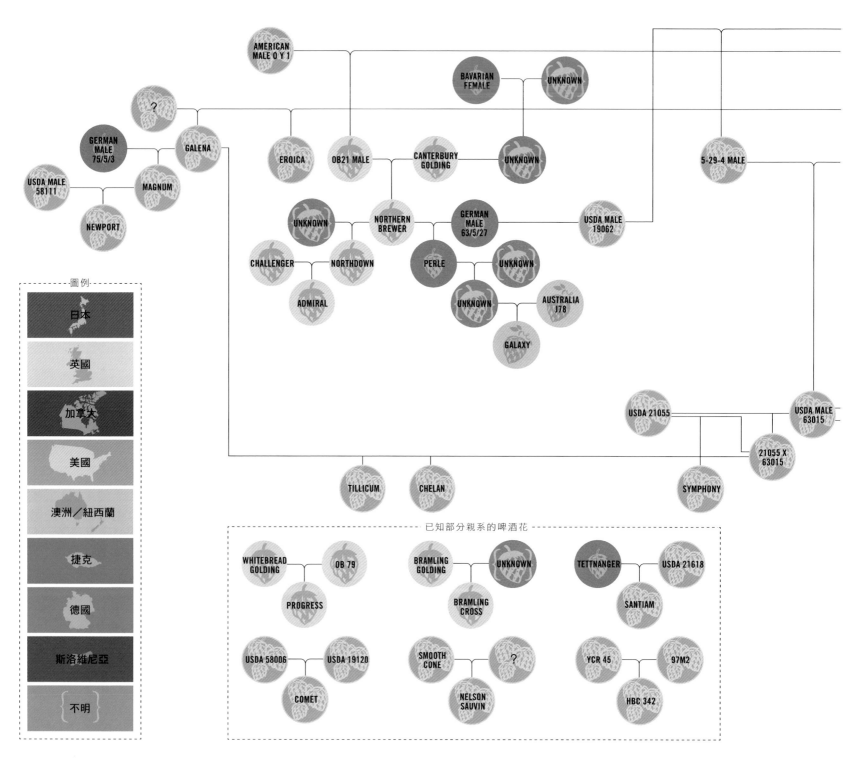

圖例

- 日本
- 英國
- 加拿大
- 美國
- 澳洲／紐西蘭
- 捷克
- 德國
- 斯洛維尼亞
- 不明

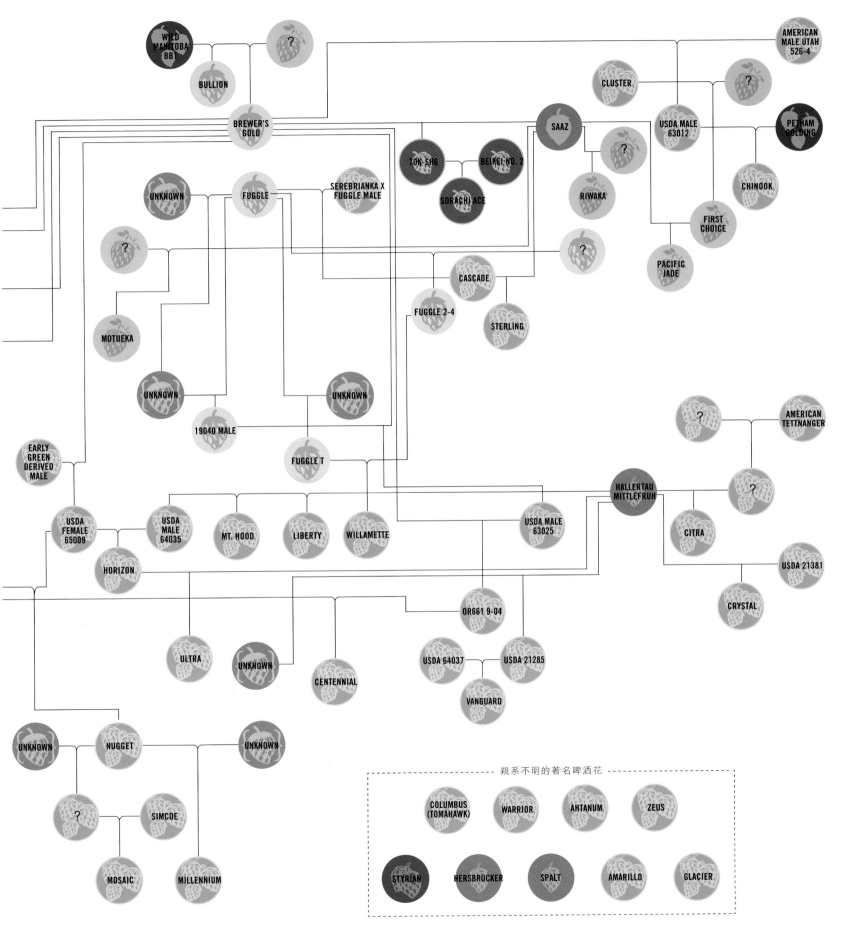

酒業巨獸AB InBev

由於一系列的合併及收購，商業啤酒巨人美商安海斯布希集團（Anheuser-Busch InBev）成為世上最龐大的啤酒公司，旗下擁有超過兩百個品牌，該集團的品牌在美國市占率為 46%，全球市占率也高達 22%。下圖為該集團在各大洲的版圖與演進。

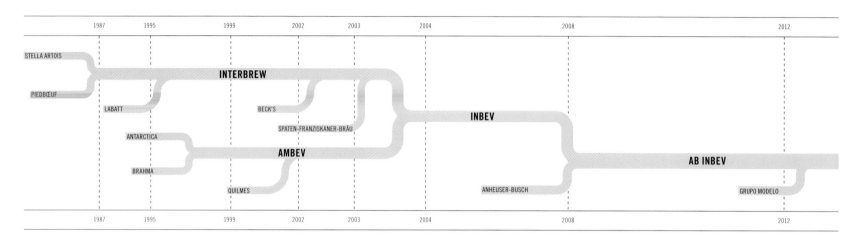

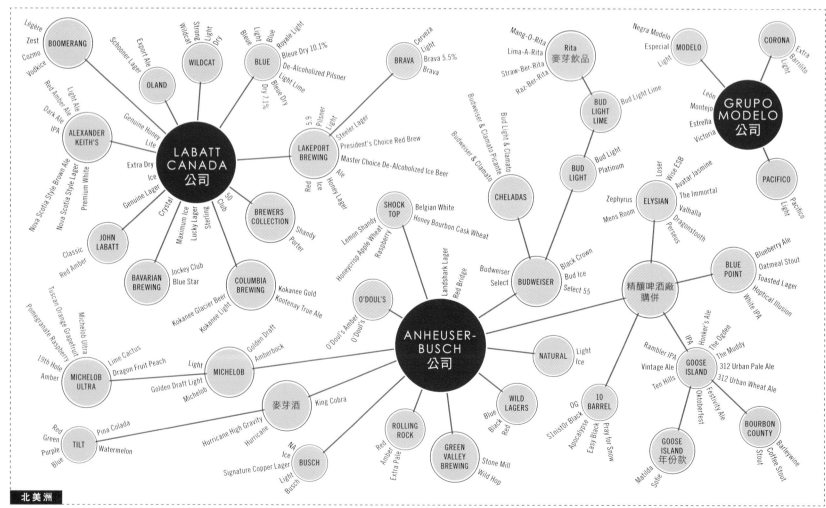

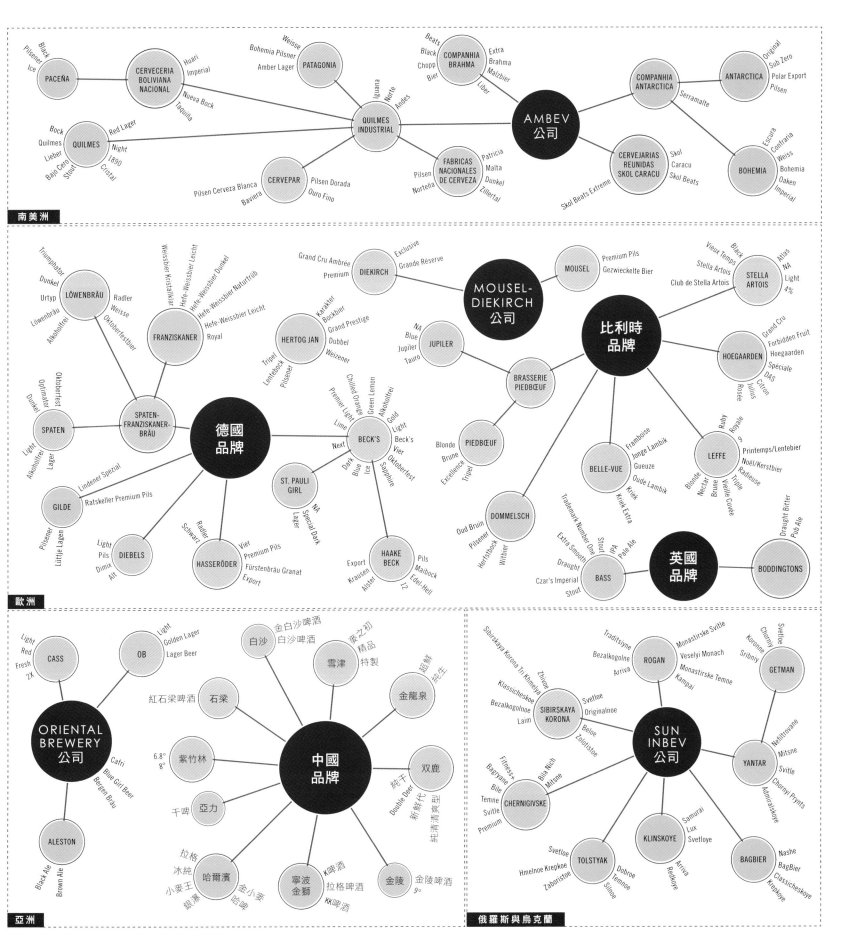

精釀啤酒的崛起

即使世上多數啤酒由大型跨國集團主導，但最棒的啤酒仍然來自精釀啤酒，精釀啤酒不斷地向啤酒界開發新啤酒類型並挖掘舊有類型。例如，1979 年美國便通過了一條讓自釀啤酒合法的法規，業餘釀酒師得以展開啤酒釀造的嘗試；到了 1980 年代中期，美國各地便開始出現眾多新啤酒廠。

精釀啤酒廠名稱	西元
SIERRA NEVADA	1979
	1980
	1981
	1982
	1983
SAMUEL ADAMS	1984
BELL'S	1985
HARPOON, ABITA	1986
BROOKLYN BREWERY	1987
ROGUE ALES, DESCHUTES, GREAT LAKES	1988
	1989
FLYING DOG, BRECKENRIDGE	1990
NEW BELGIUM	1991
	1992
AVERY, LAGUNITAS, NEW GLARUS, LEFT HAND	1993
SMUTTYNOSE	1994
DOGFISH HEAD, BEAR REPUBLIC	1995
BALLAST POINT, STONE, FIRESTONE WALKER, FOUNDERS, VICTORY	1996
SWEETWATER, OSKAR BLUES	1997
	1998
	1999
	2000
	2001
SOUTHERN TIER, GREEN FLASH	2002

主要精釀啤酒廠創業時間

美國啤酒廠數量成長

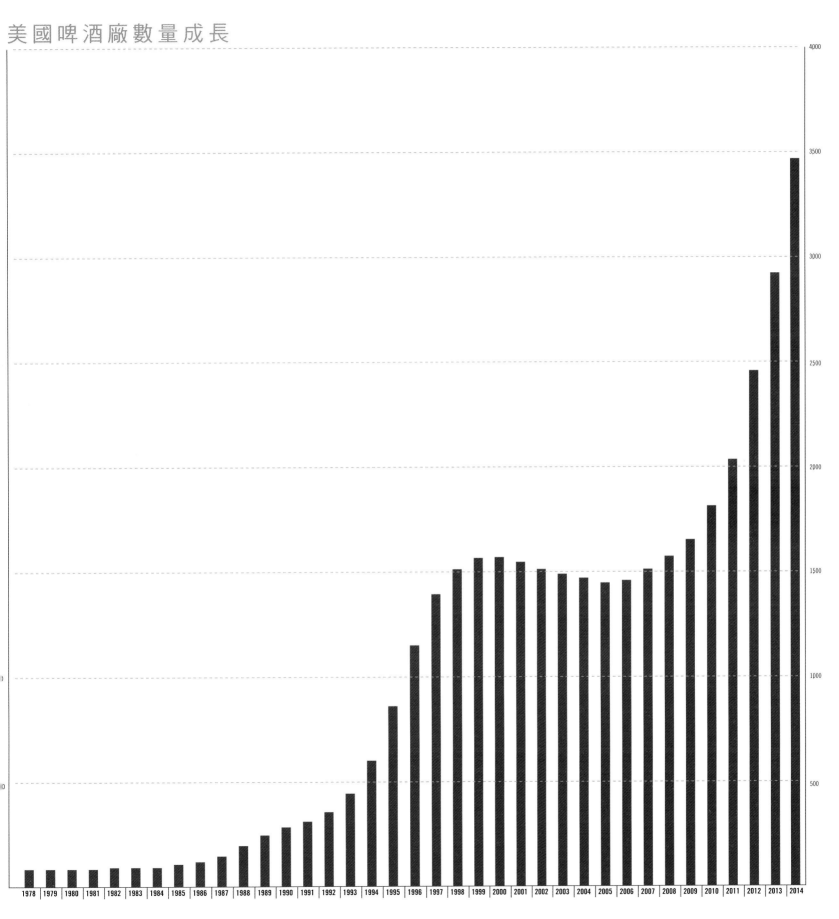

形形色色的啤酒

啤酒種類高達一百多種。但除了少數混合類型之外，啤酒類型不是愛爾，就是拉格。在這兩大類型之下，啤酒還能用原產地或釀產過程細分。在過去三十年間，精釀啤酒革命大幅擴展了啤酒世界中各面向的視野，尤其是愛爾啤酒，因其需要投資的時間與資金較少，所以比拉格更適合嘗試各種實驗。

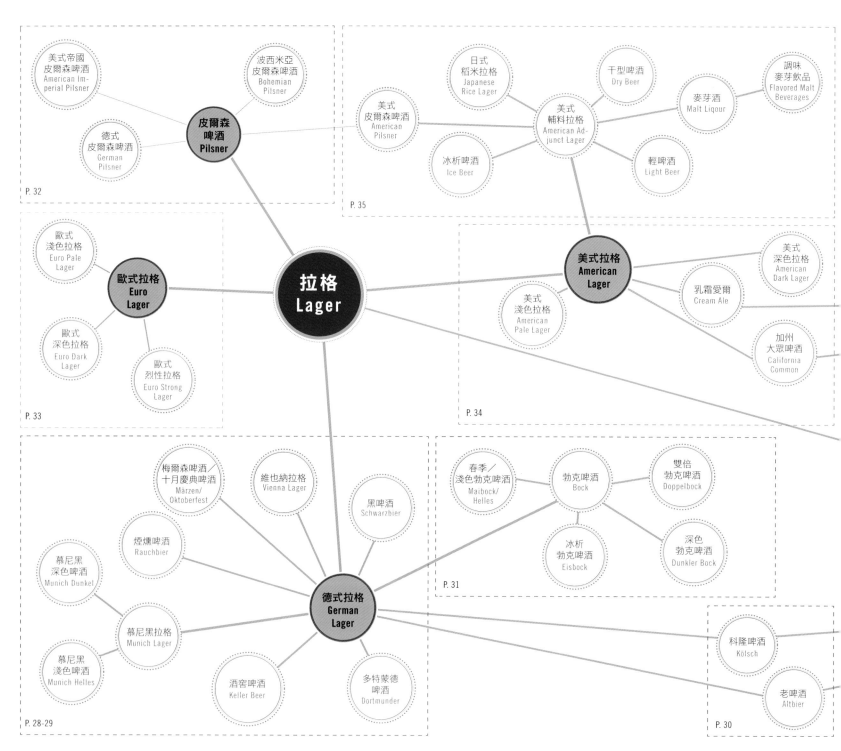

美式帝國皮爾森啤酒 American Imperial Pilsner

波西米亞皮爾森啤酒 Bohemian Pilsner

德式皮爾森啤酒 German Pilsner

皮爾森啤酒 Pilsner

P. 32

日式稻米拉格 Japanese Rice Lager

美式皮爾森啤酒 American Pilsner

冰析啤酒 Ice Beer

干型啤酒 Dry Beer

麥芽酒 Malt Liqour

調味麥芽飲品 Flavored Malt Beverages

美式輔料拉格 American Adjunct Lager

輕啤酒 Light Beer

P. 35

歐式淺色拉格 Euro Pale Lager

歐式拉格 Euro Lager

歐式深色拉格 Euro Dark Lager

歐式烈性拉格 Euro Strong Lager

P. 33

拉格 Lager

美式拉格 American Lager

美式淺色拉格 American Pale Lager

美式深色拉格 American Dark Lager

乳霜愛爾 Cream Ale

加州大眾啤酒 California Common

P. 34

梅爾森啤酒／十月慶典啤酒 Märzen/Oktoberfest

維也納拉格 Vienna Lager

黑啤酒 Schwarzbier

煙燻啤酒 Rauchbier

慕尼黑深色啤酒 Munich Dunkel

慕尼黑拉格 Munich Lager

慕尼黑淺色啤酒 Munich Helles

酒窖啤酒 Keller Beer

多特蒙德啤酒 Dortmunder

德式拉格 German Lager

P. 28-29

春季／淺色勃克啤酒 Maibock/Helles

勃克啤酒 Bock

雙倍勃克啤酒 Doppelbock

冰析勃克啤酒 Eisbock

深色勃克啤酒 Dunkler Bock

P. 31

科隆啤酒 Kölsch

老啤酒 Altbier

P. 30

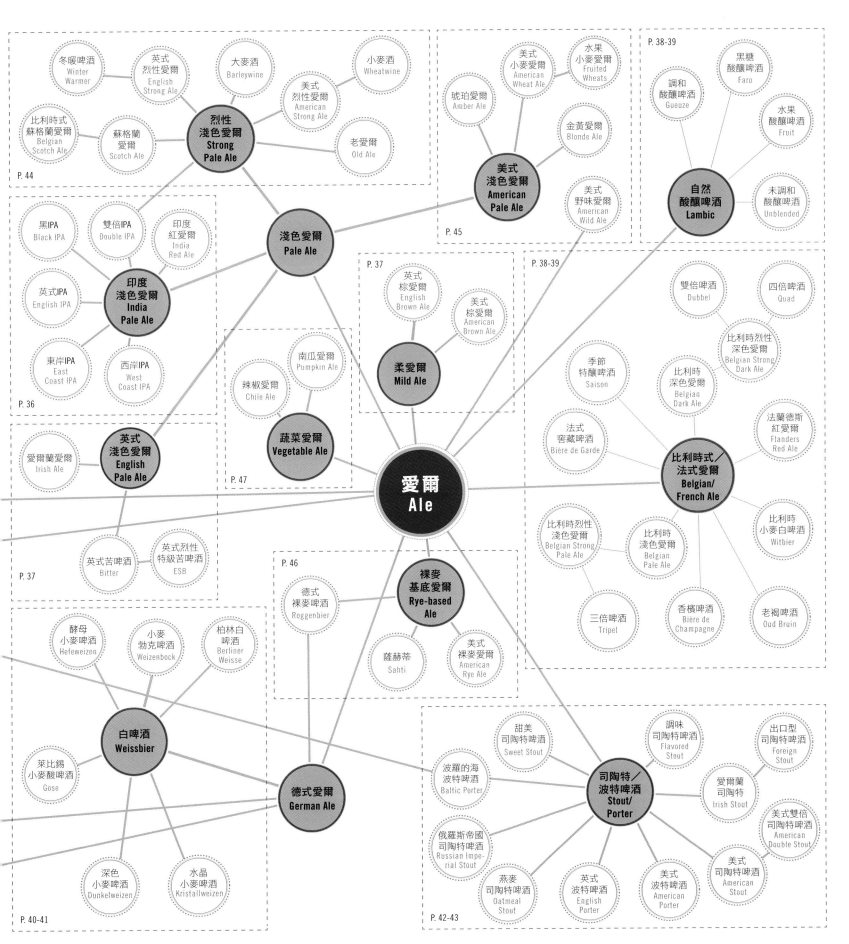

漢堡
Hamburg

波蘭

柏林
Berlin

德國

杜賽道夫
Düsseldorf

多特蒙德
Dortmund

萊比錫
Leipzig

科隆
Cologne

巴特克斯特里茨
Bad Köstritz

法蘭克尼亞
Franconia

捷克共和國

巴伐利亞
Bavaria

斯圖加特
Stuttgart

慕尼黑
Munich

維也納
Vienna

奧地利

		著名酒款
Franconia 法蘭克尼亞	煙燻啤酒 Rauchbier ABV 4–7%	Aecht Schlenkerla Rauchbier Märzen Spezial Rauchbier Lager Jack's Abby Fire in the Ham NOLA Smoky Mary Sam Adams Cinder Bock
	酒窖啤酒 Keller Beer ABV 4–7%	St. Georgenbräu Keller Bier Creemore Springs Kellerbier Columbus Summer Teeth Mahrs-Bräu Mastodon Voodoo PILZILLA Tuppers' Hop Pocket Pils
Bad Köstritz 巴特克斯特里茨	黑啤酒 SchwarzBier ABV 4.5–7%	Köstritzer Schwarzbier Choc Beer Miner Mishap Mönchshof Schwarzbier Saranac Black Forest Sprecher Black Bavarian Midnight Sun BREWtality Samuel Adams Black Lager Uinta Baba Black Lager
Dortmund 多特蒙德	多特蒙德啤酒 Dortmunder ABV 4–6%	Ayinger Jahrhundert Bier Appalachian Mountain Lager Three Floyds Jinx Proof DAB Original Great Lakes Dortmunder Gold Thirsty Dog Labrador Lager Flensburger Gold Depot Street Loose Caboose Lager
Munich 慕尼黑	淺色啤酒 Helles ABV 4.5–6%	Odd Side Hells Yes! Lancaster Lager Penn Brewing Penn Gold Terrapin Pineapple Express Stoudt's Gold Lager Weihenstephaner Original Löwenbräu Original Maui Bikini Blonde
	深色啤酒 Dunkel ABV 4–5.5%	Warsteiner Premium Dunkel Lakefront Eastside Dark Surly Schadenfreude Spaten Dunkel Karbach Mother in Lager Trapp Dunkel Lager Tempo Gold Star Capital Dark
	梅爾森啤酒／十月慶典啤酒 Märzen/Oktoberfest ABV 5–8%	Paulaner Oktoberfest Flying Dog Dogtoberfest Spaten Oktoberfestbier Ur-Märzen Flying Fish OktoberFish Atwater Bloktoberfest Avery The Kaiser Berkshire Oktoberfest Augustiner Bräu Märzen Bier
Vienna 維也納	維也納拉格 Vienna Lager ABV 3.5–6.5%	Negra Modelo Dos Equis Amber Lager Abita Amber Millstream Schild Brau Amber Schwelmer Bernstein Bohemia Obscura Gigantic Dark Meddle Live Oak Big Bark Amber Lager

德式拉格

拉格啤酒最初發源地為巴伐利亞，當時出現一種能在發酵槽底部以較低溫度發酵的新型酵母菌。傳統的德式拉格均為深色，直到十九世紀淺色麥芽自英格蘭傳入，慕尼黑淺色啤酒等廣受歡迎的淺色拉格才發展出來。接著，這些輕盈易飲的拉格又隨著德裔移民踏入美國。

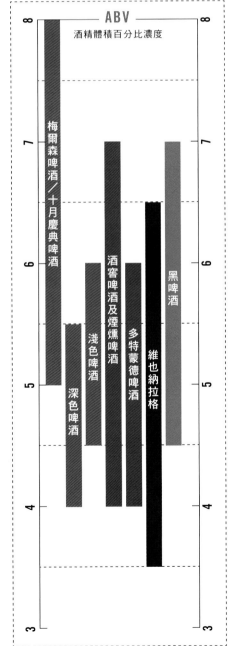

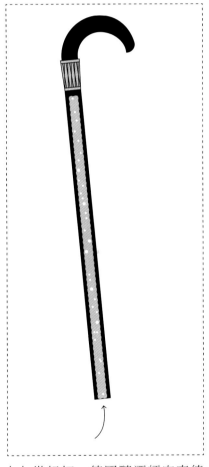

十九世紀初，德國釀酒師安東德列爾（Anton Dreher）曾造訪英格蘭，相傳他為了解開淺色啤酒的奧秘，在參觀位於特倫河畔波頓（Burton-on-Trent）的啤酒廠時，偷偷汲取了一些酒液參考。

科隆啤酒與老啤酒

科隆及杜賽道夫都位於萊茵河畔，彼此僅相距 25 英哩，兩地都是愛爾及拉格混合啤酒的家鄉。來自科隆的科隆啤酒是種輕盈易飲的淺色啤酒，和愛爾一樣採頂層發酵，但以拉格的方式熟成。另一方面，杜賽道夫的老啤酒雖然也是頂層發酵與窖藏釀造，但卻是銅色而味苦的啤酒。雖然科隆和杜賽道夫人爭相認為自己家鄉的啤酒比較好喝，但他們都同意最適當的侍酒容器是以棒子（stange）之名為人所知的圓柱型小杯。

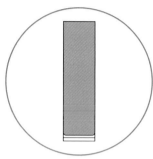

棒型杯

杜賽道夫
DÜSSELDORF

科隆
COLOGNE

德國

杜賽道夫 老啤酒 ALTBIER

Uerige Altbier
Uerige Doppelsticke
Frankenheim Alt
Alaskan Amber
Long Trail Double Bag
Off Color Scurry
OMB Copper
Rising Tide Ishmael
Pinkus Mueller Münster Alt
Fordham Copperhead Ale
Tuckerman Headwall Alt
Hops and Grain Alt-eration Ale
Füchschen Alt
Schlösser Alt
Hopfenstark Ostalgia Rousse

科隆 科隆啤酒 KÖLSCH

Sünner Kölsch
Mother Earth Endless River
Ballast Point Yellowtail
Gaffel Kölsch
Reissdorf Kölsch
Pyramid Curve Ball Kölsch
Saint Arnold Santo
Coast 32°/50°
Früh Kölsch
Braustelle Freigeist Ottekolong
Zunft Kölsch
Dom Kölsch
Trillium Big Sprang
Fate Coffee Kölsch
Saddlebock Dirty Blonde

	類似愛爾	類似拉格
酵母菌	✓	
發酵	✓	
熟成		✓

勃克啤酒

勃克啤酒是一種烈性深色拉格，源於十四世紀日耳曼城市艾恩貝克（Einbeck）。慕尼黑啤酒製造商也在後來跟上腳步，並開始自己製造勃克啤酒。勃克啤酒酒體飽滿，但通常苦味甚少，且常帶水果與麥芽調性。Bock一字來自Einbeck，但在德文也有「雄山羊」之意，這也是許多勃克啤酒酒標有山羊的原因。

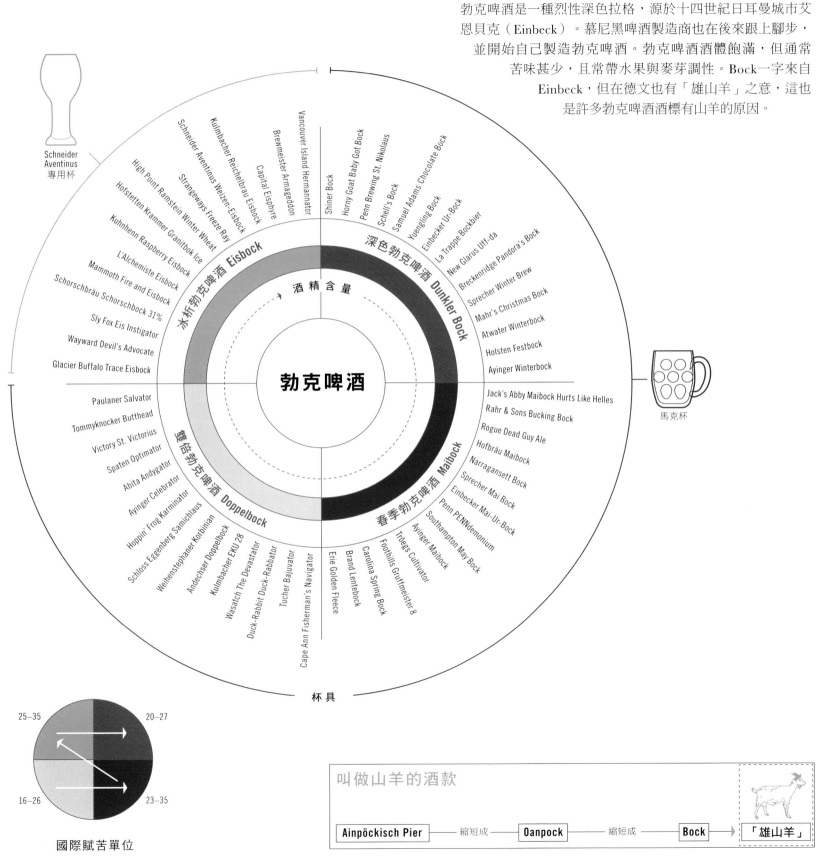

Schneider Aventinus 專用杯

酒精含量

勃克啤酒

冰析勃克啤酒 Eisbock
深色勃克啤酒 Dunkler Bock
雙倍勃克啤酒 Doppelbock
春季勃克啤酒 Maibock

Vancouver Island Hermannator
Brewmeister Armageddon
Capital Eisphyre
Strangeways Freeze Ray
Schneider Aventinus Weizen-Eisbock
Kulmbacher Reichelbräu Eisbock
High Point Ramstein Winter Wheat
Hofstetten Krammer Granitbok Ice
Kuhnhenn Raspberry Eisbock
L'Alchemiste Eisbock
Mammoth Fire and Eisbock
Schorschbräu Schorschbock 31%
Sly Fox Eis Instigator
Wayward Devil's Advocate
Glacier Buffalo Trace Eisbock

Paulaner Salvator
Tommyknocker Butthead
Victory St. Victorius
Spaten Optimator
Abita Andygator
Ayinger Celebrator
Hoppin' Frog Karminator
Schloss Eggenberg Samichlaus
Weihenstephaner Korbinian
Andechser Doppelbock
Kulmbacher EKU 28
Wasatch The Devastator
Duck-Rabbit Duck-Rabbator
Tucher Bajuvator
Cape Ann Fisherman's Navigator

Shiner Bock
Horny Goat Baby Got Bock
Penn Brewing St. Nikolaus
Schell's Bock
Samuel Adams Chocolate Bock
Yuengling Bock
Einbecker Ur-Bock
La Trappe Bockbier
New Glarus Uff-da
Breckenridge Pandora's Bock
Sprecher Winter Brew
Mahr's Christmas Bock
Atwater Winterbock
Holsten Festbock
Ayinger Winterbock

Jack's Abby Maibock Hurts Like Helles
Rahr & Sons Bucking Bock
Rogue Dead Guy Ale
Hofbräu Maibock
Narragansett Bock
Sprecher Mai Bock
Einbecker Mai-Ur-Bock
Penn PENNdemonium
Southampton May Bock
Ayinger Maibock
Tröegs Cultivator
Foothills Gruffmeister 8
Carolina Spring Bock
Brand Lentebock
Erie Golden Fleece

馬克杯

杯具

國際賦苦單位

25–35 20–27
16–26 23–35

叫做山羊的酒款

Ainpöckisch Pier —縮短成→ Oanpock —縮短成→ Bock → 「雄山羊」

皮爾森啤酒

皮爾森啤酒在1842年誕生於今日捷克共和國境內的皮爾森鎮
（Plzeň）*。當時此鎮委託興建一座新啤酒廠：市民啤酒廠（Bürger
Brauerei），更請釀造總監到巴伐利亞學習當時席捲歐陸的新型淺色
拉格。波希米亞大麥、啤酒花與巴伐利亞技術共同創造出一款不可思
議的拉格，有著銳利、鮮明的酒花性格。今日，雖然許多皮爾森啤酒
只是大量生產的商業品牌，而缺少波希米亞的原創靈魂，但皮爾森啤
酒仍是最受歡迎的啤酒類型。

HANA 大麥　　+　　**SAAZ 啤酒花**　　x　　**巴伐利亞窖藏**　　=　　**!**
（原版皮爾森啤酒酒花）

皮爾森啤酒的類型

德式	美式帝國	波希米亞
ABV 4.4–5.2%	ABV 7–9%	ABV 4.2–5.4%
著名酒款	著名酒款	著名酒款

德式 著名酒款：
Bitburger Premium Pils
Stoudts Pils
Sly Fox Pikeland Pils
Beck's
Left Hand Polestar
St. Pauli Girl
Victory Prima Pils
Minhas Simpler Times
Jever Pilsener
Sixpoint The Crisp

美式帝國 著名酒款：
Heavy Seas Small Craft Warning
Blue Mountain überPils
Dogfish Head My Antonia
The Bruery Humulus Lager
Samuel Adams Hallertau
Olde Hickory Eiraphiotes
Odell Double Pilsner
Southern Tier Krampus

波希米亞 著名酒款：
Southern Tier Eurotrash Pilz
Lagunitas PILS
Oskar Blues Mama's Little Yella Pils
New Glarus Edel-Pils
Budweiser Budvar
Žatec
Great Divide Nomad
Pilsner Urquell
Zlatý Bažant Golden Pheasant
Moonlight Brewing Reality Czeck

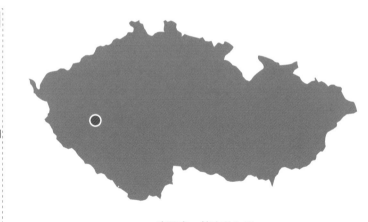

皮爾森，捷克共和國
以皮爾森啤酒為人所知的城市

皮爾森啤酒杯

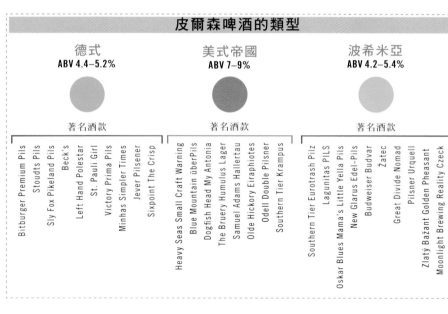

歐式拉格

十九世紀後期，隨著德式拉格與波希米亞皮爾森啤酒席捲歐陸，歐洲各地啤酒製造商也開始發展出許多變體，如今普遍稱為歐式拉格。除了深色與淺色版本，許多啤酒廠也釀產高酒精濃度的烈性版本。

由於某些未知的因素，許多歐式拉格都以看起來很不美味的綠瓶包裝。

歐式拉格

歐式淺色拉格
- Peroni Nastro Azzurro
- Tennent's Lager
- Jupiler
- Karbach Sympathy for the Lager
- Stella Artois
- Heineken Lager Beer
- Birra Moretti
- River Horse Lager
- Harp Lager
- Grolsch Premium Lager
- Kronenbourg 1664
- Amstel Lager
- Rogue Kells Irish Style Lager

歐式深色拉格
- Guinness Black
- Leinenkugel's Creamy Dark
- Pizza Port Hot Rocks Lager
- Short's Black Licorice Lager
- Moa Noir
- Kelso Nut Brown Lager
- Beerlao Dark
- Sapporo Yebisu Black
- Efes Dark
- Brick Waterloo Dark
- Žatec Dark Lager
- Notch Černé Pivo
- Staropramen Granat Beer

歐式烈性拉格
- Wolverine State Massacre
- Christoffel Nobel
- Les Brasseurs de Gayant Bière du Démon
- Carlsberg Elephant
- Carlsberg Special Brew
- Lion Imperial
- Lagunitas The Hairy Eyeball
- Hevelius Kaper
- Rinkuskiai Lobster Lovers Beer
- Boss Beer
- Rinkuskiai Crazy Brewski
- Warka Strong
- Grolsch Krachtig Kanon

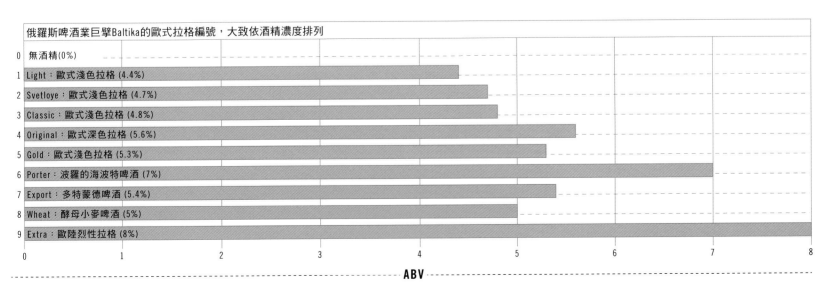

俄羅斯啤酒業巨擘Baltika的歐式拉格編號，大致依酒精濃度排列

	ABV
0　無酒精(0%)	
1　Light：歐式淺色拉格 (4.4%)	
2　Svetloye：歐式淺色拉格 (4.7%)	
3　Classic：歐式淺色拉格 (4.8%)	
4　Original：歐式深色拉格 (5.6%)	
5　Gold：歐式淺色拉格 (5.3%)	
6　Porter：波羅的海波特啤酒 (7%)	
7　Export：多特蒙德啤酒 (5.4%)	
8　Wheat：酵母小麥啤酒 (5%)	
9　Extra：歐陸烈性拉格 (8%)	

0　1　2　3　4　5　6　7　8

ABV

美式拉格

和所有拉格一樣，美式拉格也深受巴伐利亞祖先影響。其中淺色與琥珀色兩詞主要是形容啤酒的酒色，但琥珀拉格傾向更具麥芽風味，酒體更飽滿。蒸氣啤酒（steam beer）與乳霜愛爾（cream ale）是美國的發明，兩者都是將愛爾及拉格合而為一的酒款。「Steam beer」現在被Anchor Brewing 公司霸道地申請為商標，加州大眾啤酒（California Common）這個稱號因而竄起。蒸氣啤酒使用拉格酵母，發酵溫度較接近愛爾酵母。乳霜愛爾則可以使用拉格酵母、愛爾酵母或同時使用兩者，為了釀造出較烈且風味較飽滿的拉格而發展出來。

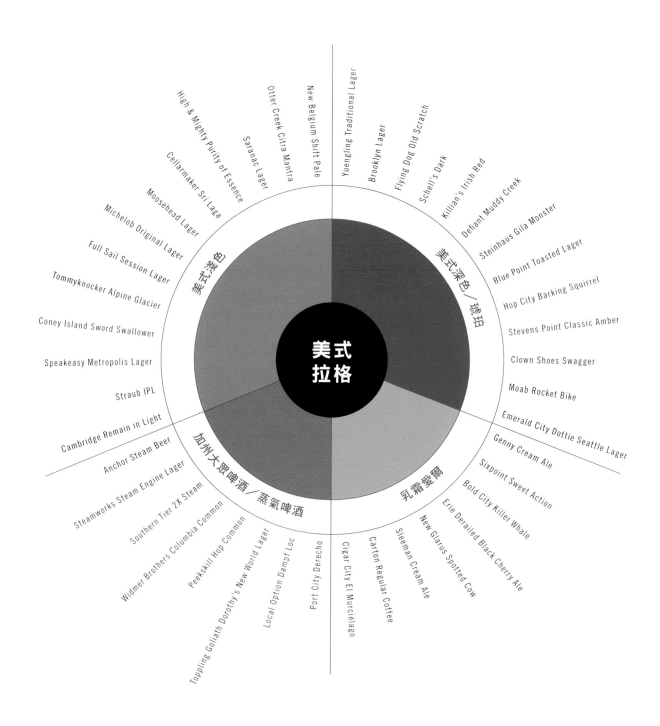

90%以上的美國啤酒都是美式輔料拉格。嚴格來說，「輔料」只是未發芽的穀物，可因許多理由而在釀造過程中加入，但在美式輔料拉格中，輔料常是為了減輕酒體與酒色而加進稻米或玉米。另外，日本啤酒製造商因一條依麥芽含量對啤酒課稅的規定，發展出一款主要成分為稻米的拉格，稱為發泡酒（Happoshu），其中的發芽穀物占比通常少於25%。

BUDWEISER的吉祥物

在大眾市場、低風味啤酒的世界中，廣告就是一切。以下是部分曾出現在Budweiser廣告的動物。

克萊茲代馬
Clydesdale
(1933-)

大麥町
Dalmatian
(1950-)

史帕茲・麥肯齊
Spuds McKenzie
(1987-1989)

青蛙
Frogs
(1995-2000)

變色龍
Chameleons
(1997-2002)

企鵝
Penguin
(1996)

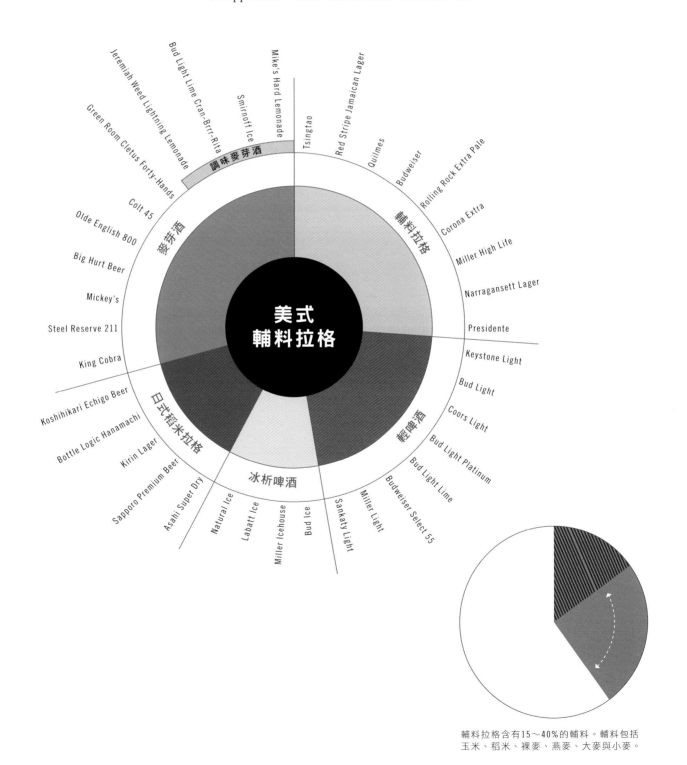

輔料拉格含有15～40%的輔料。輔料包括玉米、稻米、裸麥、燕麥、大麥與小麥。

印度淺色愛爾

印度淺色愛爾（India Pale Ale, IPA）的歷史可回溯至十八世紀，當時倫敦啤酒製造商為了英屬東印度公司派駐印度的人們所發展的啤酒類型。這種色淺、酒精濃度較高且使用大量啤酒花的啤酒，在二十世紀中期幾乎滅絕，但今日的美國精釀啤酒製造商讓它搖身一變成為最受歡迎的精釀啤酒類型。來自西北太平洋地區、具柑橘與樹脂感的啤酒花，賦予 IPA 獨特的刺激感。

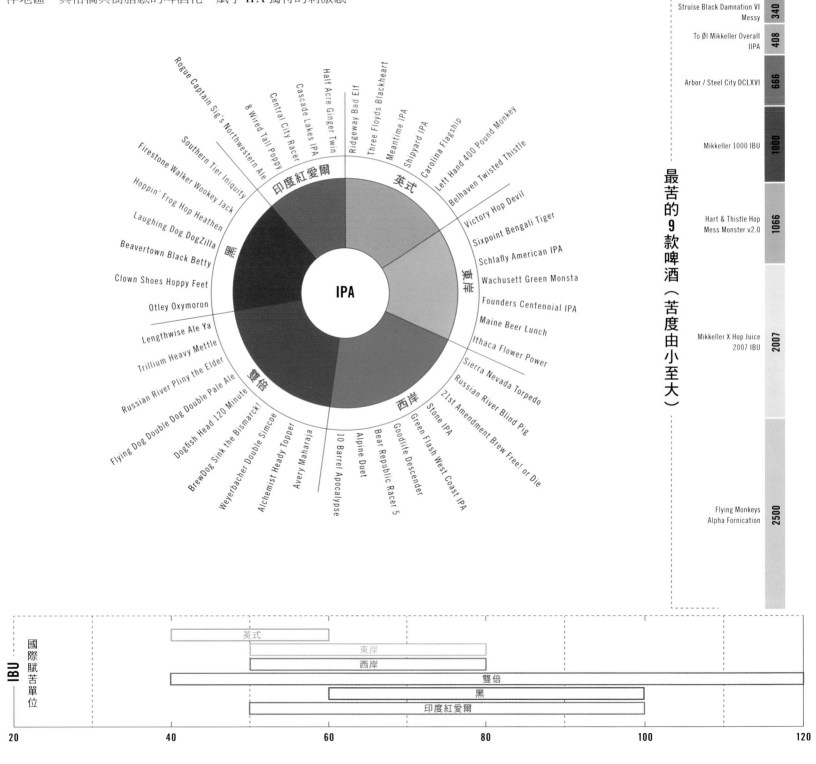

英式淺色愛爾

十八世紀，淺色愛爾英格蘭開始流行，其發明可歸功於工業革命。過去發芽穀物的烘乾過程無法精細控制加熱溫度，因此總是得到完全烤透的深色麥芽。焦炭煉製法（coke smelting）現身後，便創造出可調控且沒有刺鼻煙霧的持續熱源，淺色麥芽因而誕生。英式淺色愛爾與 IPA 的歷史相互交織，但今日的英式淺色愛爾並不像 IPA 如此強調酒花風味。

英式淺色愛爾
English Pale Ale

著名酒款

Big Sky Scape Goat
Morland Old Speckled Hen
Cisco Whale's Tale
Boddington Pub Ale
Brooklyn Pennant Ale '55
Bass Pale Ale
Samuel Adams Boston Ale
Timothy Taylor Landlord Pale Ale
Thornbridge Kipling
Ridgeway Very Bad Elf
John Smith's Extra Smooth
Wychwood Fiddler's Elbow

愛爾蘭愛爾 Irish Ale
著名酒款

Smithwick's Ale
Three Floyds Brian Boru Old Irish Red
Kilkenny Irish Cream Ale
Newcastle Werewolf
Harpoon Celtic Ale
Flying Bison Aviator Red
Caffrey's Irish Ale
Thirsty Dog Irish Setter Red
Long Ireland Celtic Ale
Somerville Lobstah Killah
Porterhouse Red
Carlow O'Hara's Irish Red

英式苦啤酒 Bitter
著名酒款

Surly Bitter Brewer
Dark Sky HopHead
Gritty McDuff's Best Bitter
John Smith's Extra Smooth
Two Brothers Long Haul Session Ale
Goose Island Honker's Ale
Hopback Summer Lightning
Sharp's Doom Bar Bitter
Tetley's Smoothflow
Courage Directors Bitter
Camerons Strongarm
George Gale HSB

英式烈性特級苦啤酒
Extra Special Bitter, ESB
著名酒款

Wychwood Hobgoblin
Left Hand Sawtooth
Shipyard Old Thumper
Young's Ram Rod
Redhook ESB
Fuller's ESB
AleSmith Anvil Ale
Real Ale Phoenixx Double ESB
Middle Ages Beast Bitter
Green Man ESB
Shephard Neame Bishops Finger
Adnams SSB

柔愛爾

一般來說，柔愛爾和棕愛爾都指源於英格蘭、中等強度且酒花使用量低的啤酒。真正的柔愛爾大多僅以桶裝供應，但棕愛爾已普遍出現瓶裝。棕愛爾的美式變體是更烈、更具酒花風味的版本，許多其他啤酒類型的美式版本都是如此變化。

柔愛爾
MILD ALE

著名酒款

Tired Hands Caskette
Coopers Dark Ale
F&M Stone Hammer
Eagle Rock Solidarity
Relic The Hound's Tooth
Motor City Ghettoblaster
Sea Dog Owl's Head

英式棕愛爾
English Brown
著名酒款

Newcastle Brown Ale
Big Boss Bad Benny
DuClaw Euforia
Black Toad Dark Ale
New Glarus Fat Squirrel
Samuel Smith's Nut Brown Ale
Long Trail Harvest

美式棕愛爾
American Brown
著名酒款

Mikkeller Jackie Brown
Tommyknocker Maple Nut
Lonerider Sweet Josie
Surly Bender
Funky Buddha No Crusts
Abita Turbodog
Dogfish Head Indian Brown Ale

荷蘭

ZUNDERT (DE KIEVIT)　　DE KONINGSHOEVEN

WESTMALLE
　　　　　法蘭德斯
　　　　　Flanders　　　　ACHEL

DE GOUDEN BOOM
STEENBRUGGE

　　　　　　　　　　DUVEL MOORTGAT
　　　　　　　　　　MAREDSOUS

WESTVLETEREN

ALKEN-MAES
AFFLIGEM　　　HAACHT
GRIMBERGEN　　TONGERLO

德國

　　　　　　　　LEFEBVRE
DE SILLY　　　　ABBAYE DE BONNE ESPÉRANCE
ABBAYE DE CAMBRON

北部－加萊海峽大區
Nord-Pas-de-Calais

BRUNECHAUT

　　　　　　ST. FEUILLIEN　　埃諾省
　　　　　　　　　　　　　　Hainault

　　　　　　　　　　　　LEFEBVRE
　　　　　　　　　　　　FLOREFFE

法國
　　　　　　　　　　　　DU BOCQ
　　　　　　　　　　　　RAMÉE

　　　　　　　　　　　　DE ROCHEFORT

　　　　　　　　　　　　比利時

CHIMAY

ORVAL

● ———— 修道院 ABBEY

● ———— 嚴規熙篤會 TRAPPIST

比利時的啤酒釀造歷史比任何國家都要知名。它獨特的傳統啤酒類型已持續數世紀，大多數甚至仍然以傳統方式製造，許多酒款更是在真正的修道院釀造。比利時啤酒皆屬於愛爾，但彼此差別甚大。從以小麥為基底且具香蕉、丁香調性的比利時小麥白啤酒；富於果香、葡萄酒般的修道院類型；香檳般的香檳啤酒（bière brut）；到以野生酵母增添香氣的自然酸釀啤酒，比利時可謂啤酒樂園。

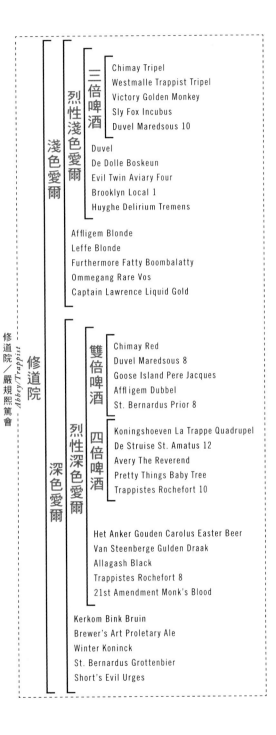

魯汶與胡哈爾登 Leuven & Hoegaarden

比利時小麥白啤酒
- Hoegaarden Original White Ale
- Blue Moon Belgian White
- Dogfish Head Namaste
- Unibroue Blanche de Chambly
- Allagash White

法蘭德斯 Flanders

法蘭德斯紅愛爾
- Verhaeghe Duchesse de Bourgogne
- Westbrook Mr. Chipper
- Rodenbach Grand Cru
- Hair of the Dog Michael
- Central Waters Exodus

老褐啤酒
- Petrus Oud Bruin
- Kuhnhenn Cherry Olde Brune
- Monk's Café Flemish Sour Ale
- Deschutes The Dissident
- Sun King Stupid Sexy Flanders

比亨豪特 Buggenbout

香檳啤酒
- Malheur Bière Brut
- DeuS Brut des Flandres
- Samuel Adams Infinium

埃諾 Hainault

季節特釀啤酒
- Saison Dupont
- Ommegang Hennepin
- Brooklyn Sorachi Ace
- Tired Hands HandFarm
- Goose Island Sofie

帕約特蘭德 Pajottenland

自然酸釀啤酒

調和
- Hanssens Artisanaal Oude Gueuze
- Drie Fonteinen Oude Geuze
- Boon Oude Geuze Mariage Parfait

未調和
- De Cam Oude Lambiek
- Vanberg & DeWulf Lambickx
- Cantillon Iris

水果
- Lindemans Framboise
- Kriek de Ranke
- Tilquin Oude Quetsche à l'Ancienne

黑糖
- De Troch Chapeau
- Boon Faro Pertotale
- Girardin Faro

北部－加萊海峽大區 Nord-Pas-de-Calais

法式窖藏啤酒
- Verhaeghe Duchesse de Bourgogne
- Westbrook Mr. Chipper
- Rodenbach Grand Cru
- Central Waters Exodus

修道院／嚴規熙篤會 Abbey/Trappist

修道院

淺色愛爾

三倍啤酒

烈性淺色愛爾
- Chimay Tripel
- Westmalle Trappist Tripel
- Victory Golden Monkey
- Sly Fox Incubus
- Duvel Maredsous 10

- Duvel
- De Dolle Boskeun
- Evil Twin Aviary Four
- Brooklyn Local 1
- Huyghe Delirium Tremens

- Affligem Blonde
- Leffe Blonde
- Furthermore Fatty Boombalatty
- Ommegang Rare Vos
- Captain Lawrence Liquid Gold

深色愛爾

雙倍啤酒
- Chimay Red
- Duvel Maredsous 8
- Goose Island Pere Jacques
- Affligem Dubbel
- St. Bernardus Prior 8

四倍啤酒

烈性深色愛爾
- Koningshoeven La Trappe Quadrupel
- De Struise St. Amatus 12
- Avery The Reverend
- Pretty Things Baby Tree
- Trappistes Rochefort 10

- Het Anker Gouden Carolus Easter Beer
- Van Steenberge Gulden Draak
- Allagash Black
- Trappistes Rochefort 8
- 21st Amendment Monk's Blood

- Kerkom Bink Bruin
- Brewer's Art Proletary Ale
- Winter Koninck
- St. Bernardus Grottenbier
- Short's Evil Urges

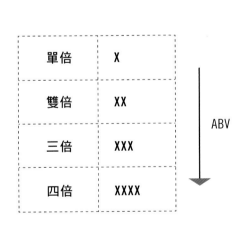

單倍	X	
雙倍	XX	
三倍	XXX	ABV
四倍	XXXX	

相傳僧侶會為他們的基礎啤酒標記X、較烈的啤酒標記XX等等，但雙倍、三倍和四倍等名詞是由比利時啤酒製造商發明的行銷用語，表示酒精濃度。

漢堡
Hamburg

德 國

柏林
Berlin

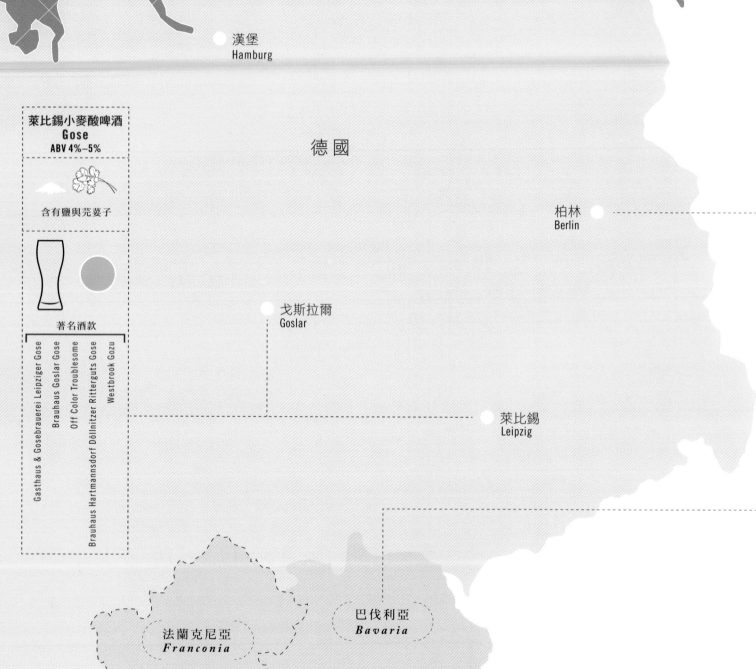

萊比錫小麥酸啤酒
Gose
ABV 4%–5%

含有鹽與芫荽子

著名酒款

Gasthaus & Gosebrauerei Leipziger Gose
Brauhaus Goslar Gose
Off Color Troublesome
Brauhaus Hartmannsdorf Döllnitzer Ritterguts Gose
Westbrook Gozu

戈斯拉爾
Goslar

萊比錫
Leipzig

法蘭克尼亞
Franconia

巴伐利亞
Bavaria

即便德國是為世界帶來拉格的國家，但同樣具備強健的愛爾傳統，而這些愛爾都屬於白啤酒家族。它們常被稱為白啤酒、酵母小麥啤酒與小麥啤酒，酒款中必須至少含有50%的小麥，並使用能賦予獨特香蕉、丁香香氣的特殊酵母品系。

柏林白啤酒
Berliner Weisse
ABV 2%–5%

含有乳酸桿菌，
侍酒時加一點糖漿

著名酒款

Professor Fritz Briem 1809 Berliner Weisse
Evil Twin Justin Blåbær
Dogfish Head Festina Pêche
New Glarus Thumbprint
Funky Buddha Key Lime Berliner

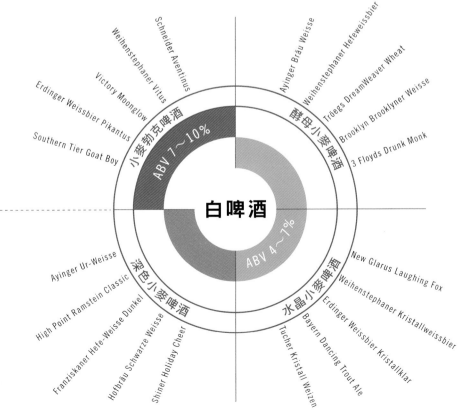

白啤酒

小麥勃克啤酒 ABV 7～10%
酵母小麥啤酒
深色小麥啤酒
水晶小麥啤酒 ABV 4～7%

Schneider Aventinus
Weihenstephaner Vitus
Victory Moonglow
Erdinger Weissbier Pikantus
Southern Tier Goat Boy
Ayinger Ur-Weisse
High Point Ramstein Classic
Franziskaner Hefe-Weisse Dunkel
Hofbräu Schwarze Weisse
Shiner Holiday Cheer
Tucher Kristall Weizen
Bayern Dancing Trout Ale
Erdinger Weissbier Kristallklar
Weihenstephaner Kristallweissbier
New Glarus Laughing Fox
3 Floyds Drunk Monk
Brooklyn Brooklyner Weisse
Tröegs DreamWeaver Wheat
Weihenstephaner Hefeweissbier
Ayinger Bräu Weisse

Hefeweizen = 酵母 小麥
（未經過濾的小麥啤酒）

Kristalweizen = 水晶 小麥
（經過濾，清澈的小麥啤酒）

Dunkelweizen = 深色 小麥
（含有深色麥芽的小麥啤酒）

Weizenbock = 小麥 勃克
（製成勃克類型的小麥啤酒）

司陶特與波特啤酒

司陶特與波特啤酒是深色愛爾的原型，它們從焙烤穀物中獲得酒色，以及巧克力與咖啡般的味道。雖然司陶特與波特啤酒發源於十八世紀的英格蘭，但今日最受歡迎的司陶特啤酒卻是愛爾蘭品牌 Guinness，而且此風味較輕盈的愛爾蘭版本已占主導地位。porter 一詞在歷史上先出現，stout porter 則表示較烈的波特啤酒，但現今的 stout 與 porter 已互相混用＊。對頁圖表可一探這些啤酒類型與名詞的演進。

司陶特與
波特啤酒
Stout & Porter

甜美司陶特啤酒
Sweet Stout
ABV 4～7%

俄羅斯帝國司陶特
啤酒Russian Imperial
Stout
ABV 8～12%

美式雙倍司陶特啤酒
American Double Stout
ABV 7～12%

英式波特啤酒
English Porter
ABV 4～7%

燕麥司陶特啤酒
Oatmeal Stout
ABV 4～7%

美式波特啤酒
American Porter
ABV 4～7.5%

美式司陶特啤酒
American Stout
ABV 4～7%

波羅的海波特啤酒
Baltic Porter
ABV 7～10%

出口型司陶特啤酒
Foreign Stout
ABV 6～9%

愛爾蘭司陶特
Irish Stout
ABV 4～6%

Southern Tier Creme Brulee
Butternuts Moo Thunder
Keegan Mother's Milk
Mackeson Stout
Left Hand Milk Stout
North Coast Old Rasputin
Oskar Blues Ten FIDY
Great Divide Yeti
Sierra Nevada Narwhal
Samuel Smith's Imperial Stout

Founders Breakfast Stout
Deschutes The Abyss
Dogfish Head World Wide Stout
Victory Storm King
Avery Mephistopheles

Samuel Smith Oatmeal Stout
Rogue Shakespeare
Anderson Valley Barney Flats
Firestone Walker Velvet Merkin
Mikkeller Beer Geek Breakfast

Samuel Smith Taddy Porter
Samuel Smith Taddy Porter
Fuller's London Porter
Harviestoun Olde Engine Oil
Meantime London Porter
Ridgeway Santa's Butt

Bell's Kalamazoo
Deschutes Obsidian
Modern Times Black House
Avery Out of Bounds
Finch's Secret Stache

Great Lakes Edmund Fitzgerald
Deschutes Black Butte
Smuttynose Robust Porter
Maine King Titus
Avery New World Porter

Guinness Foreign Extra
Lion Stout
Coopers Best Extra
Pike XXXXX Stout
Ridgeway Lump of Coal

Guinness Draught
Murphy's Irish Stout
Beamish Irish Stout
Sly Fox O'Reilly's
North Coast Old #38

Sinebrychoff Porter
Victory Baltic Thunder
Carnegie Porter
Baltika #6
Flying Dog Gonzo

調味司陶特啤酒
Flavored Stout
ABV 5～12%

咖啡	巧克力	牡蠣	櫻桃
Carton Regular Coffee	Young's Double Chocolate Stout	Porterhouse Oyster Stout	Bell's Cherry Stout
Bell's Java Stout	Southern Tier Choklat	Flying Dog Pearl Necklace	
		Wynkoop Rocky Mountain Oyster Stout	

＊譯注：今日絕大多數的啤酒類型指南，仍將波特與司陶特啤酒視為各自獨立的啤酒類型。後者通常因麥芽使用量較高，而酒精濃度較高且有更強烈的咖啡與巧克力香氣。

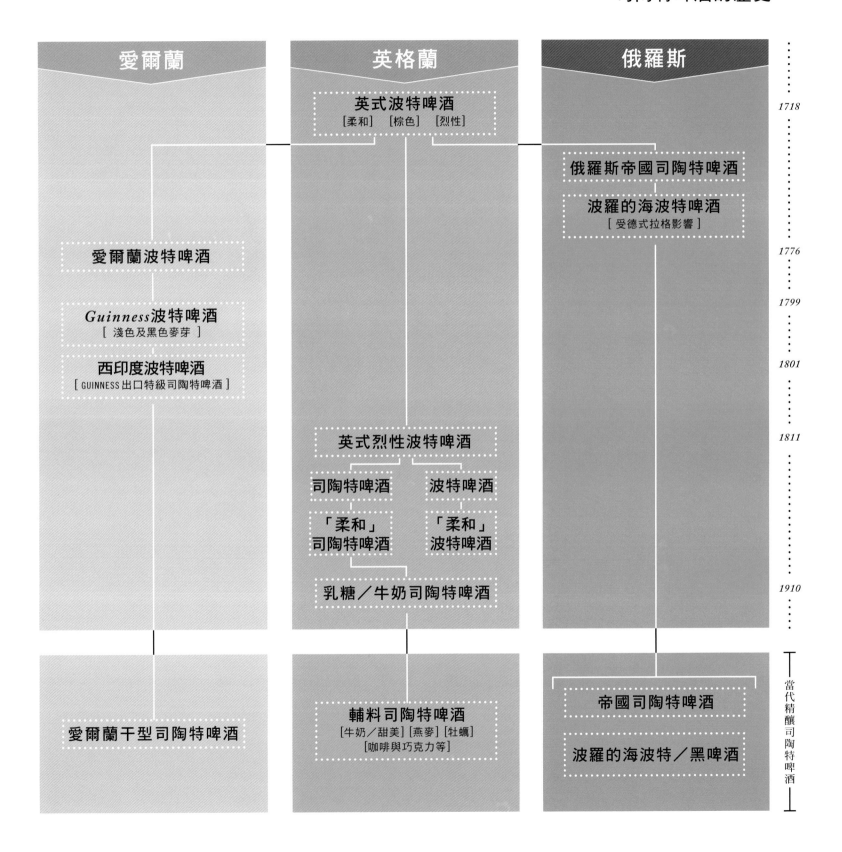

愛爾蘭	英格蘭	俄羅斯	
	英式波特啤酒 [柔和] [棕色] [烈性]		1718
		俄羅斯帝國司陶特啤酒	
		波羅的海波特啤酒 [受德式拉格影響]	
愛爾蘭波特啤酒			1776
Guinness波特啤酒 [淺色及黑色麥芽]			1799
西印度波特啤酒 [GUINNESS出口特級司陶特啤酒]			1801
	英式烈性波特啤酒		1811
	司陶特啤酒　波特啤酒		
	「柔和」司陶特啤酒　「柔和」波特啤酒		
	乳糖／牛奶司陶特啤酒		1910
愛爾蘭干型司陶特啤酒	輔料司陶特啤酒 [牛奶／甜美] [燕麥] [牡蠣] [咖啡與巧克力等]	帝國司陶特啤酒　波羅的海波特／黑啤酒	當代精釀司陶特啤酒

烈性淺色愛爾

烈性淺色愛爾是指囊括所有使用淺色麥芽的「重量級啤酒」的統稱。這些酒款皆源於不列顛，並且都是由多醞釀造系統（parti-gyle，麥汁會分成好幾批次輸出）中，最濃的第一道麥汁製成。以前的老愛爾（old ales）會以木桶陳放，因此名符其實，但今日未必都經過陳放。大麥酒（barleywines）的英文名稱則是由於其酒精濃度接近葡萄酒。美式烈性愛爾指的是酒精濃度7%以上的啤酒，但它們通常都依循英式烈性愛爾的傳統。

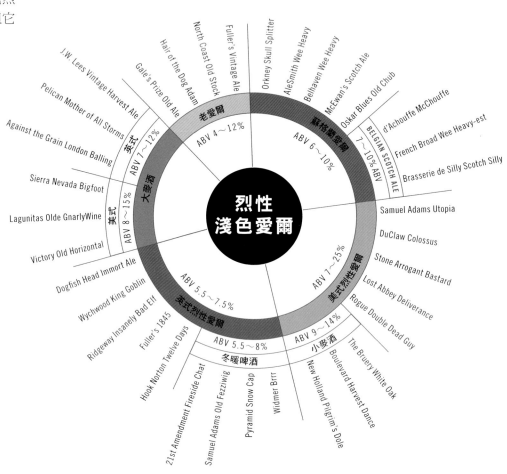

多醞 parti-gyle

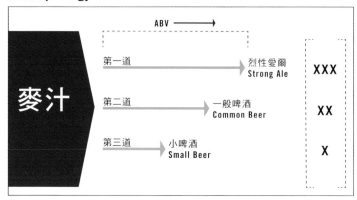

美式淺色愛爾（American Pale Ale, APA）誕生於1980年代，當時美國精釀啤酒製造商開始仿效經典的英式淺色愛爾，並很快地分化成好幾個相關類型，例如顏色較深、更具焦糖調性的美式琥珀愛爾，以及顏色接近 APA，但較不富酒花風味的美式金黃愛爾。美式小麥啤酒，和它們仿效的巴伐利亞類型一樣使用小麥，但酵母則採用標準愛爾酵母，而非巴伐利亞品系，因此擁有非常不同的風味輪廓。近年以水果調味的小麥啤酒越來越受歡迎。另外還有美式野味愛爾，其使用野味酵母或乳酸桿菌，創造氣味獨特而酸的啤酒。

美式淺色愛爾

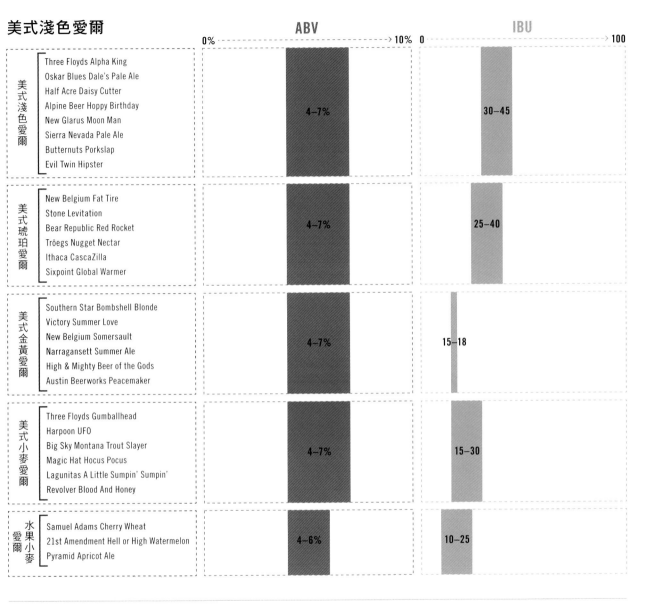

美式淺色愛爾	Three Floyds Alpha King Oskar Blues Dale's Pale Ale Half Acre Daisy Cutter Alpine Beer Hoppy Birthday New Glarus Moon Man Sierra Nevada Pale Ale Butternuts Porkslap Evil Twin Hipster	ABV 4–7%	IBU 30–45
美式琥珀愛爾	New Belgium Fat Tire Stone Levitation Bear Republic Red Rocket Tröegs Nugget Nectar Ithaca CascaZilla Sixpoint Global Warmer	4–7%	25–40
美式金黃愛爾	Southern Star Bombshell Blonde Victory Summer Love New Belgium Somersault Narragansett Summer Ale High & Mighty Beer of the Gods Austin Beerworks Peacemaker	4–7%	15–18
美式小麥愛爾	Three Floyds Gumballhead Harpoon UFO Big Sky Montana Trout Slayer Magic Hat Hocus Pocus Lagunitas A Little Sumpin' Sumpin' Revolver Blood And Honey	4–7%	15–30
水果小麥	Samuel Adams Cherry Wheat 21st Amendment Hell or High Watermelon Pyramid Apricot Ale	4–6%	10–25

美式野味愛爾

| 美式野味愛爾 | Jolly Pumpkin La Roja
Goose Island Lolita
The Bruery Tart of Darkness
Russian River Supplication | 4–10% | 12–30 |

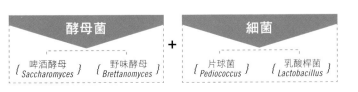

酵母菌 ＋ 細菌

{ 啤酒酵母 *Saccharomyces* }　{ 野味酵母 *Brettanomyces* }　{ 片球菌 *Pediococcus* }　{ 乳酸桿菌 *Lactobacillus* }

裸麥基底愛爾

德式裸麥啤酒、薩赫蒂與美式裸麥愛爾是三種非常不同的啤酒，但三者的穀物基底皆為裸麥。德式裸麥啤酒是一種古老的德式啤酒，因德國北部較易取得裸麥而以其為基底。今日，只有少數德國啤酒製造商仍有生產這種違反純酒令（Reinheitsgebot）的啤酒。薩赫蒂是一種芬蘭啤酒，傳統以裸麥麵包釀製，最後會以杜松枝枒過濾，因而有股獨特風味。薩赫蒂與德式裸麥啤酒現在都很少見，但也有部分精釀啤酒製造商嘗試復興。另一方面，有時會標為「裸麥淺色愛爾」（Rye PA）的美式裸麥愛爾則因Sixpoint Righteous Ale等酒款，人氣扶搖直上。這些啤酒的穀物基底通常會使用20%左右的裸麥，也常為了接近美國淺色愛爾而增加啤酒花使用量。

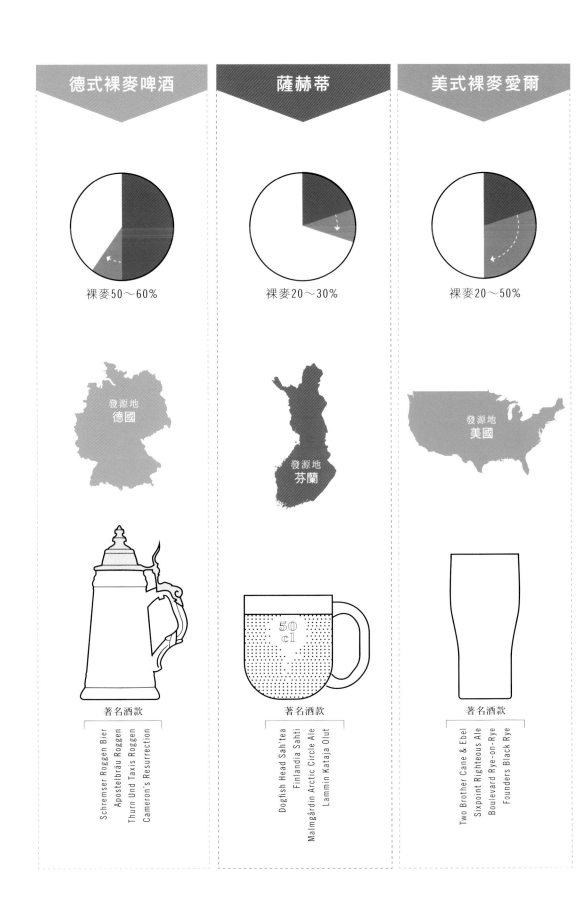

德式裸麥啤酒

裸麥50～60%

發源地
德國

著名酒款

Schremser Roggen Bier
Apostelbräu Roggen
Thurn Und Taxis Roggen
Cameron's Resurrection

薩赫蒂

裸麥20～30%

發源地
芬蘭

著名酒款

Dogfish Head Sah'tea
Finlandia Sahti
Malmgårdin Arctic Circle Ale
Lammin Kataja Olut

美式裸麥愛爾

裸麥20～50%

發源地
美國

著名酒款

Two Brother Cane & Ebel
Sixpoint Righteous Ale
Boulevard Rye-on-Rye
Founders Black Rye

蔬菜愛爾

十八世紀時，在新大陸殖民的英國人發現富含澱粉的南瓜，進而發明了南瓜愛爾。近年來，隨著南瓜逐漸流行，南瓜愛爾變得極受歡迎。過去十年間，美國精釀啤酒製造商持續拓展啤酒的潛力，也讓辣椒和藥草風味的啤酒人氣成長。

常見辣椒

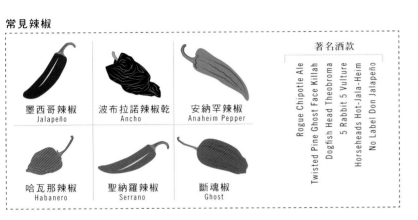

墨西哥辣椒 Jalapeño	波布拉諾辣椒乾 Ancho	安納罕辣椒 Anaheim Pepper
哈瓦那辣椒 Habanero	聖納羅辣椒 Serrano	斷魂椒 Ghost

著名酒款

Rogue Chipotle Ale
Twisted Pine Ghost Face Killah
Dogfish Head Theobroma
5 Rabbit 5 Vulture
Horseheads Hot-Jala-Heim
No Label Don Jalapeño

常見藥草與辛香料

薑 LEFT HAND GOOD JUJU	菊花 MAGIC HAT PISTIL	朱槿 REVOLUTION ROSA HIBISCUS
	迷迭香 LICKINGHOLE CREEK ROSEMARY SAISON	羅勒 BISON ORGANIC HONEY BASIL

南瓜風味啤酒

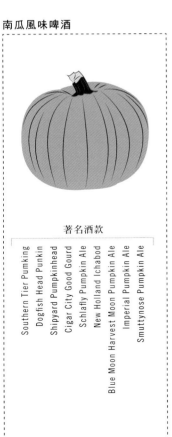

著名酒款

Southern Tier Pumking
Dogfish Head Punkin
Shipyard Pumpkinhead
Cigar City Good Gourd
Schlafly Pumpkin Ale
New Holland Ichabod
Blue Moon Harvest Moon Pumpkin Ale
Imperial Pumpkin Ale
Smuttynose Pumpkin Ale

美國南瓜風味啤酒銷售額（1995-2013）

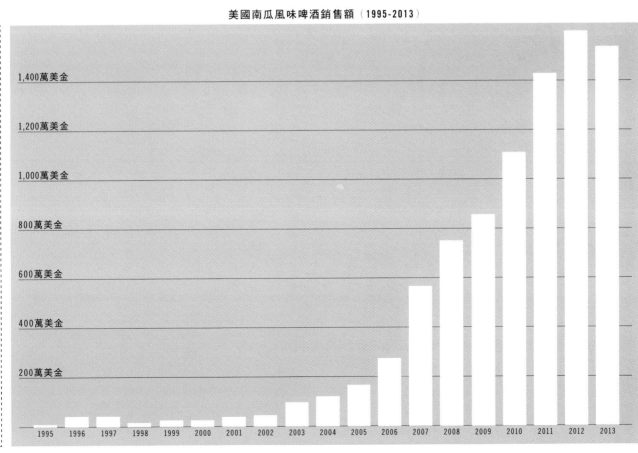

1,400萬美金
1,200萬美金
1,000萬美金
800萬美金
600萬美金
400萬美金
200萬美金

1995 1996 1997 1998 1999 2000 2001 2002 2003 2004 2005 2006 2007 2008 2009 2010 2011 2012 2013

移民到美國的德裔釀酒師

所有美國主流啤酒製造商，都由德裔移民在十九世紀創辦。他們帶來爽冽、輕盈的拉格，並占據今日美國國內最主要的啤酒銷售量。

★ 新烏爾姆 New Ulm — 1856

★ ★ ★ 密爾瓦基 Milwaukee

1855
1850
1848

1848 芝加哥 Chicago
1863
內珀維爾 Naperville — 1869

★ 戈登 Golden　丹佛 Denver

1872

1873

★ ★ 聖路易 St. Louis
1857
1845

辛辛那提 Cincinnati
1843

1849

1848

紐奧良 New Orleans

1856定居新烏爾姆　1861建立Schell Brewery　　　　　　　1891逝世

1829定居波茨維爾並建立Eagle Brewery　　　1873更名為D.G. Yuengling and Son　1877逝世

1850定居密爾瓦基　1856接掌August Krug的啤酒廠　1858更名為Joseph Schlitz Brewing Company　1875逝世

1863定居密爾瓦基　1866成為Phillip Best Brewing Company總經理　1889更名為Pabst Brewing Company　1904逝世

1873定居戈登　　　　　　　　1880

1855定居密爾瓦基並設立Miller Brewing Company　　　1888逝世

1865開始在E. Anheuser & Co.工作　　　1879更名為Anheuser-Busch Brewing Association　1880成為總

1845定居聖路易　1860創辦E. Anheuser & Co.　1879更名為Anheuser-Busch Brewing Association　1880逝世

1829

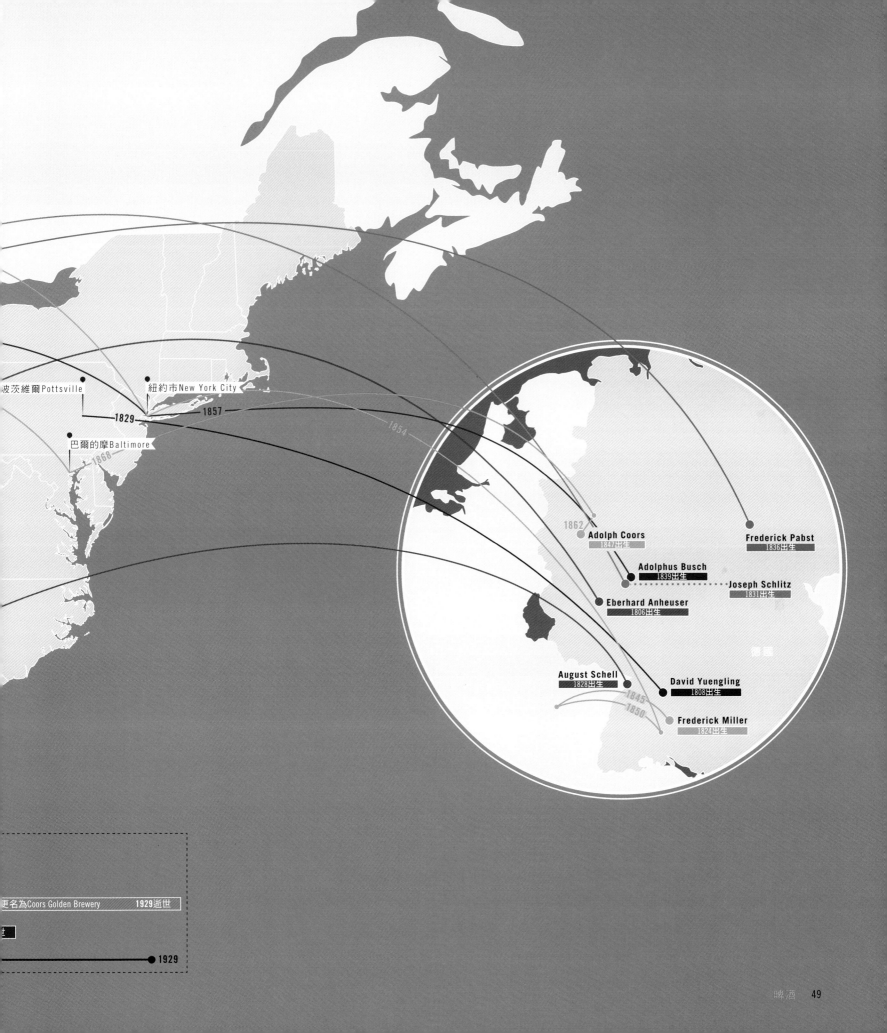

波茨維爾Pottsville　　　　紐約市New York City

巴爾的摩Baltimore

1829　　　1857

1854

1868

1862　　　Adolph Coors
1847出生

Frederick Pabst
1836出生

Adolphus Busch
1839出生

Joseph Schlitz
1831出生

Eberhard Anheuser
1806出生

August Schell
1828出生

David Yuengling
1808出生

1845

1850

Frederick Miller
1824出生

更名為Coors Golden Brewery　　　1929逝世

1929

美國的啤酒廠

由於美國啤酒產業併購，到了1980年代，美國啤酒廠已經不到一百家。但在那之後，精釀啤酒廠開始爆發性成長，啤酒廠的數量持續推升至三千以上。以下地圖除了標示美國境內所有營運中的啤酒廠，還有各州平均每百萬人分配到的啤酒廠數。

啤酒廠數量／各州人口（百萬）

0 - .5
.6 - .9
1.0 - 1.9
2.0 - 2.9
3.0 - 3.9
4.0 - 4.9
5+

美國紐約都會區的啤酒廠

紐約一度是釀造啤酒的溫床，十九世紀末就有 48 間啤酒廠以布魯克林為家。到了 1988 年，只有一家留存下來：Brooklyn Brewery。時至今日，紐約與其郊區再度位居美國東岸啤酒業的領導地位，由 Brooklyn Brewery、Sixpoint 與 Captain Lawrence 等巨擘奠基。以下舉出其中具代表性的釀酒廠與酒款。

Brooklyn Brewery,
BROOKLYN BLACK CHOCOLATE STOUT

High Point,
RAMSTEIN WINTER WHEAT

Cricket Hill,
HOPNOTIC IPA

Sixpoint,
RESIN

Captain Lawrence,
SMOKED PORTER

Barrage,
YADA YADA YADA

SingleCut Beersmiths,
BILLY FULL-STACK IIPA

Grimm,
DOUBLE NEGATIVE

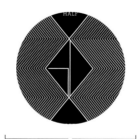

Other Half,
GREEN DIAMONDS

Transmitter,
B2

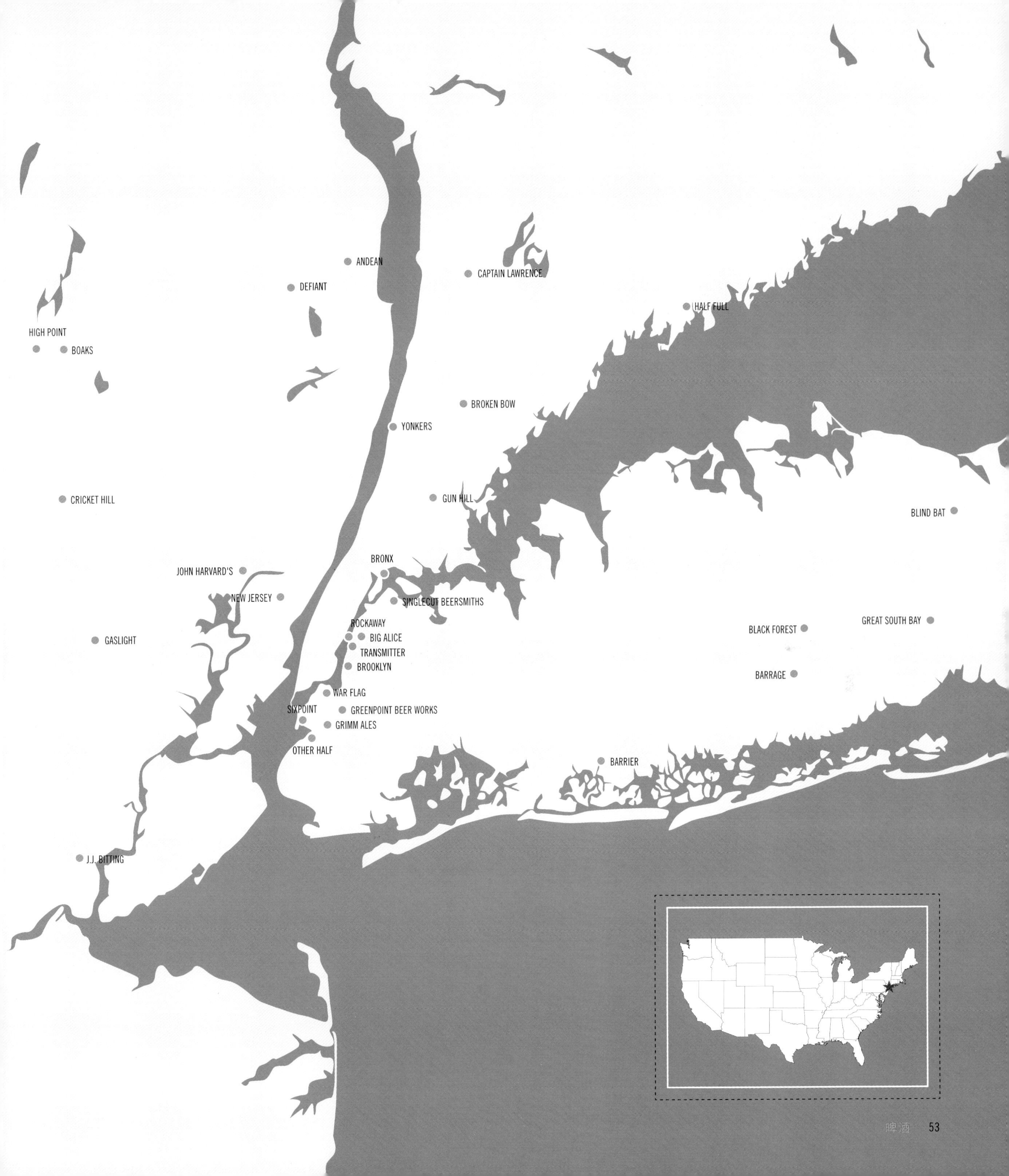

ANDEAN

CAPTAIN LAWRENCE

DEFIANT

HALF FULL

HIGH POINT

BOAKS

BROKEN BOW

YONKERS

CRICKET HILL

GUN HILL

BLIND BAT

BRONX

JOHN HARVARD'S

SINGLECUT BEERSMITHS

NEW JERSEY

GREAT SOUTH BAY

ROCKAWAY

BLACK FOREST

GASLIGHT

BIG ALICE

TRANSMITTER

BROOKLYN

BARRAGE

WAR FLAG

SIXPOINT

GREENPOINT BEER WORKS

GRIMM ALES

OTHER HALF

BARRIER

J.J. BITTING

PUMPHOUSE ●

LEFT HAND ● ● 300 SUNS

● OSKAR BLUES

● BOOTSTRAP

● VINDICATION

● UPSLOPE ● AVERY
ASHER ●

NEW PLANET ● ECHO

WEST FLANDERS
BOULDER ●

SHINE ●
SANITAS ●
J WELLS ●

MOUNTAIN SUN ● TWISTED PINE ●

WALNUT ●

FATE ●
WILD WOODS ●
BRU ●

● ODD13
● POST

SOUTHERN SUN ● TWELVE DEGREE ● FRONT RANGE

● GRAVITY

● CRYSTAL SPRINGS

波德
Boulder

● DIEBOLT
● BLACK SHIRT
CROOKED STAVE

PROST ●
BIG CHOICE ●

RIVER NORTH ● OUR MUTUAL FRIEND ● WONDERLAND ●

DENVER ●
SANDLOT ●
4 NOSES ● BEER BY DESIGN ●

WYNKOOP ● GREAT DIVIDE
JAGGED MOUNTAIN
WESTMINSTER ●

ROCK BOTTOM ●

BIG NOSE ●
VINE STREET ● KOKOPELLI ●

LOST HIGHWAY ●

STRANGE ● PINTS ●

RENEGADE ●
LOWDOWN ●

YAK & YETI ●
ODYSSEY ●
ARVADA ● DE STEEG ●

BRECKENRIDGE ● BLACK SKY ●

WIT'S END ● TRVE ●
RICKOLI ●
STATION 26 ● CAUTION ●

HOGSHEAD ●
LEIERITZ ●
CODA ●
DRY DOCK ●

● TOMMYKNOCKER
丹佛
Denver
CANNONBALL CREEK
MOUNTAIN TOAD ● BARRELS & BOTTLES
GOLDEN CITY

BULL & BUSH ●

IRONWORKS ●
FORMER FUTURE
CHAIN REACTION ●
COPPER KETTLE ●

PLATT PARK ●
COMRADE ●

● BREW ON BROADWAY

TW022 ●

SAINT PATRICK'S ●
● OLD MILL

DAD & DUDE'S ●

● 38 STATE
LONE TREE ●

● GRIST
LIVING THE DREAM

ELK MOUNTAIN ●
HALL ●

54 啤酒

● ROCKYARD

美國科羅拉多州擁有一群令人印象深刻的啤酒廠，如業界巨人 Coors 和最早微型啤酒廠之一的 Boulder Beer Company，以及 Avery、Oskar Blues 等具影響力的精釀啤酒廠。每年秋季，丹佛更是美國最大啤酒盛會全美啤酒節（Great American Beer Festival）的舉辦地點。一同參與精釀啤酒盛會的參加者超過十萬人。以下舉出其中具代表性的釀酒廠與酒款。

Bull & Bush,
RELEASE THE HOUNDS

Great Divide,
HOSS RYE LAGER

Upslope,
BROWN ALE

4 Noses,
MAKE MY DAY SESSIONS IPA

Oskar Blues,
TEN FIDY

Dry Dock,
HOP ABOMINATION

Renegade,
HAMMER & SICKLE RUSSIAN IMPERIAL STOUT

Twisted Pine,
INDIA PALE ALE

Breckenridge,
OATMEAL STOUT

Avery,
WHITE RASCAL

美國舊金山灣區的啤酒廠

舊金山的啤酒圈是由 Anchor 及其協助推廣的獨特「蒸氣啤酒」類型奠基。這座城市的第一間啤酒廠,順理成章地開設於淘金熱進入高峰的 1849 年,今日,舊金山灣區是 21st Amendment 及 Russian River 等美國知名啤酒廠的所在。以下舉出其中具代表性的釀酒廠與酒款。

Anchor,
CALIFORNIA LAGER

Buffalo Bill's,
AMERICAN PALE ALE

Black Diamond,
RAMPAGE IMPERIAL IPA

Russian River,
DAMNATION

Speakeasy,
BIG DADDY IPA

21st Amendment,
DOWN TO EARTH SESSION IPA

Hermitage,
CITRA

Heretic,
EVIL TWIN

The Rare Barrel,
MAP OF THE SUN

Carneros,
JEFEWEIZEN

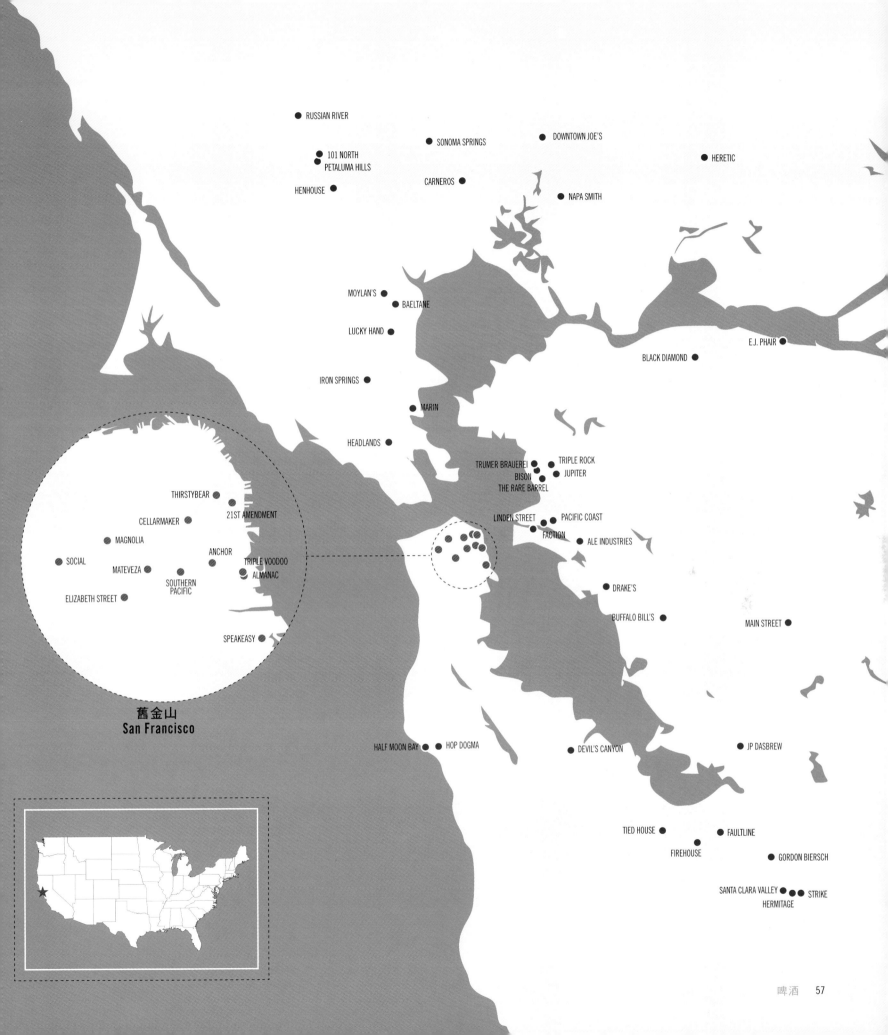

RUSSIAN RIVER

SONOMA SPRINGS

DOWNTOWN JOE'S

HERETIC

101 NORTH
PETALUMA HILLS

CARNEROS

NAPA SMITH

HENHOUSE

MOYLAN'S

BAELTANE

LUCKY HAND

E.J. PHAIR

BLACK DIAMOND

IRON SPRINGS

MARIN

HEADLANDS

TRUMER BRAUEREI

TRIPLE ROCK

BISON

JUPITER

THE RARE BARREL

THIRSTYBEAR

LINDEN STREET

PACIFIC COAST

21ST AMENDMENT

FACTION

CELLARMAKER

ALE INDUSTRIES

MAGNOLIA

ANCHOR

SOCIAL

TRIPLE VOODOO

MATEVEZA

ALMANAC

DRAKE'S

SOUTHERN
PACIFIC

BUFFALO BILL'S

MAIN STREET

ELIZABETH STREET

SPEAKEASY

舊金山
San Francisco

HALF MOON BAY

HOP DOGMA

DEVIL'S CANYON

JP DASBREW

TIED HOUSE

FAULTLINE

FIREHOUSE

GORDON BIERSCH

SANTA CLARA VALLEY

STRIKE

HERMITAGE

ROYALE

BREAKSIDE

ALBERTA

OLD TOWN

MASH TUN

LOMPOC

ALAMEDA

STORMBREAKER

ECLIPTIC

BTU

PORTLAND

WIDMER BROTHERS

EX NOVO

LAURELWOOD

UPRIGHT

BROADWAY

COLUMBIA RIVER

BRIDGEPORT

CULMINATION

PINTS

MIGRATION

TUGBOAT

BURNSIDE

NATIAN

COALITION

BASE CAMP

THE COMMONS

CASCADE BARREL HOUSE

HAIR OF THE DOG

BUCKMAN BOTANICAL

LUCKY LABRADOR

FULL SAIL

GROUND BREAKER

BAERLIC

HOPWORKS

GIGANTIC

MCMENAMINS

SASQUATCH

PORTLAND U-BREW

13 VIRTUES

PHILADELPHIA'S

1852年，德裔移民 Henry Saxer 創立了波特蘭第一間啤酒廠，但一直到了 1985 年，一部讓自釀酒吧合法的法案通過後，才開啟了這座城市的精釀啤酒革命。今日，波特蘭提供的桶裝啤酒中將近 40 % 是精釀啤酒。Full Sail 與 Widmer 等全國知名品牌都以波特蘭為家，波特蘭所在的奧勒岡州之人均釀啤酒廠數更是領先全美國。以下舉出其中具代表性的釀酒廠與酒款。

Alameda,
YELLOW WOLF IMPERIAL IPA

Ecliptic,
FILAMENT WINTER IPA

Ground Breaker,
DARK ALE

Hopworks,
IPA

Laurelwood
WORKHORSE IPA

Natian,
CUDA CASCADIAN DARK ALE

Hair of the Dog,
ADAM

Breakside,
WANDERLUST INDIA PALE ALE

Base Camp,
IN-TENTS IPL

Lompoc,
PROLETARIAT NORTHWEST
RED ALE

啤酒瓶的演化

過去兩個世紀中，玻璃製造商、啤酒製造商等飲料業，都在個人飲用啤酒的容器設計發揮卓越進展。特別是出口瓶與易開罐，大家對它們應該都不陌生。

封瓶方式

王冠蓋
Crown Cap

哈欽森瓶塞
Hutchinson Stopper

快速扣
Lightning Toggle

英國啤酒瓶
約1790年

愛爾／礦泉水瓶
約1840年

波特啤酒瓶
約1850年

約1850年

約1860年

約1865年

約1870年

香檳／拉格／特選型
約1870年

愛寶琳娜（Apollnaris）瓶
1872年

出口啤酒瓶
1873年

鈷藍出口啤酒瓶
約1880年

白啤酒瓶
約1900年

矮型啤酒瓶
（The Steinie）
約1933年

矮型錐頂罐
1935年

平頂罐
1935年

短頸矮型啤酒瓶
（The Stubbie）
1935年

J型頸錐頂罐
（J Spout Cone Top）
1937年

高型錐頂罐
1938年

冠頂罐
（Crowntainer Cone Top）
1940年

拉扣
1962年

拉環
1964年

按鈕罐
1972年

留置式拉環
1975年

全口拉環
2010年

酒瓶與酒桶

啤酒包裝有標準的 12 盎司瓶、罐裝或酒壺（growler）等眾多尺寸。酒桶容量則從大約一打啤酒，到能提供近170杯啤酒的半桶大小。

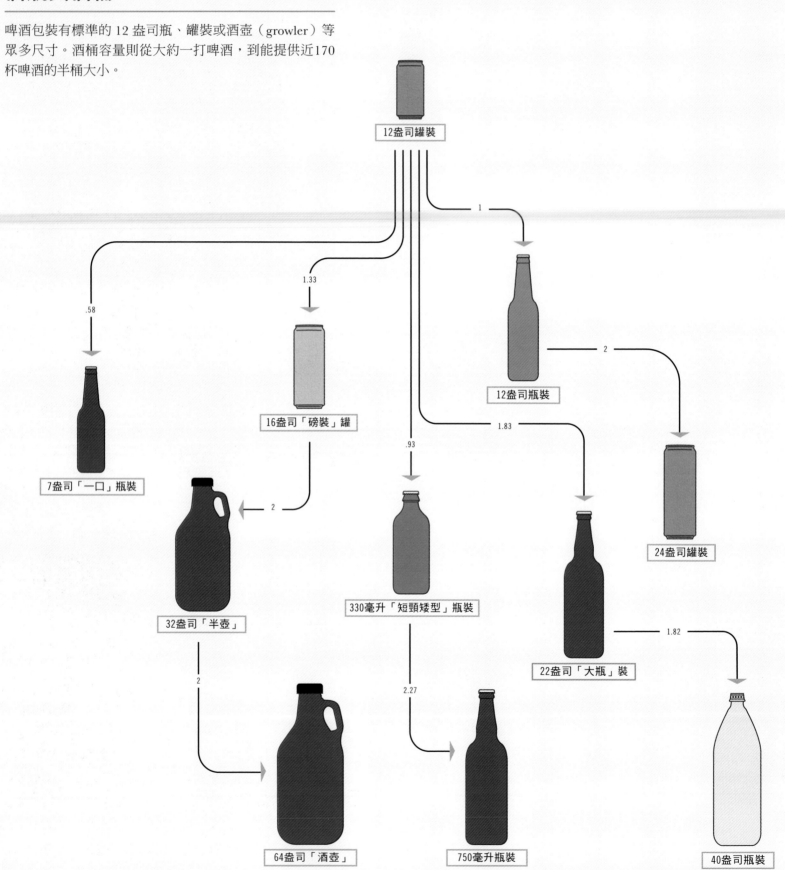

12盎司罐裝

1

.58

1.33

.93

1.83

2

7盎司「一口」瓶裝

16盎司「磅裝」罐

2

32盎司「半壺」

12盎司瓶裝

2

24盎司罐裝

330毫升「短頸矮型」瓶裝

1.82

22盎司「大瓶」裝

2

2.27

64盎司「酒壺」

750毫升瓶裝

40盎司瓶裝

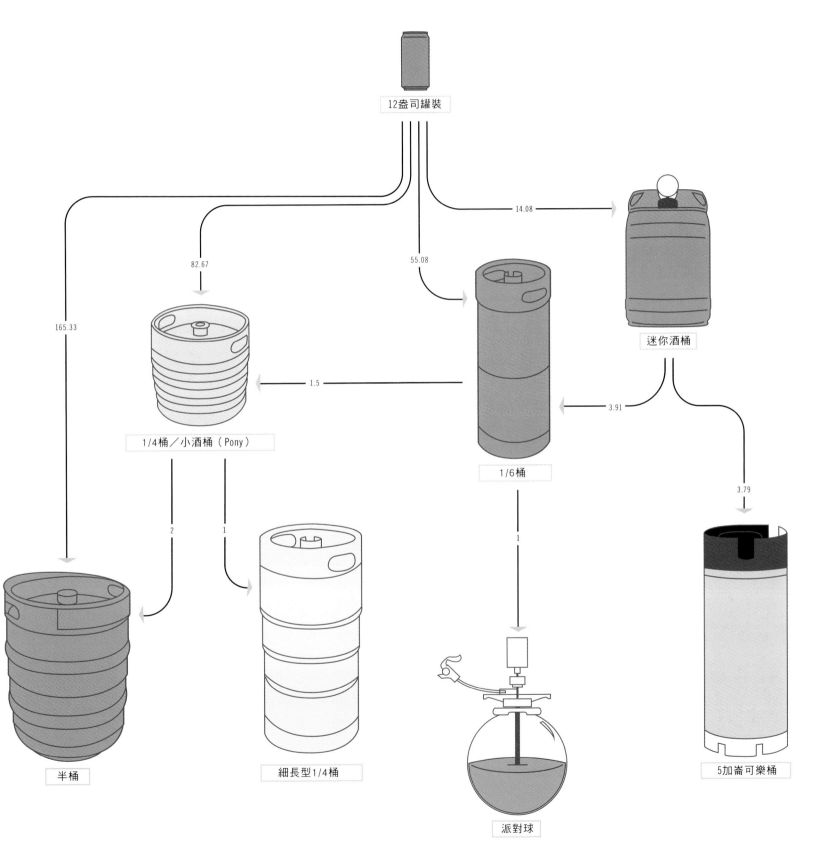

12盎司罐裝

14.08

82.67

55.08

165.33

迷你酒桶

1.5

1/4桶／小酒桶（Pony）

3.91

1/6桶

3.79

2

1

1

半桶

細長型1/4桶

派對球

5加崙可樂桶

啤酒杯

在實用的品脫杯之外，還有特定啤酒類型適用的各式啤酒杯。適當的杯子能讓人欣賞啤酒的外觀、構成分量適當的酒帽，並將香氣集中在鼻腔附近。杯子和特定類型啤酒之間的關係大抵源於傳統，而許多啤酒專家認為鬱金香杯或葡萄酒杯，才是適於所有啤酒的「正確」杯子，其他人則堅持某些類型須使用傳統啤酒杯。許多啤酒廠更為自家特定啤酒設計杯子，但大多著眼於行銷。

薊型杯

蘇格蘭愛爾、
比利時蘇格蘭愛爾

高腳杯／聖杯

四倍啤酒、比利時烈性愛爾、
法蘭德斯紅愛爾、
比利時淺色愛爾、
柏林白啤酒、
比利時烈性、深色愛爾、
雙倍啤酒、三倍啤酒

笛型杯

香檳啤酒、未調和酸釀啤酒、
水果酸釀啤酒、黑糖酸釀啤酒、
美式野味愛爾

啤酒靴

維也納拉格、梅爾森啤酒

品脫杯

甜美司陶特啤酒、出口型司陶特啤酒、
金黃愛爾、美式淺色愛爾、
調味司陶特啤酒、燕麥司陶特啤酒、
印度紅愛爾、英式淺色愛爾、
南瓜愛爾、黑啤酒、英式苦啤酒、
英式烈性愛爾、冬暖啤酒、
美式司陶特啤酒、美式波特啤酒、
東岸IPA、西岸IPA、美式裸麥愛爾、
歐陸淺色拉格、美式深色/琥珀拉格、
辣椒愛爾、波頓淺色愛爾、
波羅的海波特啤酒、英式IPA、
愛爾蘭司陶特啤酒、乳霜愛爾、
美式淺色拉格、英式波特啤酒、
薩赫蒂、美式棕愛爾、特級苦啤酒、
愛爾蘭愛爾、美式琥珀愛爾、英式棕愛爾

小麥啤酒杯

美式小麥愛爾、水果小麥愛爾、
水晶小麥啤酒、小麥勃克啤酒、
德式裸麥啤酒、萊比錫小麥酸啤酒、
酵母小麥啤酒、歐式拉格、
美式烈性愛爾

鬱金香杯

黑IPA、蘇格蘭愛爾

易開罐

冰析啤酒、日式稻米拉格、
輕啤酒、美式輔料拉格

棒狀杯

煙燻啤酒、科隆啤酒、
老啤酒

窄口聞香杯

美式烈性愛爾、
美式雙倍司陶特啤酒、
俄羅斯帝國司陶特啤酒、
美式大麥酒、小麥酒、老愛爾

皮爾森杯／德式矮腳杯

波希米亞皮爾森啤酒、
德式皮爾森啤酒、
美式皮爾森啤酒、
多特蒙德啤酒、
美式帝國皮爾森啤酒

威利杯

煙燻啤酒、黑啤酒、
慕尼黑淺色啤酒、
春季／淺色勃克啤酒

啤酒馬克杯

勃克啤酒、冰析勃克啤酒、
雙倍勃克啤酒、深色勃克啤酒、
慕尼黑深色啤酒、
維也納拉格、酒窖啤酒

葡萄酒杯

比利時深色愛爾、英式大麥酒、
比利時烈性深色愛爾、
比利時烈性淺色愛爾、
美式野味愛爾、比利時淺色愛爾、
法式窖藏啤酒、小麥酒、
老愛爾、季節特釀啤酒

品牌啤酒杯

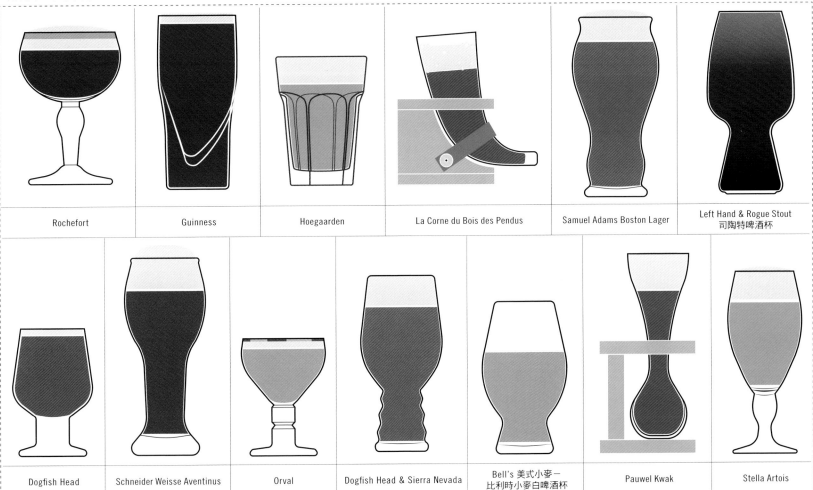

Rochefort

Guinness

Hoegaarden

La Corne du Bois des Pendus

Samuel Adams Boston Lager

Left Hand & Rogue Stout
司陶特啤酒杯

Dogfish Head

Schneider Weisse Aventinus

Orval

Dogfish Head & Sierra Nevada

Bell's 美式小麥－
比利時小麥白啤酒杯

Pauwel Kwak

Stella Artois

虛構啤酒

也許是為了避免商標爭議或美術因素，電視節目與電影創造出為數豐富的虛構啤酒。

WHARMPESS
追愛總動員
How I Met Your Mother

BUZZ BEER
寶貝一族
The Drew Carey Show

JEKYLL ISLAND LAGER
夢魘殺魔
Dexter

SCHRADERBRÄU
絕命毒師
Breaking Bad

ST. ANKY BEER
烏龍巡警
Super Troopers

BUTTERBEER
哈利波特
Harry Potter

ALDERAANIAN ALE
星際大戰
Star Wars

ST. PAULI EXCLUSION
飛出個未來
Futurama

SHOTZ BEER
拉雯與雪莉
Laverne & Shirley

ROCKET FUEL MALT LIQUOR
電台主播
NewsRadio

BLACK DEATH MALT LIQUOR
辛辛那提WKRP電台
WKRP in Cincinnati

ELSINORE
神奇酒釀
Strange Brew

SCHMITTS GAY
週六夜現場
Saturday Night Live

PAWTUCKET PATRIOT ALE
蓋酷家庭
Family Guy

SAMUEL JACKSON BEER
查普爾秀
Chappelle's Show

SCHNITZENGIGGLE
酒國英雄榜
Beerfest

NEWTON AND RIDLEY
加冕街
Coronation Street

CHURCHILL'S
東區人
EastEnders

ROMULAN ALE
星際爭霸戰
Star Trek

PANTHER PILSNER
三個臭皮匠
The Three Stooges

PIβWASSER
俠盜獵車手IV
Grand Theft Auto IV

HEISLER
俏妞報到、男孩我最壞、追愛總動員、樂透趴趴走、好漢兩個半
*New Girl, Superbad,
How I Met Your Mother, My Name Is Earl,
Two and a Half Men,*

MONKEY SHINE BEER
六人行
Friends

PABST BLUE ROBOT
飛出個未來
Futurama

FLAGLER
夏威夷之虎
Magnum, P.I.

VÄN DER BRÄU
23號公寓的壞女孩
*Don't Trust the B----
in Apartment 23*

LEOPARD LAGER
紅矮星號
Red Dwarf

MARSHALL BEER
優惠時段／酸葡萄
Happy Hour a.k.a. Sour Grapes

DUFF BEER
辛普森家庭
The Simpsons

ASPEN BEER
異形
Alien

GIRLIE GIRL BEER
寶貝家庭
Married with Children

DHARMA INITIATIVE BEER
LOST檔案
Lost

CANOGA BEER
羅珊妮
Roseanne

EPHRAIM MONK ALE
艾瑪鎮
Emmerdale

ALAMO
一家之主
King of the Hill

BIG TOP BEER
媽媽的家
Mama's Family

CERVEZA CHANGO
惡夜追殺令、萬惡城市、殺手悲歌、瘋人鋸院、英雄不回頭
*From Dusk Till Dawn, Sin City, El Mariachi,
Grindhouse, Once Upon a Time in Mexico*

麥芽酒是一種強勁的啤酒，同時擁有低廉價格與高酒精濃度，以及深受嘻哈與潮人（hipster）文化喜愛的「40 盎司」。單看這些酒款的名稱就可以感受到它們的前衛特質。

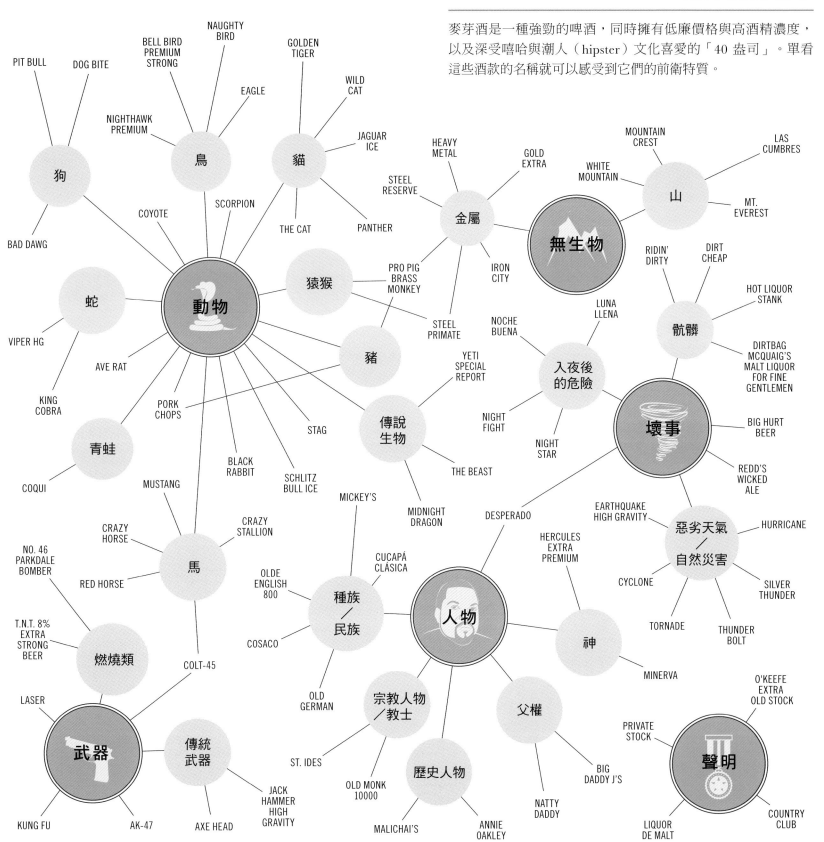

酒花浪潮上的名字

也許精釀啤酒製造商除了最愛啤酒花之外，也愛在酒款名稱中放
上啤酒花（hops）這個字。

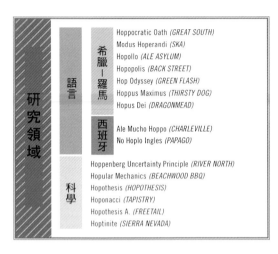

研究領域

語言

希臘－羅馬
- Hoppocratic Oath (GREAT SOUTH)
- Modus Hoperandi (SKA)
- Hopollo (ALE ASYLUM)
- Hopopolis (BACK STREET)
- Hop Odyssey (GREEN FLASH)
- Hoppus Maximus (THIRSTY DOG)
- Hopus Dei (DRAGONMEAD)

西班牙
- Ale Mucho Hoppo (CHARLEVILLE)
- No Hoplo Ingles (PAPAGO)

科學
- Hoppenberg Uncertainty Principle (RIVER NORTH)
- Hopular Mechanics (BEACHWOOD BBQ)
- Hopothesis (HOPOTHESIS)
- Hoponacci (TAPISTRY)
- Hopothesis A. (FREETAIL)
- Hoptinite (SIERRA NEVADA)

生物

傳說生物
- Hop Devil (VICTORY)
- Hopzilla (TERRAPIN)
- Big Hoppy Monster (TERRAPIN)
- Hop Zombie (EPIC)
- Hop Monster (PAPER CITY)
- Chupahopra (TWISTED X)
- CYCLHOPS (OSCAR BLUES)
- The Hoptopus From Outer Space (NAPARBIER)
- Hopsquatch (FOUR PEAKS, MAD ANTHONY)
- Slhoppy Monster (RIVERTOWNE)
- Hopgoblin (FLATROCK)

尼斯湖水怪
- Hopness Monster (UNION STATION)
- Hop Mess Monster (HART & THISTLE)
- Lila's Hop Nest Monster (SAND CREEK)

小兔子
- The Hoppy Bunny (TRAIN STATION)
- Hoppy Bunny (DUCK-RABBIT)
- Hops the Bunny (CORCORAN)

哺乳類

河馬
- Hop-a-Potamus (GREAT RIVER)
- Hoppopotamus (HOPCAT)
- Hoppapotamus (BREWBOYS)
- HOPpopatamus (SILVER MOON)
- Hop-a-lot-amus (RIVER HORSE)

- Hopcelot (LAWSON'S)
- Hopadillo (KARBACH)

爬蟲類

恐龍
- Vehopciraptor (UNKNOWN BREWING)
- Hopasaurus Rex (MCKENZIE)
- Hop-A-Saur (GREAT BASIN)
- Velocihoptor (FREETAIL)
- Tricerahops (NINKASI)

- Hopperhead (WILD RIDE)
- HopGator (ABITA)

- Grasshoppa (COLUMBUS)
- Hoptopus (REAVER BEACH)

詞句

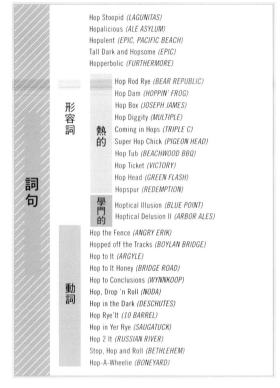

形容詞
- Hop Stoopid (LAGUNITAS)
- Hopalicious (ALE ASYLUM)
- Hopulent (EPIC, PACIFIC BEACH)
- Tall Dark and Hopsome (EPIC)
- Hopperbolic (FURTHERMORE)

熱的
- Hop Rod Rye (BEAR REPUBLIC)
- Hop Dam (HOPPIN' FROG)
- Hop Box (JOSEPH JAMES)
- Hop Diggity (MULTIPLE)
- Coming in Hops (TRIPLE C)
- Super Hop Chick (PIGEON HEAD)
- Hop Tub (BEACHWOOD BBQ)
- Hop Ticket (VICTORY)
- Hop Head (GREEN FLASH)
- Hopspur (REDEMPTION)

學門的
- Hoptical Illusion (BLUE POINT)
- Hoptical Delusion II (ARBOR ALES)

動詞
- Hop the Fence (ANGRY ERIK)
- Hopped off the Tracks (BOYLAN BRIDGE)
- Hop to It (ARGYLE)
- Hop to It Honey (BRIDGE ROAD)
- Hop to Conclusions (WYNNKOOP)
- Hop, Drop 'n Roll (NODA)
- Hop in the Dark (DESCHUTES)
- Hop Rye'It (10 BARREL)
- Hop in Yer Rye (SAUGATUCK)
- Hop 2 It (RUSSIAN RIVER)
- Stop, Hop and Roll (BETHLEHEM)
- Hop-A-Wheelie (BONEYARD)

食物

調理食品
- Hop Ramen (PIZZA PORT)
- Hopicana (ARGILLA)
- Snap, Crackle, Hop (PARALLEL 49)
- Hop Pocket (TUPPERS)

- Hopsickle (MOYLAN'S)
- Hop Chocolate (GREAT DANE)
- Hopsicle (BROAD RIPPLE)
- Hop Cakes (NODA)
- Hop Suey (PIZZA PORT)
- ApriHop (DOGFISH HEAD)
- Hop Salad (DRAKE'S)
- Hop Juice (LEFT COAST)

雙關語

片語
- Good Hop Bad Hop (PUB DOG)
- Loch Hop & Barrel (SIERRA NEVADA)
- The Hops You Rode In On (LONERIDER)

隱喻
- Hoppiness Is a Warm Pun (BREWMASTER JACK)
- Insert Hop Pun Here (AARDWOLF)
- What Hop Pun? (RARE BARREL)
- Hoppun (CARTON)
- C:/Hops (BREWSTERS)

物體

交通工具
- Hop Rocket (ARCADIA)
- Hop Buggy (LANCASTER)
- Hopduster (FLYERS)

- Coal Hopper (ROANOKE)
- Clodhopper (COUNCIL)
- Hopback (TREÖGS)

積極正面的

快樂的
- Autumnal Hoppiness (3 SHEEPS)
- Miso Hoppy (FIFTYFIFTY)
- Hip Hops Hooray (HERSHEY)
- Hoppy Dreams (BAY STATE)
- Hoppy Minded Fool (MINNEAPOLIS TOWN HALL)
- Be Hoppy! (CANTERBURY, WORMTOWN)
- Hoppy Anniversary (JACKALOPE)
- A Hoppy Accident (KAUAI BEER)
- Oh Hoppy Day (BRICK STREET)
- Let's Get Hoppy (SOUTHEND)
- Here's to Hoppiness (TUSTIN)
- Hoppy Birthday (ALPINE)
- Hoppy Scotsman (BJ'S)
- Ryely Hoppy (KIRKWOOD)
- Bee Hoppy (CB CRAFT)
- Hoppy Face (HOPPY)
- My Hoppy Valentine (EXCEL)
- Pure Hoppiness (ALPINE)
- Trigger Hoppy (PIZZA PORT)
- Hoppy Thyme (FROG LEVEL)
- Oh, Me So Hoppy to Wheat You (ODD SIDE)

希望與樂觀
- The Audacity of Hops (CAMBRIDGE)
- Hoptomistic (CHARLEVILLE)
- Eternal Hoptimus (LIVING THE DREAM)
- The Hoptimizer (BLACK ROOSTER)
- Hoptimism (ANGRY CEDAR)
- Hoptimal (WILD ROSE)
- Hoptomystic (BRICKSTONE)
- Hoptimum (SIERRA NEVADA)
- Hoptopia (HERMITAGE)

機會
- Land of Hopportunity (FOUR SONS)
- Hopportunity (BARREL HARBOR)
- Hopportunity Knocks (FAT HEAD'S CALDERA)

款待
- Magnum Hopsitality (TERRA FIRMA)
- Southern Hops'pitality (LAZY MAGNOLIA)

肯定的
- Hop'solutely (ALLENTOWN, BETHLEHEM)
- Hopsolute (NORTH SOUND)

- Hoponius Union (JACK'S ABBY)
- Hopsolution (BELL'S)

流行文化

音樂

嘻哈
- Detroit Hip Hops (*BLACK LOTUS*)
- Drop It Like It's Hops (*ABIGAILE*)
- Mama Said Hop You Out (*FRANKLIN'S*)
- Drop It Like It's Hop (*PLATT PARK*)
- Hip Hop (*LANGHAM*)
- Money, Cash, Hops (*IRON HILL*)
- This Is Why I'm Hop (*NINKASI*)
- Dr. Hoptagon (*PARISH*)
- Hippity Hops (*CAUTION*)

音樂劇
- Rock Hopera (*VINO'S*)
- Phantom of the Hopera (*FREETAIL*)
- Fandom of the Hopera (*THREE NOTCH'D*)

- Hop Making Sense (*CELLARMAKER*)
- Grand O'Hopry (*ORLANDO*)
- Misty Mountain Hop (*OFF THE RAIL*)
- Bohemian HOPsidy (*WILLMANTIC*)
- Janis Hoplin (*KABINET*)
- Don't Worry Be Hoppy (*RIVERSIDE*)
- Hop for Teacher (*FOUNTAIN SQUARE*)
- King of Hop (*STARR HILL, ALEBROWAR*)
- Hop Lobster (*SPRINGFIELD*)
- Hop Way to the Danger Zone (*ACOUSTIC*)
- Hopapalooza (*BIG SHOULDERS*)
- 1 Hop Wonder (*HARMON*)
- Smooth Hoperator (*STOUDTS*)
- Mmmhops (*MUSTANG*)

電視和電影

演員
- Audrey Hopburn (*GREAT LAKES*)
- Menace Hopper (*TAPISTRY*)
- Dennis Hop'rd (*BOBCAT*)

角色
- Hoptimus Prime (*RUCKUS*)
- Java the Hop (*FORT GEORGE*)
- RoboHop (*GREAT LAKES*)
- Hoppa Smurf (*BEACHWOOD BBQ*)
- Hoppy Balboa (*COOL SPRINGS*)
- Hoppy Balboa v. Apollo Green (*CHERRY STREET*)

- Hop Gun (*FUNKY BUDDHA*)
- Red Hoptober (*NEW BELGIUM*)
- A Hopwork Orange (*BLUE MOUNTAIN*)
- Get to the Hopper (*PIZZA PORT*)
- Hop-a-Long Cascade (*FAT HEAD'S*)
- Everlasting Hopstopper (*FIFTYFIFTY*)
- Hopacalypse Now (*NAKED CITY*)
- Hopfather II (*BREW WHARF*)
- Hoppy Feet (*CLOWN SHOES*)
- 1.2 Gigahops (*FARGO*)
- What's Hoppenin (*RUN OF THE MILL*)
- Hoppy Dazed (*COBRA*)

書籍

- The Shape of Hops to Come (*NESHAMINY*)
- Something Hoppy This Way Comes (*PIPEWORKS*)
- The Hoppit (*PIZZA PORT*)
- Black Hop Down (*GIZMO*)
- Count Hopula (*SANTAN, BARLEY*)
- Hops of Wrath (*DUST BOWL*)
- Hop Fiction (*BREWDOG*)
- Pipa Long Hoppings (*NODA*)
- Goldihops (*KELBURN*)
- Necrohopicon (*OLDE BURNSIDE*)
- Hop on Top (*LYNNWOOD, SICK N TWISTED*)

限制級

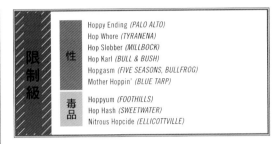

性
- Hoppy Ending (*PALO ALTO*)
- Hop Whore (*TYRANENA*)
- Hop Slobber (*MILLBOCK*)
- Hop Karl (*BULL & BUSH*)
- Hopgasm (*FIVE SEASONS, BULLFROG*)
- Mother Hoppin' (*BLUE TARP*)

毒品
- Hoppyum (*FOOTHILLS*)
- Hop Hash (*SWEETWATER*)
- Nitrous Hopcide (*ELLICOTTVILLE*)

身體

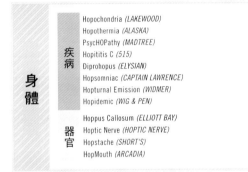

疾病
- Hopochondria (*LAKEWOOD*)
- Hopothermia (*ALASKA*)
- PsycHOPathy (*MADTREE*)
- Hopititis C (*515*)
- Diprohopus (*ELYSIAN*)
- Hopsomniac (*CAPTAIN LAWRENCE*)
- Hopturnal Emission (*WIDMER*)
- Hopidemic (*WIG & PEN*)

器官
- Hoppus Callosum (*ELLIOTT BAY*)
- Hoptic Nerve (*HOPTIC NERVE*)
- Hopstache (*SHORT'S*)
- HopMouth (*ARCADIA*)

季節

節日
- Mazel Hops (*HE'BREW*)
- Hoppy Christmas (*BREWDOG*)
- Hoppy Holidays (*CHELSEA*)
- Hoppy Holidaze (*MARIN*)
- Hoppy Halleeday (*ROCK BOTTOM*)
- Hoppy New Year (*BLOCK 15*)

- Hoptober (*NEW BELGIUM*)
- Hoptoberfest (*MULTIPLE*)

人物與地方

地方
- Hoplahoma (*MUSTANG*)
- Hopsconsin (*THIRSTY PAGAN*)
- Hop Henge (*DESCHUTES*)
- Hoparillo (*KNEE DEEP*)
- Hoppy Hollow (*SINGIN' RIVER*)
- Hoplantic (*BARRIER*)

名人
- Pocahoptas (*CENTER OF THE UNIVERSE*)
- Hopstradamus (*BLOOMINGTON*)

職業
- Hoptologist (*KNEE DEEP*)
- Hoparazzi (*PARALLEL 49*)
- Hop Burglar (*WICKED WEED*)
- Hopsecutioner (*TERRAPIN*)
- Hoptometrist (*LOOKOUT, ROUGHTAIL*)

嚇人的

侵略性的

被襲擊
- Hop Wallop (*VICTORY*)
- Hoppercut (*LE TREFLE NOIR*)
- Hop Clobber (*EMMETT'S*)
- Hopslam (*BELL'S*)
- Hop Suplex (*SAUCONY*)
- HOPSMACK! (*TOPPLING GOLIATH*)
- I'll Hop Your Rye Out (*ACOUSTIC*)
- Hop Your Face (*FOUNTAIN SQUARE*)

命喪黃泉
- Suicide by Hops (*BLUEGRASS*)
- Death by Hops (*SMOG CITY*)
- Hopsphyxiation (*BULLFROG*)
- Hoptopsy (*BARLEY & HOPS*)

天啟的
- Post-Hopocalypse (*DRAKE'S*)
- Hop-Ocalypse (*CLAY PIPE*)
- Hopocalypse (*DRAKE'S*)

令人不悅的
- Hop Venom (*BONEYARD*)
- Hopnoxxxious (*WALLDORFF*)
- Hopnoxious (*SEABRIGHT*)
- Vulgar Display of Hoppiness (*AARDWOLF*)
- Hop Abomination (*DRY DOCK*)
- Hop Hazard (*RIVER HORSE*)

地獄般的
- To Hell in a Hop Basket (*NORTH SOUND*)
- Hoppier than Helles (*CIGAR CITY*)
- Hoppy as Helles (*TAP*)
- Holy Hoppin' Hell (*WEIRD BEARD*)

- Hoperation Overload (*DESTIHL*)
- Fully Hoperational Battlestation (*PIPEWORKS*)
- Hopping Mad (*MULTIPLE*)
- Hopnado (*NEXT DOOR*)
- Hop Zealot (*TWISTED PINE*)
- Hopdemonium (*POWELL STREET*)
- Hop-N-Awe (*ANGRY ERIK*)
- Hop Villain (*BIG AL*)
- Hoptrocity (*NAKED CITY*)
- Hop Bomb (*ROCK BOTTOM*)

迷惘的
- Inhopsicated (*PIZZA PORT*)
- Hopsy Turvy (*FOUR FRIENDS*)
- Hopped Up (*SNIPES*)
- Hopside Down (*WIDMER BROTHERS*)
- Hopnotic (*CRICKET HILL*)
- Hopsy Dazy (*GREAT SOUTH*)
- Hopsided (*BLUE TARP*)

葡萄酒

WINE

葡萄樹

葡萄樹為一種藤本植物，具有向上攀爬的木質藤蔓；就生物分類學而言為藤屬（*Vitis*）。藤屬下約有 60個不同的種，但用來釀酒的葡萄，絕大多數均屬於 *Vitis vinifera* 品種，即唯一一種源於歐洲的釀酒葡萄。少數美洲種，如 *Vitis labrusca* 或 *Vitis riparia* 則可與歐洲種雜交，以創造出新的葡萄物種。

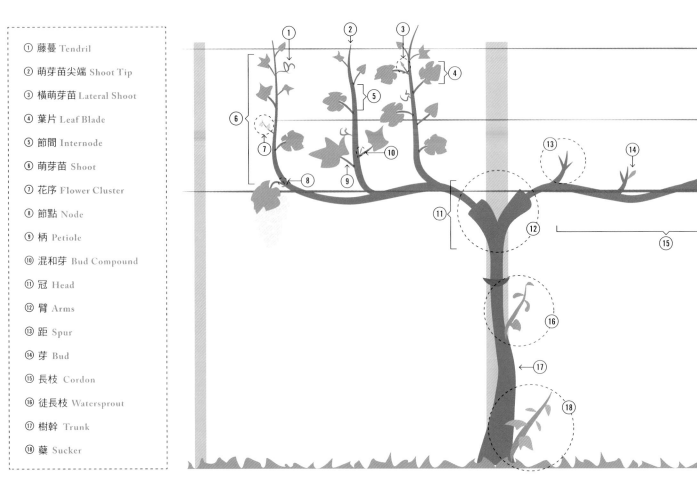

① 藤蔓 Tendril

② 萌芽苗尖端 Shoot Tip

③ 橫萌芽苗 Lateral Shoot

④ 葉片 Leaf Blade

⑤ 節間 Internode

⑥ 萌芽苗 Shoot

⑦ 花序 Flower Cluster

⑧ 節點 Node

⑨ 柄 Petiole

⑩ 混和芽 Bud Compound

⑪ 冠 Head

⑫ 臂 Arms

⑬ 距 Spur

⑭ 芽 Bud

⑮ 長枝 Cordon

⑯ 徒長枝 Watersprout

⑰ 樹幹 Trunk

⑱ 蘗 Sucker

葡萄藤葉片

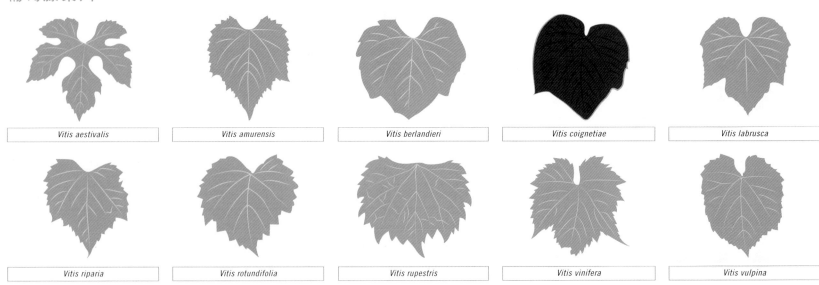

Vitis aestivalis	*Vitis amurensis*	*Vitis berlandieri*	*Vitis coignetiae*	*Vitis labrusca*
Vitis riparia	*Vitis rotundifolia*	*Vitis rupestris*	*Vitis vinifera*	*Vitis vulpina*

植栽方式

葡萄藤屬藤蔓類植物，多半需要抓著支撐攀爬而上。因此，剪枝與訓練葡萄藤在支撐物上的成長，不但決定了植物的外觀，也讓釀酒人能夠控制葡萄藤日照的程度，以及採收葡萄作業的輕易程度。葡萄藤的剪枝方法有數十種，常見的如下：

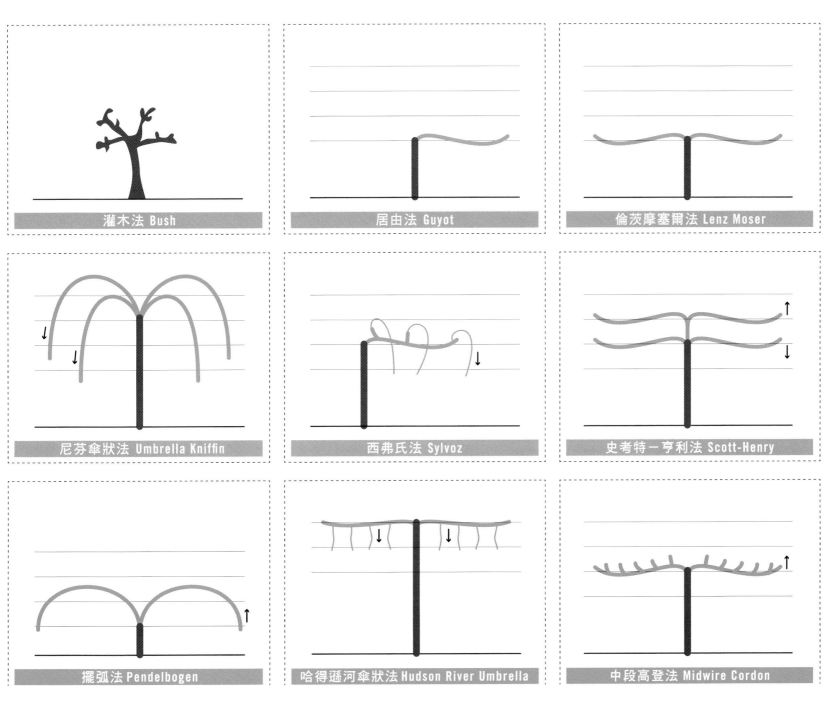

灌木法 Bush

居由法 Guyot

倫茨摩塞爾法 Lenz Moser

尼芬傘狀法 Umbrella Kniffin

西弗氏法 Sylvoz

史考特—亨利法 Scott-Henry

擺弧法 Pendelbogen

哈得遜河傘狀法 Hudson River Umbrella

中段高登法 Midwire Cordon

風土條件

風土條件（Terroir）一詞源於法文，意指葡萄因為土壤、地形與氣候等因素，交叉影響之下而形成的特定風味。多虧了現代科技，如今全世界各地都能釀出高品質的葡萄酒，這卻也讓風土條件被嘲笑是舊世界的迷信。然而，科學研究證實，土壤類型與含氮量的比例確實影響了葡萄樹生長的速度、大小與枝葉的茂密程度；而這也直接影響到熟成葡萄的糖分與其他風味因子的多寡。而葡萄園的地形也確實會左右葡萄藤接收日照的程度。

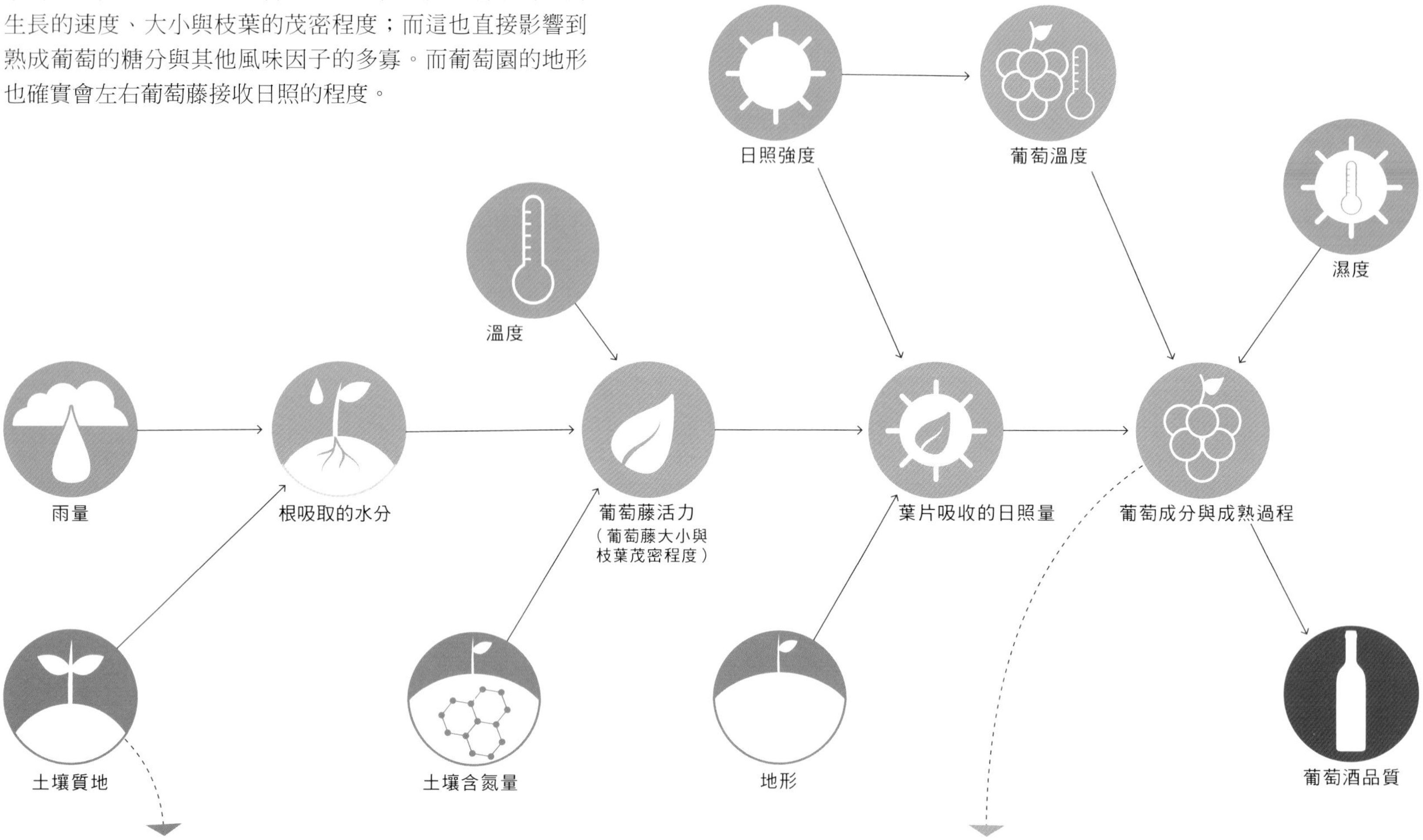

日照強度

葡萄溫度

濕度

溫度

雨量

根吸取的水分

葡萄藤活力
（葡萄藤大小與
枝葉茂密程度）

葉片吸收的日照量

葡萄成分與成熟過程

土壤質地

土壤含氮量

地形

葡萄酒品質

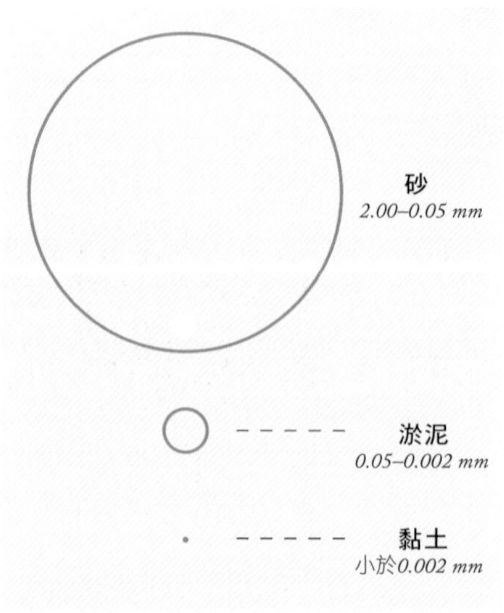

砂
2.00–0.05 mm

淤泥
0.05–0.002 mm

黏土
小於0.002 mm

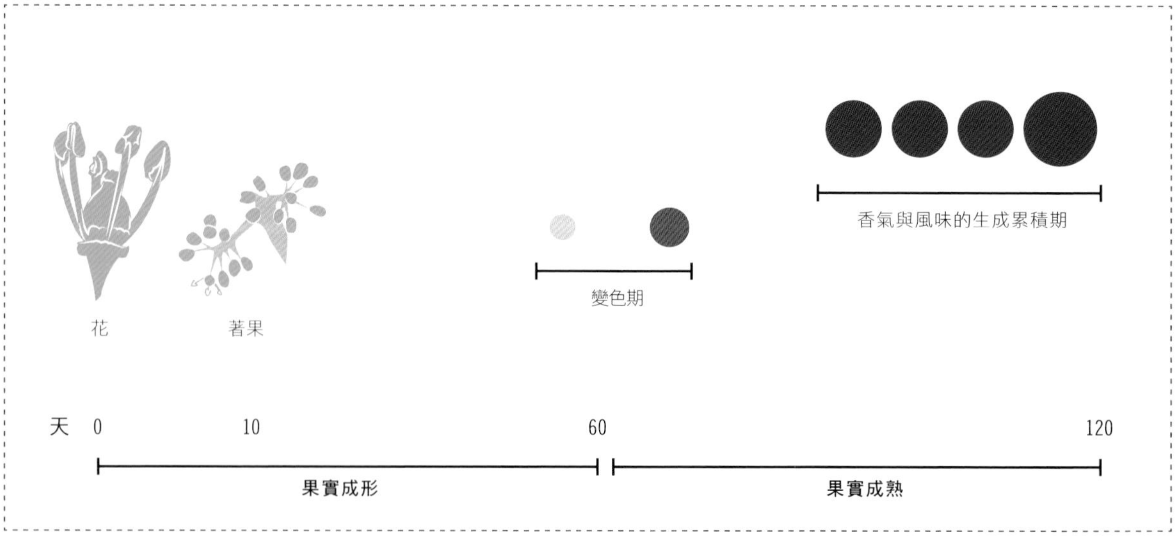

花

著果

變色期

香氣與風味的生成累積期

天　0　　　　　10　　　　　　　　　　60　　　　　　　　　　　　120

果實成形

果實成熟

葡萄樹病蟲害

葡萄從種下到成熟期，免不了要遭受各式疾病與害蟲的侵擾。疾病與害蟲非但不會互相抵觸，害蟲甚至經常成為疾病的帶菌體。十九世紀中期的法國葡萄蚜蟲枯萎疫（Great French Wine Blight）便是導因於根瘤蚜蟲菌的肆虐，當時幾近摧毀了全法葡萄酒產業。

病害

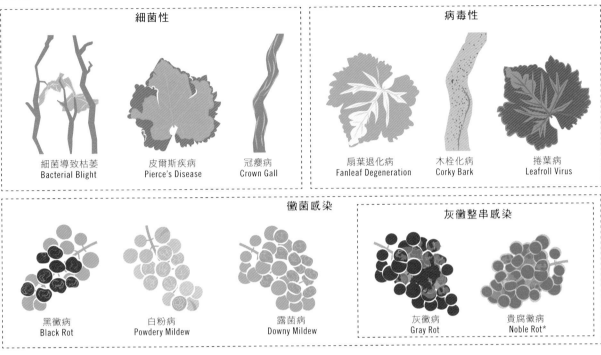

細菌性

- 細菌導致枯萎 Bacterial Blight
- 皮爾斯疾病 Pierce's Disease
- 冠癭病 Crown Gall

病毒性

- 扇葉退化病 Fanleaf Degeneration
- 木栓化病 Corky Bark
- 捲葉病 Leafroll Virus

黴菌感染

- 黑黴病 Black Rot
- 白粉病 Powdery Mildew
- 露菌病 Downy Mildew

灰黴整串感染

- 灰黴病 Gray Rot
- 貴腐黴病 Noble Rot*

動物與蟲害

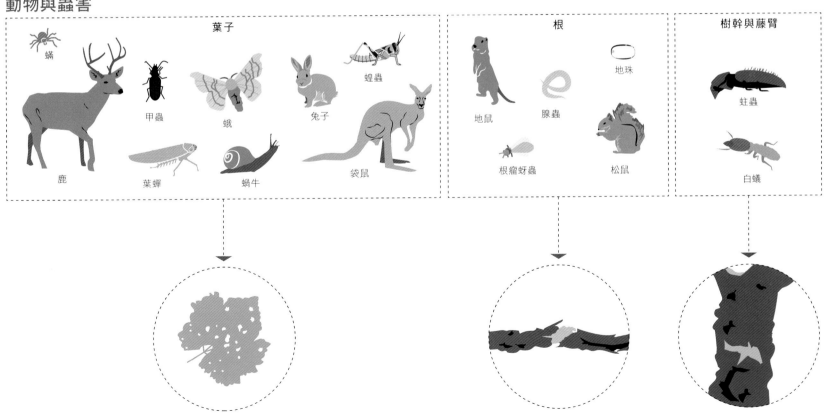

葉子

- 蟎
- 甲蟲
- 蛾
- 兔子
- 蝗蟲
- 鹿
- 葉蟬
- 蝸牛
- 袋鼠

根

- 地鼠
- 腺蟲
- 地珠
- 根瘤蚜蟲
- 松鼠

樹幹與藤臂

- 蛀蟲
- 白蟻

*在理想的氣候下長成的貴腐黴，其實有助於長成適合釀造極高品質的甜白酒葡萄。

釀造紅酒

雖然每家業者釀酒過程的種種選擇略有不同——諸如自流汁（free-jun）與壓榨汁的比例，或是人工酵母菌的添加與否等，但紅酒的基本釀造過程是一樣的：破皮、壓榨黑皮葡萄，以進入發酵過程。

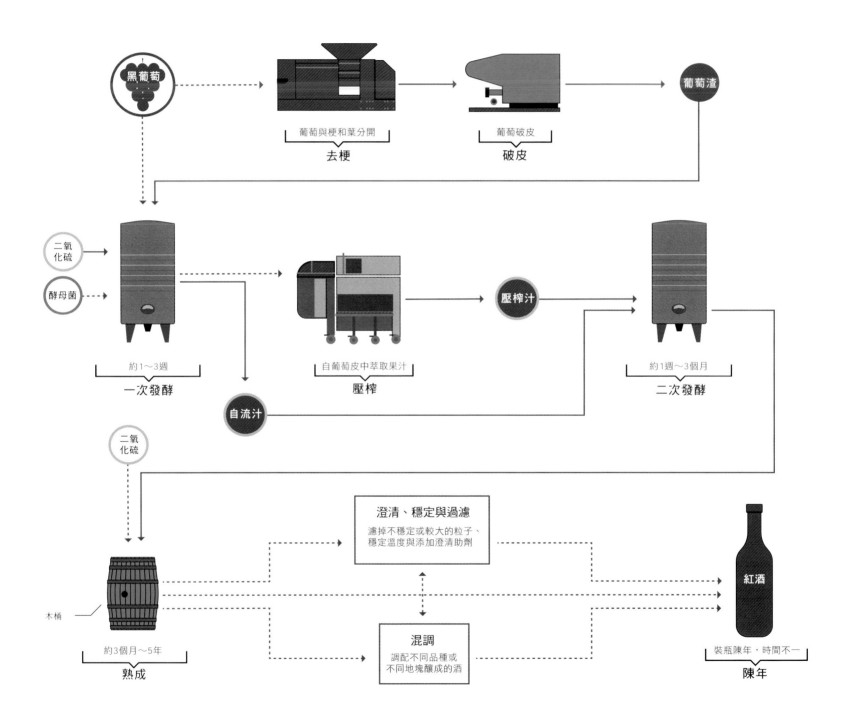

黑葡萄

葡萄與梗和葉分開
去梗

葡萄破皮
破皮

葡萄渣

二氧化硫

酵母菌

約1～3週
一次發酵

自葡萄皮中萃取果汁
壓榨

壓榨汁

約1週～3個月
二次發酵

自流汁

二氧化硫

木桶

約3個月～5年
熟成

澄清、穩定與過濾
濾掉不穩定或較大的粒子、穩定溫度與添加澄清助劑

混調
調配不同品種或不同地塊釀成的酒

紅酒

裝瓶陳年，時間不一
陳年

釀造白酒

白酒的釀造過程基本上與紅酒相去不遠，只有幾點不同。顧名思義，白酒使用的是淡色果皮的葡萄，而發酵之前就會進行壓榨。

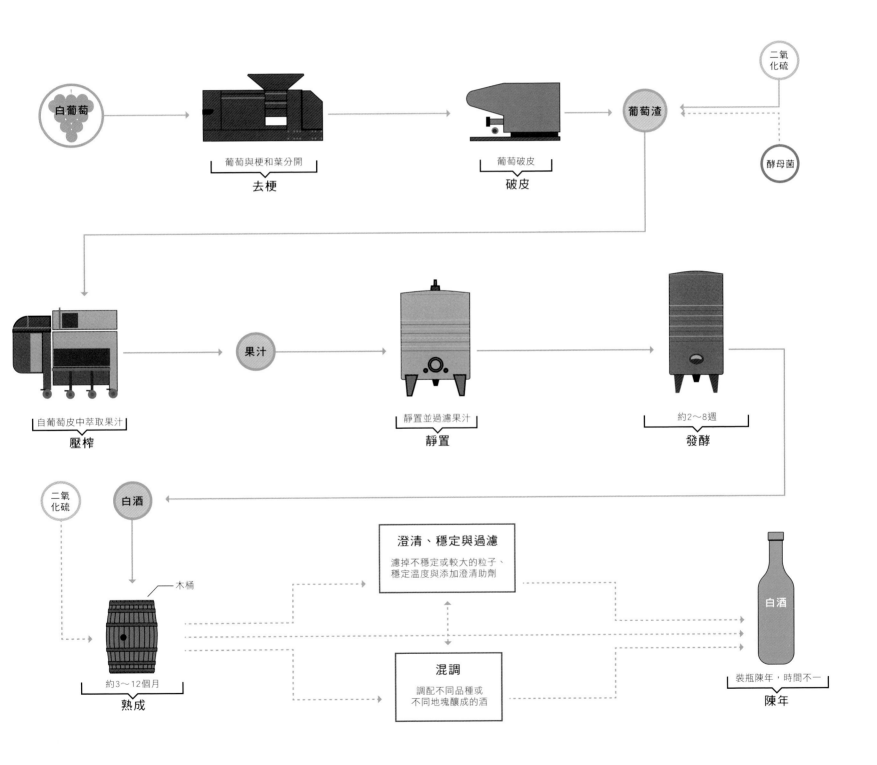

二氧
化硫

白葡萄

葡萄與梗和葉分開
去梗

葡萄破皮
破皮

葡萄渣

酵母菌

自葡萄皮中萃取果汁
壓榨

果汁

靜置並過濾果汁
靜置

約2～8週
發酵

二氧
化硫

白酒

木桶

澄清、穩定與過濾
濾掉不穩定或較大的粒子、
穩定溫度與添加澄清助劑

白酒

約3～12個月
熟成

混調
調配不同品種或
不同地塊釀成的酒

裝瓶陳年，時間不一
陳年

全球氣候地圖

適合種植釀酒葡萄的氣候主要有三個：地中海
型氣候、海洋型氣候與大陸型氣候。幾乎所有
釀酒產區都坐落在緯度30～50度不等，無論是
南半球或北半球都是如此。

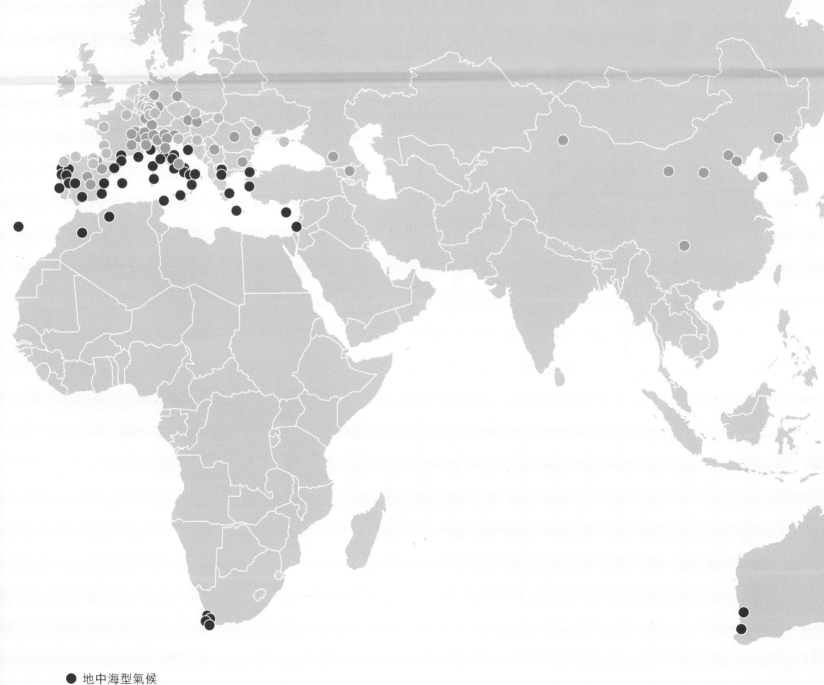

- ● 地中海型氣候
- ● 海洋型氣候
- ● 大陸型氣候

英國　1,273,000,000 / 1,500

加拿大　428,800,000 / 57,000

羅馬尼亞　524,000,000 / 123,450

紐西蘭　73,600,000 / 240,000

希臘　303,100,000 / 295,000

巴西　382,000,000 / 350,000

德國

葡萄牙　441,300,000 / 585,700

俄羅斯　1,186,000,000 / 700,000

南非　359,800,000 / 1,010,000

智利　248,400,000 / 1,086,500

澳洲　521,400,000 / 1,155,000

阿根廷　964,000,000 / 1,177,800

中國

美國

西班牙

義大利

法國

0 / 500,000,000 / 1,000,000,000 / 1,500,000,000

0 / 1,000,000 / 2,000,000

今日，美國是全球葡萄酒飲用量最大的國家，其釀造量也正在積極趕上歐洲產國。而中國無論飲用量或釀造量都是全球成長速率最快的國家。

1,950,000,000
528,515

飲用量（公升）
截至2012年

釀造量（公升）
截至2012年

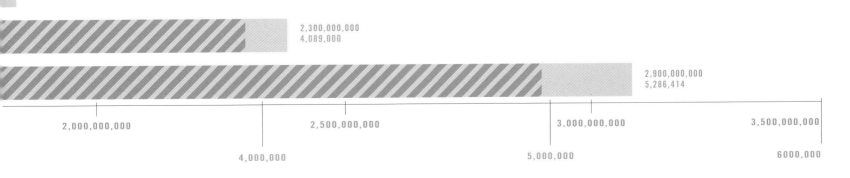

773,700,000
650,000

3,269,238,000
2,820,000

1,010,000,000
3,150,000

2,300,000,000
4,089,000

2,900,000,000
5,286,414

2,000,000,000   2,500,000,000   3,000,000,000   3,500,000,000

4,000,000   5,000,000   6000,000

葡萄酒甜度

葡萄酒的甜度可從數個層面來說，包括酒精濃度、酸度與單寧，但最重要的莫過於酒中的「殘留糖分」（residual sugar）。也就是發酵過程結束後，殘留在葡萄酒中的天然糖分。簡單地說，殘糖量越高，葡萄酒就越甜；殘糖量越低，葡萄酒就越不甜，或稱為干（dry）。但別忘了，品飲酒款的溫度也會影響葡萄品種的香氣輪廓與揮發出的香味。

葡萄酒的殘糖量（%）

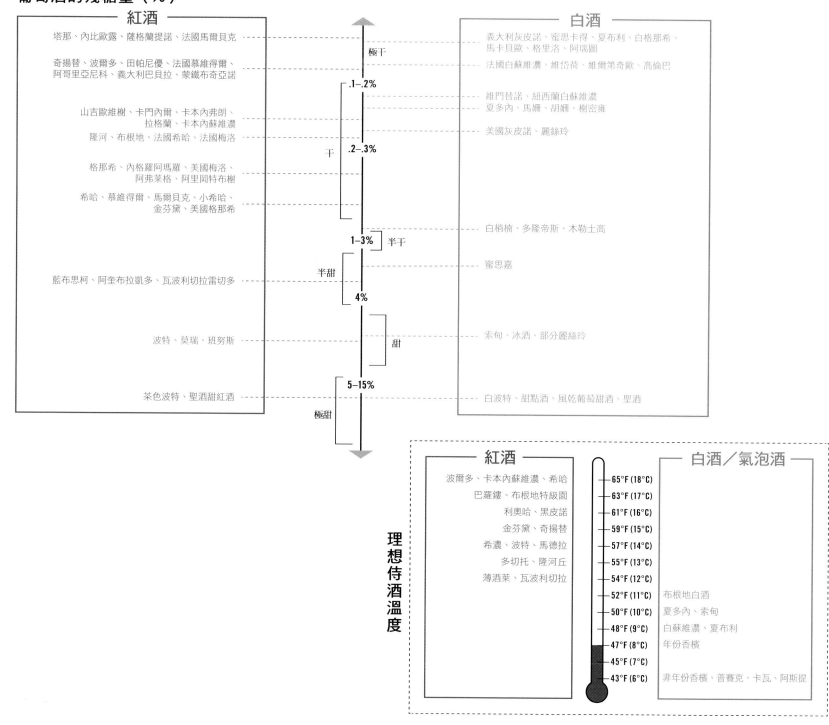

放眼全球葡萄酒的品質分級,幾乎全以葡萄生長的地區評定,其中又以歐洲國家的分級定義與執行程度為最嚴格。

法國
品質 ↑

特級園 Grand Cru

一級園 Premier Cru

法定產區 Appellation d'Origine Protégée, AOP / Appellation d'Origine Contrôlée, AOC

地區餐酒 Indication Géographique Protégée, IGP / Vin de Pays, VDP

日常餐酒 Vin de France / Vin de Table

西班牙
品質 ↑

莊園葡萄酒 Vino de Pago, VP

保證法定產區 Denominación de Origen Calificada, DOCa

法定產區 Denominación de Origen, DO

特定產區 Vinos de Calidad con Indicación Geográfica, VCIG

地區餐酒 Indicazione Geogra ca Tipica, IGT

日常餐酒 Vino de Tavola, VdT

南非
品質 ↑

次區 Ward

地區 District

地域大區 Region

地理大區 Geographical Unit

阿根廷
品質 ↑

法定產區 Denominacion de Origen Controlado, DOC

原產地 Indicacion de Procedencia, IP

地區 Indicacion Geografica, IG

義大利
品質 ↑

保證法定產區 Denominazione di Origine Controllata e Garantita, DOCG

法定產區 Denominazione di Origine Controllata, DOC

地區餐酒 Indicazione Geogra ca Tipica, IGT

日常餐酒 Vino de Tavola, VdT

德國
品質 ↑

高級優質葡萄酒 Qualitätswein mit Prädikat, QmP

優質葡萄酒 Qualitätswein bestimmter Anbaugebiete, QbA

地區餐酒 Landwein

日常餐酒 Tafelwein

葡萄牙
品質 ↑

優良法定產區 Denominação de Origem Controlada, DOC / Denominação de Origem Protegida, DOP

地區餐酒 Vinho Regional, VR

日常餐酒 Vinho de Mesa

美國

美國葡萄酒產區 American Viticultural Area

澳洲

地理標誌葡萄酒 Geographic Indication

法國葡萄品種起源

葡萄品種的來源向來難以鑑定，但今日的研究人員已能結合歷史資訊與基因分析，更精準地知道特定葡萄品種最初出現之地。

**① ** Auxerrois / 白薩瓦涅／Traminer

**② ** 白歐班 / 綠歐班

**③ ** Knipperle

**④ ** Petit Meslier

**⑤ ** Bachet Noir / Beaunoir

**⑥ ** César / Tressot

**⑦ ** Gascon

**⑧ ** Meslier Saint-François

**⑨ ** Teinturier

**⑩ ** 白梢楠

**⑪ ** Madeleine Angevine / 奧托奈蜜思嘉

**⑫ ** 黑果若

**⑬ ** Genoillet

**⑭ ** 白蘇維濃 / Mézy / Poulsard

**⑮ ** Béclan / Trousseau

**⑯ ** Gringet

**⑰ ** 夏多內

**⑱ ** 希哈 / 胡姍 / 維歐尼耶

**⑲ ** Noir Fleurien

**⑳ ** 阿里哥蝶 / 馬姍

**㉑ ** Chouchillon

**㉒ ** Mornen Noir

**㉓ ** Counoise

**㉔ ** Mècle de Bourgoin

**㉕ ** Verdesse / Onchette / Peloursin

**㉖ ** Roussette d'Ayze

**㉗ ** 小希哈／Durif

**㉘ ** Altesse / Cacaboué / Jacquère / Molette / Mondeuse Blanche / Douce Noire / Mondeuse Noire / Persan

**㉙ ** Mollard

**㉚ ** Chatus / Chichaud / Dureza

**㉛ ** Braquet Noir

**㉜ ** Aubun / Bouteillan Noir / Plant Droit / Bourboulenc / Piquepoul

**㉝ ** Aramon Noir

**㉞ ** Barbaroux

**㉟ ** Rivairenc/Aspiran Noir

**㊱ ** 仙梭

**㊲ ** 克雷耶特 / Terret

**㊳ ** Mauzac Noir / Milgranet / Prunelard / Duras / Ondenc

**㊴ ** Canari Noir / Duras

**㊵ ** Fer / 卡本內弗朗

**㊶ ** 塔那

**㊷ ** 白夫人 / Folle Blanche / Graisse

**㊸ ** Negrette

**㊹ ** Jurançon Blanc

**㊺ ** 馬爾貝克／Côt

**㊻ ** 大蒙仙

**㊼ ** 黑蒙仙

**㊽ ** Crouchen / Raffiat de Moncade / 大維鐸 / 小維鐸

**㊾ ** Camaralet de Lasseube / Camaraou Noir

**㊿ ** Petit Courbu / 小蒙仙

**51 ** Baroque

**52 ** Jurançon Noir

**53 ** Bouchalès / Mérille / Abouriou

**54 ** Castets

**55 ** 榭密雍

**56 ** Balzac Blanc / 高倫巴 / Monbadon / Montils

**57 ** Bequignol Noir / 卡本內蘇維濃 / 卡門內爾 / 梅洛 / 蜜思卡岱

香檳
白薩瓦涅

羅亞爾河谷地
小皮諾 / 白蘇維濃 / 皮諾多尼斯

普羅旺斯
Brun Fourca / Calitor Noir / Oeillade Noire / Tibouren / 高倫巴 / Pascal Blanc / Rosé du Var

布根地
香瓜 / Sacy / 加美

波爾多
Saint-Macaire

出處不詳
Gouais Blanc / 皮諾家族

法國是全球最大的釀酒國之一，對於釀造葡萄酒有相當嚴格的管控與系統。頂級葡萄酒遵循法定產區葡萄酒（AOC）系統，此系統詳細規範了酒款的來源、葡萄品種、種植和釀造方法。目前法國擁有超過 300 個 AOC，這些 AOC 之下另有符合其他分級的餐酒。

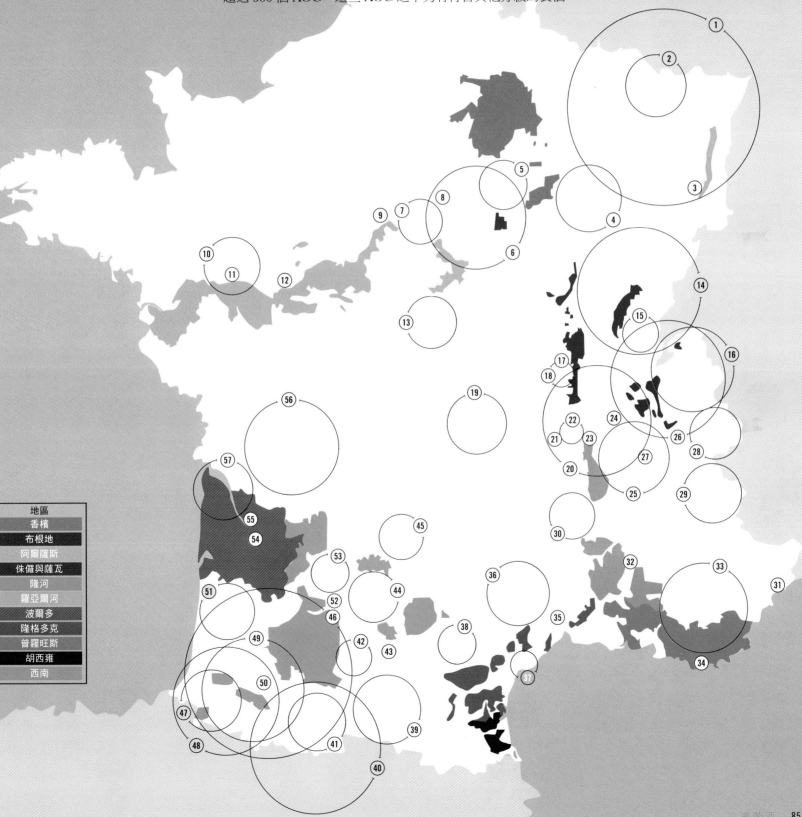

地區

香檳
布根地
阿爾薩斯
侏儸與薩瓦
隆河
羅亞爾河
波爾多
隆格多克
普羅旺斯
胡西雍
西南

法國葡萄品種族譜

許多法國葡萄品種都有血緣關係，光是皮諾和白高維斯這兩個古老的品種，就有近 20 個後代，其中梅洛、卡本內蘇維濃、白蘇維濃與馬爾貝克等品種，彼此還都有密切關係。然而，由於皮諾的各種顏色變異往往擁有同樣的基因，因此難以用顏色追蹤雜交誕生的下一代皮諾。

薩瓦涅
法國或德國

Black Morocco
出處不詳

Schiava Grossa
義大利

Duc d'Anjou

科納
德國

Rotberger

Juwel

Sciaccarello /Mammolo
義大利

小粒種白蜜思嘉
希臘

Buket-traube

碧坎

Schiras

Ingram's Muscat
英國

蜜思卡岱

Muscat Rouge de Madere

Muscat Fleur d'Oranger

Pinot Teinturier

希爾瓦那
奧地利

Blanc d'Ambre

白夏瑟拉
瑞士

Romo-rantin

托奈蜜思嘉

Circe

Milgranet

小皮諾

Graisse

Gringet

Molette

Madeleine Angevine

黑果若

Blanc Dame

Noir Fleurien

Jacquère

Altesse

Afus Ali
黎巴嫩

Csaba Gyöngye
匈牙利

Gouais Blanc
法國或德國

Grec Rouge

Malingre Precoce

麗絲玲
德國

弗里烏拉諾
義大利

Rausch-ling
德國

Aubin Blanc

Petit Meslier

Fernand Rose

St Pierre Dore

紅格那希
西班牙

Roussette d'Ayze

布榭蜜思嘉

Gold-riesling
塞爾維亞

Louisette

Aranel

M-G 101-14 OP

Seibel 6468

Subereux

Léon Millot

Maréchal Foch

Lucie Kuhlmann

Knipperle

Beaunoir

Dameron

François Noir Femelle

Gamay Blanc Gloriod

Auxerrois

Millot-Foch

Seibel 5163

Seibel 880

黑加美

Bachet Noir

Chancellor

S-V 12-417

Villard Blanc

Mézy

Cham-bourcin

Landot Noir

漢堡蜜思嘉
英國

Dodrelyabi
喬治亞

Sultanina
土耳其

Seibel 5656

Szoloskertek Kiralynoje
匈牙利

Alphonse Lavallée

Alvina

Palomino Fino
西班牙

夏多內

Baroque

Seyval Blanc

Cardinal
英國

Madina

Chasan

Liliorila

Chardonel
美國

圖例

- 黑葡萄品種
- 白葡萄品種
- 紅葡萄品種
- 粉紅葡萄品種
- 配種葡萄品種
- 品種不詳

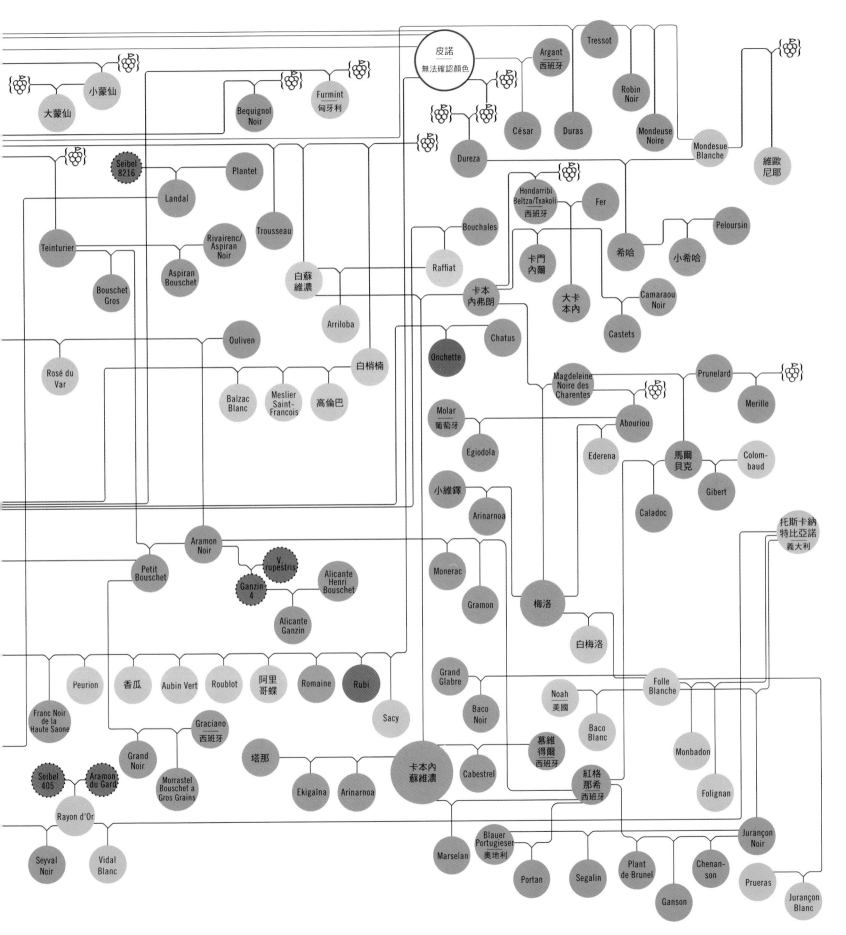

法國製桶廠

製桶（cooperage）指的是製造木桶的過程。這些木桶通常會用來熟成葡萄酒與烈酒。製造木桶需要精細的技巧，且製造方式在過去數個世紀以來鮮少改變。在各種木桶的材質中，又以法國橡木桶最適合培養葡萄酒。

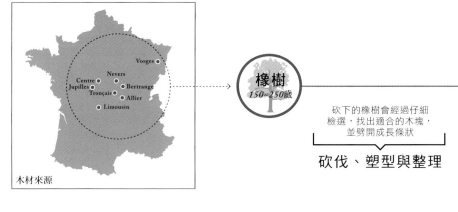

木材來源

橡樹
150~250歲

砍下的橡樹會經過仔細檢選，找出適合的木塊，並劈開成長條狀

砍伐、塑型與整理

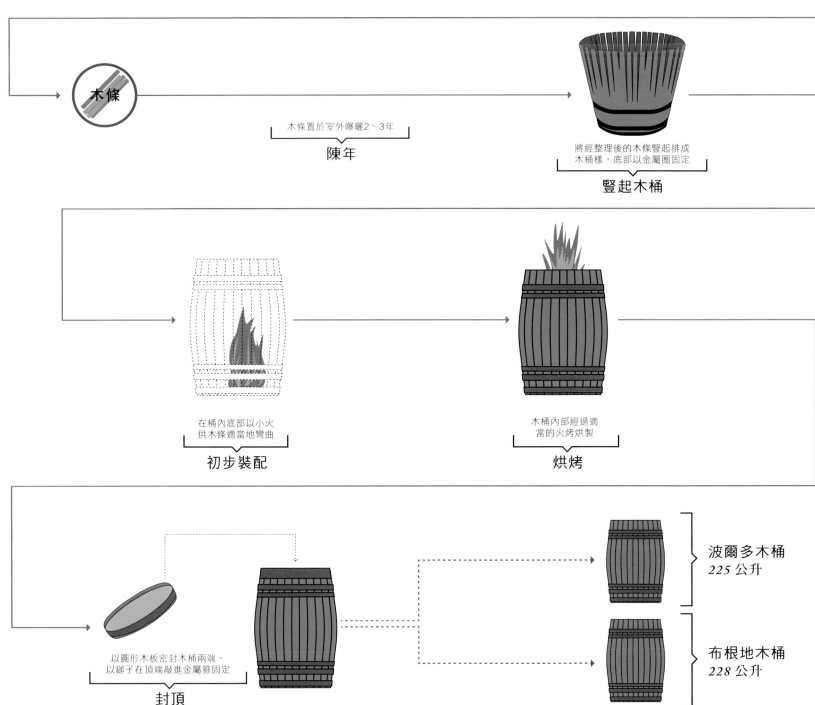

木條

木條置於室外曝曬2～3年

陳年

將經整理後的木條豎起排成木桶樣，底部以金屬圈固定

豎起木桶

在桶內底部以小火烤木條適當地彎曲

初步裝配

木桶內部經過適當的火烤烘製

烘烤

以圓形木板密封木桶兩端，以鎚子在頂端敲進金屬箍固定

封頂

波爾多木桶
225 公升

布根地木桶
228 公升

波爾多釀造的頂級葡萄酒數量居世界之冠。這個坐落於吉隆特省（Gironde）的加隆河（Garonne River）河口區，有超過30萬英畝的葡萄園與1萬8000家釀酒業者，釀造世界聞名的波爾多紅酒。這裡的葡萄酒釀造歷史可上溯至四世紀，到了1980年代，波爾多葡萄酒受歡迎的程度更是攀上頂端。

波爾多葡萄酒產區

1. 梅多克 Médoc
2. 上梅多克 Haut-Médoc
3. 布萊 Blaye、布萊波爾多丘 Blaye Côtes de Bordeaux、布萊 Côtes de Blaye
4. 布爾丘 Côtes de Bourg
5. 弗朗薩克與加濃－弗朗薩克 Fronsac & Canon-Fronsac
6. 波美侯 Pomerol
7. 拉隆－波美侯 Lalande-de-Pomerol
8. 聖愛美濃衛星產區 St-Émelion Satellites
9. 弗朗波爾多丘 Francs Côtes de Bordeaux
10. 卡斯提雍波爾多丘 Castillon Côtes de Bordeaux
11. 聖愛美濃 St-Émelion
12. 弗雷－格拉夫 Graves de Vayres
13. 兩海之間 Entre-Deux-Mers
14. 卡迪亞克波爾多丘 Cadillac Côtes de Bordeaux、波爾多首丘 Premières Côtes de Bordeaux
15. 佩薩克－雷奧良 Pessac-Léognan
16. 格拉夫 Graves
17. 波爾多上貝諾吉與兩海之間－上貝諾吉 Bordeaux-Haut-Benauge & Entre-deux-Mers-Haut-Benauge
18. 聖富瓦波爾多 St-Foy-Bordeaux
19. 波爾多丘聖馬凱 Côtes de Bordeaux-St-Macaire
20. 蒙－聖跨 Ste-Croix-du-Mont
21. 盧皮亞克 Loupiac
22. 索甸與巴薩克 Sauternes & Barsac
23. 塞隆／格拉夫 Cérons/Graves

法國波爾多葡萄酒品種

法國經典的「波爾多混調」（Bordeaux Blend）使用了卡本
內蘇維濃、卡本內弗朗、梅洛與小維鐸等品種，有時也會加
入馬爾貝克和卡門內爾。這些品種的使用範圍均受到法國法
定產區 AOC 的規範；無論是產區或是特定的葡萄園，唯有
遵循 AOC 法規釀酒才能標示酒款的來源。另外，波爾多除
了釀有名聲響亮的紅酒，也釀有干型白酒。

波爾多地區級葡萄酒 Bordeaux Regional AOC

波爾多紅酒
Bordeaux Red

波爾多弗朗丘紅酒
**Bordeaux
Côtes de Francs**

波爾多粉紅酒
Bordeaux Rosé

波爾多粉紅氣泡酒
**Crémant de
Bordeaux Rosé**

波爾多白氣泡酒
**Crémant de
Bordeaux White**

波爾多淡紅葡萄酒
Bordeaux Clairet

波爾多優級酒
Bordeaux Supérieur

波爾多上貝諾吉白酒
**Bordeaux
Haut-Benauge**

波爾多干型白酒
Bordeaux Sec

波爾多白酒
Bordeaux White

紅葡萄品種

梅洛　　卡本內蘇維濃　　小維鐸

卡門內爾　　卡本內弗朗　　馬爾貝克

白葡萄品種

白梅洛　　高倫巴　　白于尼　　穆薩克　　白蘇維濃

昂登　　灰蘇維濃　　榭密雍　　白麗絲玲　　蜜思卡岱

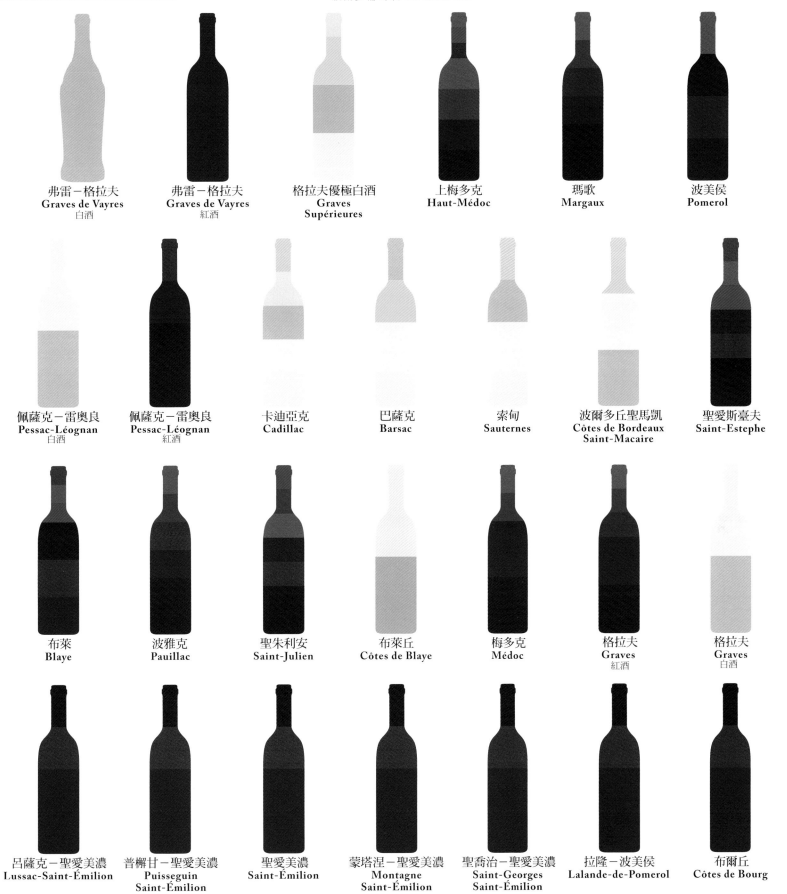

弗雷－格拉夫
Graves de Vayres
白酒

弗雷－格拉夫
Graves de Vayres
紅酒

格拉夫優極白酒
**Graves
Supérieures**

上梅多克
Haut-Médoc

瑪歌
Margaux

波美侯
Pomerol

佩薩克－雷奧良
Pessac-Léognan
白酒

佩薩克－雷奧良
Pessac-Léognan
紅酒

卡迪亞克
Cadillac

巴薩克
Barsac

索甸
Sauternes

波爾多丘聖馬凱
**Côtes de Bordeaux
Saint-Macaire**

聖愛斯臺夫
Saint-Estephe

布萊
Blaye

波雅克
Pauillac

聖朱利安
Saint-Julien

布萊丘
Côtes de Blaye

梅多克
Médoc

格拉夫
Graves
紅酒

格拉夫
Graves
白酒

呂薩克－聖愛美濃
Lussac-Saint-Émilion

普榭甘－聖愛美濃
**Puisseguin
Saint-Émilion**

聖愛美濃
Saint-Émilion

蒙塔涅－聖愛美濃
**Montagne
Saint-Émilion**

聖喬治－聖愛美濃
**Saint-Georges
Saint-Émilion**

拉隆－波美侯
Lalande-de-Pomerol

布爾丘
Côtes de Bourg

法國布根地葡萄酒品種

布根地（Burgundy）的紅白酒舉世聞名，紅酒以黑皮諾為主，白酒則多為夏多內葡萄。其中黑皮諾的顏色如下圖所示，全都來自同一個品種的基因變異。

Chambertin
Chambertin-Clos de Bèze
Chapelle-Chambertin
Charmes-Chambertin
Latricières-Chambertin
Mazis-Chambertin
Mazoyères-Chambertin
Ruchottes-Chambertin
Griotte-Chambertin

Chambertin 特級園

Bonnes-Mares
Clos de La Roche
Clos de Tart
Clos de Vougeot
Clos des Lambrays
Clos Saint-Denis
Échezeaux
La Grande Rue
Grands Échezeaux
La Romanée
La Tâche
Richebourg
Romanée-Conti
Romanée-Saint-Vivant

85% 的皮諾
可另外再加入夏多內、
白皮諾與灰皮諾
（最多不超過15%）

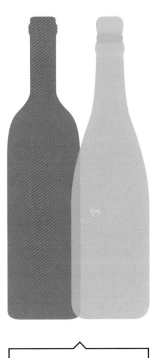

蜜思妮
皮諾與夏多內

100%的夏多內

Bienvenues-Bâtard-Montrachet
Bâtard-Montrachet
Chevalier-Montrachet
Criots-Bâtard-Montrachet
Montrachet

Montrachet 特級園

Bougros
Valmur
Blanchot
Les Clos
Grenouilles
Preuses
Vaudésir

Chablis 特級園

Charlemagne
Corton
Corton-Charlemagne

CORTON-CHARLEMAGNE

皮諾家族

黑皮諾
Pinot Noir

灰皮諾
Pinot Gris

白皮諾
Pinot Blanc

坦圖爾皮諾
Pinot Teinturier

皮諾莫尼耶
Pinot Meunier

藍皮諾
Pinot Noir Précoce

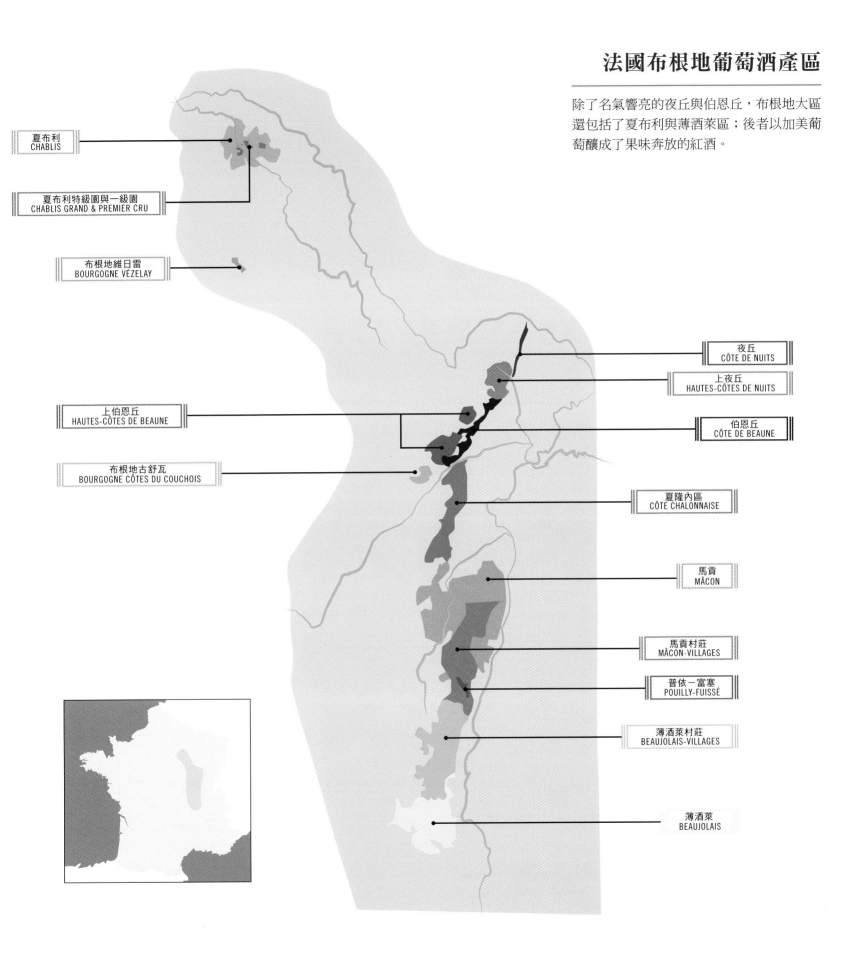

法國布根地葡萄酒產區

除了名氣響亮的夜丘與伯恩丘,布根地大區還包括了夏布利與薄酒萊區;後者以加美葡萄釀成了果味奔放的紅酒。

夏布利
CHABLIS

夏布利特級園與一級園
CHABLIS GRAND & PREMIER CRU

布根地維日雷
BOURGOGNE VÉZELAY

上伯恩丘
HAUTES-CÔTES DE BEAUNE

布根地古舒瓦
BOURGOGNE CÔTES DU COUCHOIS

夜丘
CÔTE DE NUITS

上夜丘
HAUTES-CÔTES DE NUITS

伯恩丘
CÔTE DE BEAUNE

夏隆內區
CÔTE CHALONNAISE

馬貢
MÂCON

馬貢村莊
MÂCON-VILLAGES

普依-富塞
POUILLY-FUISSÉ

薄酒萊村莊
BEAUJOLAIS-VILLAGES

薄酒萊
BEAUJOLAIS

法國隆河葡萄酒產區

隆河產區（Rhône）可分成北隆河與南隆河區。北隆河的酒款數量較少，但品質較高，絕大多數是可登上世界舞台的希哈紅酒。南隆河也釀有希哈，其中最有名的產區莫過於滿載辛香特性與高酒精濃度的教皇新堡紅酒。

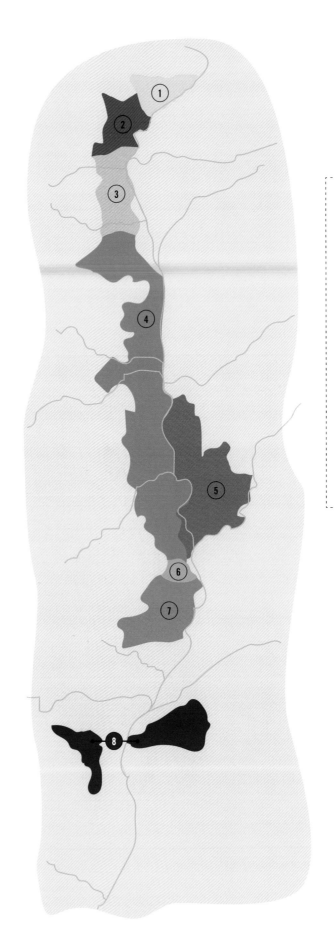

隆河葡萄酒產區

①	羅第丘 Côte-Rôtie
②	恭德里奧 Condrieu
③	恭德里奧／聖喬瑟夫 Condrieu/St-Joseph
④	聖喬瑟夫 St-Joseph
⑤	克羅茲－艾米達吉 Crozes-Hermitage
⑥	高納斯 Cornas
⑦	聖佩雷 Saint-Péray
❽	隆河丘 Côtes du Rhône
⑨	格里尼昂 Grignan-les-Adhémar
⑩	維瓦萊丘 Côtes du Vivarais
⑪	吉恭達斯 Gigondas
⑫	博姆－威尼斯蜜思嘉 Muscat de Beaumes-de-Venise
⑬	瓦給雅斯 Vacqueyras
⑭	教皇新堡 Châteauneuf-du-Pape
⑮	里哈克 Lirac
⑯	塔維 Tavel
⑰	馮度 Ventoux
⑱	尼姆區 Costières de Nîmes
⑲	貝勒加德克萊雷 Clairette de Bellegarde

左頁

右頁

法國隆河葡萄酒品種

位於法國南部隆河谷地的隆河產區，隨著河谷而延伸。隆河的北隆河與南隆河法定產區擁有全然不同的釀造方式、釀酒傳統與法規。北隆河村莊的紅酒主要以希哈釀成，白酒則有胡珊、維歐尼耶與馬珊；依法，這裡可用來混調的品種並不多。而眾所皆知的隆河丘則位於南隆河，這裡的酒款可用將近30種葡萄品種混調。

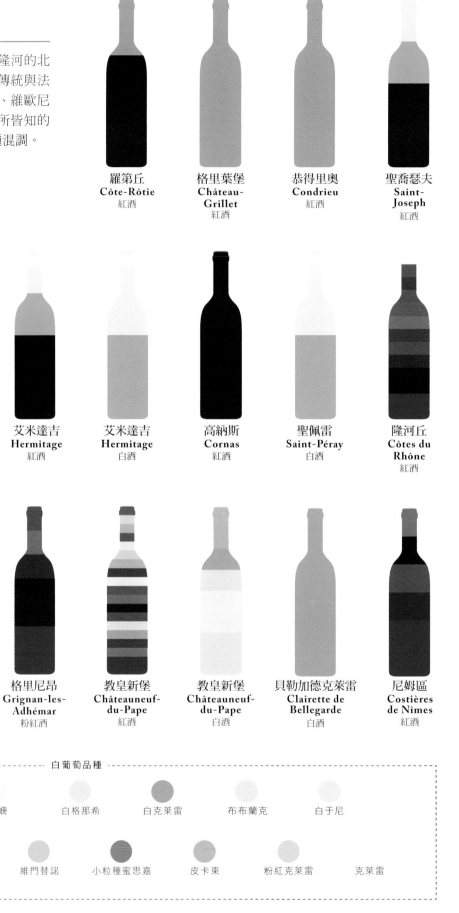

羅第丘
Côte-Rôtie
紅酒

格里葉堡
Château-Grillet
紅酒

恭得里奧
Condrieu
紅酒

聖喬瑟夫
Saint-Joseph
紅酒

聖喬瑟夫
Saint-Joseph
白酒

克羅茲－艾米達吉
Crozes-Hermitage
紅酒

克羅茲－艾米達吉
Crozes-Hermitage
白酒

艾米達吉
Hermitage
紅酒

艾米達吉
Hermitage
白酒

高納斯
Cornas
紅酒

聖佩雷
Saint-Péray
白酒

隆河丘
Côtes du Rhône
紅酒

隆河丘
Côtes du Rhône
白酒

格里尼昂
Grignan-les-Adhémar
紅酒

格里尼昂
Grignan-les-Adhémar
白酒

格里尼昂
Grignan-les-Adhémar
粉紅酒

教皇新堡
Châteauneuf-du-Pape
紅酒

教皇新堡
Châteauneuf-du-Pape
白酒

貝勒加德克萊雷
Clairette de Bellegarde
白酒

尼姆區
Costières de Nîmes
紅酒

---- 白葡萄品種 ----

維歐尼耶　　馬珊　　胡珊　　白格那希　　白克萊雷　　布布蘭克　　白于尼

白皮普　　馬卡貝歐　　灰皮普　　維門替諾　　小粒種蜜思嘉　　皮卡東　　粉紅克萊雷　　克萊雷

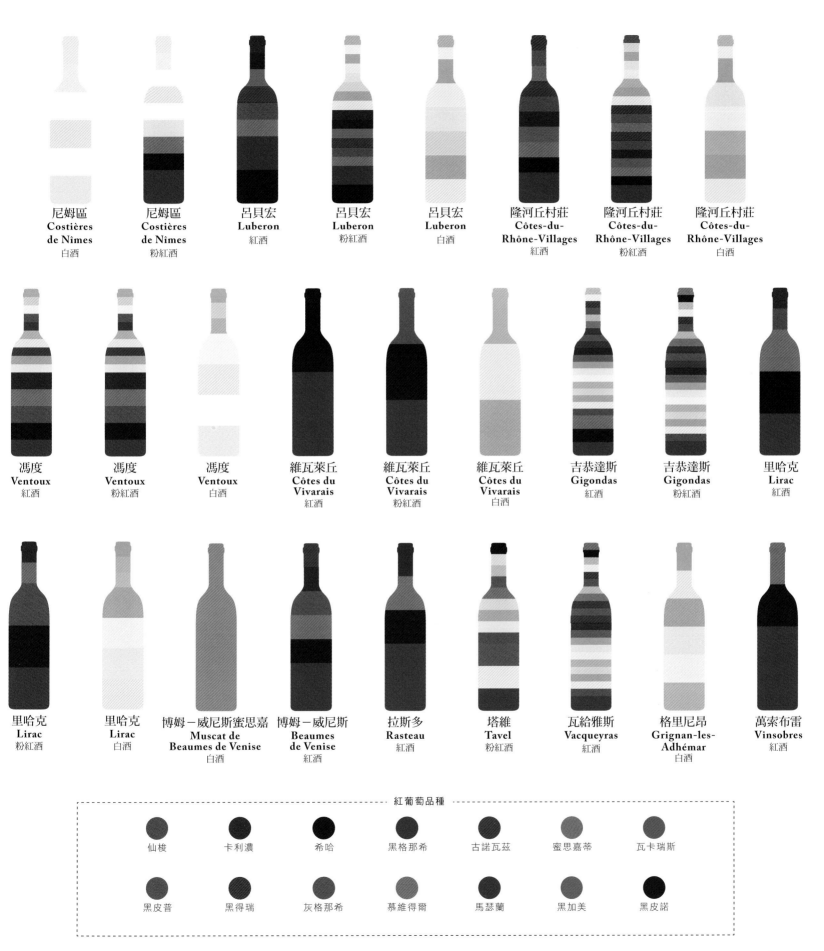

尼姆區
**Costières
de Nîmes**
白酒

尼姆區
**Costières
de Nîmes**
粉紅酒

呂貝宏
Luberon
紅酒

呂貝宏
Luberon
粉紅酒

呂貝宏
Luberon
白酒

隆河丘村莊
**Côtes-du-
Rhône-Villages**
紅酒

隆河丘村莊
**Côtes-du-
Rhône-Villages**
粉紅酒

隆河丘村莊
**Côtes-du-
Rhône-Villages**
白酒

馮度
Ventoux
紅酒

馮度
Ventoux
粉紅酒

馮度
Ventoux
白酒

維瓦萊丘
**Côtes du
Vivarais**
紅酒

維瓦萊丘
**Côtes du
Vivarais**
粉紅酒

維瓦萊丘
**Côtes du
Vivarais**
白酒

吉恭達斯
Gigondas
紅酒

吉恭達斯
Gigondas
粉紅酒

里哈克
Lirac
紅酒

里哈克
Lirac
粉紅酒

里哈克
Lirac
白酒

博姆－威尼斯蜜思嘉
**Muscat de
Beaumes de Venise**
白酒

博姆－威尼斯
**Beaumes
de Venise**
紅酒

拉斯多
Rasteau
紅酒

塔維
Tavel
粉紅酒

瓦給雅斯
Vacqueyras
紅酒

格里尼昂
**Grignan-les-
Adhémar**
白酒

萬索布雷
Vinsobres
紅酒

紅葡萄品種

仙梭　　卡利濃　　希哈　　黑格那希　　古諾瓦茲　　蜜思嘉蒂　　瓦卡瑞斯

黑皮普　　黑得瑞　　灰格那希　　慕維得爾　　馬瑟蘭　　黑加美　　黑皮諾

香檳釀造法

香檳（Champagne）一詞常被誤用來統稱所有氣泡酒，但香檳其實指的是在法國香檳區且依循特定釀法製造出來的一種氣泡酒。這個特定釀法稱為「傳統釀法」（méthode traditionalle），需要極為熟練、精巧的釀酒技藝。裝瓶後的香檳，可依不同甜度區分成 7 個等級。

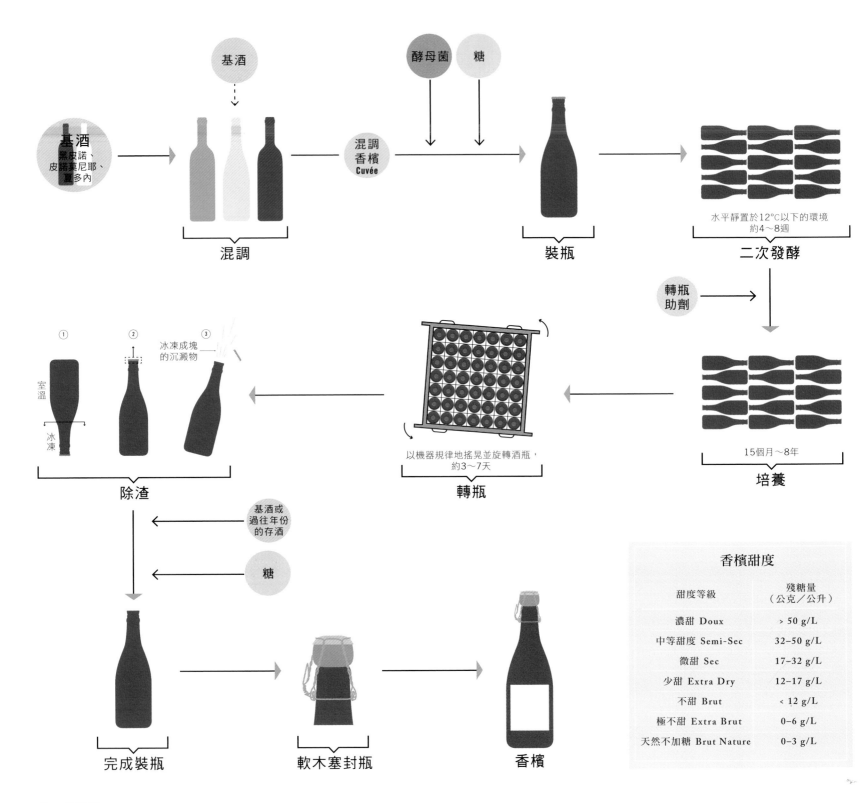

香檳甜度

甜度等級	殘糖量（公克／公升）
濃甜 Doux	> 50 g/L
中等甜度 Semi-Sec	32–50 g/L
微甜 Sec	17–32 g/L
少甜 Extra Dry	12–17 g/L
不甜 Brut	< 12 g/L
極不甜 Extra Brut	0–6 g/L
天然不加糖 Brut Nature	0–3 g/L

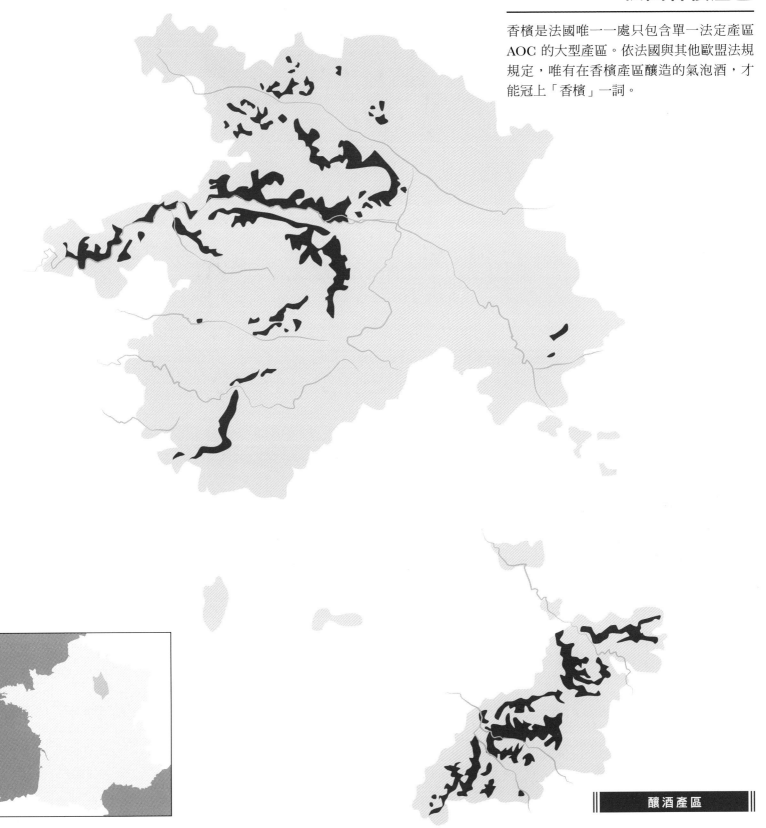

法國香檳產區

香檳是法國唯一一處只包含單一法定產區AOC 的大型產區。依法國與其他歐盟法規規定,唯有在香檳產區釀造的氣泡酒,才能冠上「香檳」一詞。

釀酒產區

德國葡萄酒法規

1971年，德國開始實行一系列葡萄酒釀造的法規。爾後，又經過了一連串與歐盟法規的妥協，終於訂定出如今兩大類別：餐酒（Table Wine）與特定產區酒（Quality Wine）。特定產區酒中，還有一個品質最高的特級酒（Prädikat）等級，規範了釀酒葡萄的選用與成熟度。下表列出特級酒的6個等級，分別以德國于氏度（Oechsle, OE）表示各等級的最低葡萄汁密度（可知含糖量多寡）。

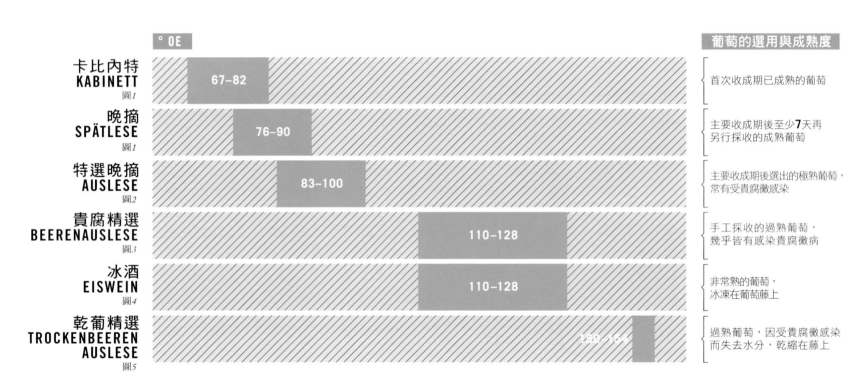

	° OE	葡萄的選用與成熟度
卡比內特 KABINETT 圖1	67–82	首次收成期已成熟的葡萄
晚摘 SPÄTLESE 圖1	76–90	主要收成期後至少7天再另行採收的成熟葡萄
特選晚摘 AUSLESE 圖2	83–100	主要收成期後選出的極熟葡萄，常有受貴腐黴感染
貴腐精選 BEERENAUSLESE 圖3	110–128	手工採收的過熟葡萄，幾乎皆有感染貴腐黴病
冰酒 EISWEIN 圖4	110–128	非常熟的葡萄，冰凍在葡萄藤上
乾葡精選 TROCKENBEEREN AUSLESE 圖5	150–154	過熟葡萄，因受貴腐黴感染而失去水分，乾縮在藤上

圖1

圖2

圖3

圖4

圖5

德國葡萄酒產區

葡萄酒產量低於法國、義大利和西班牙的德國，絕大多數的葡萄酒產區位於德法交界。不過別小看德國，這裡可釀出了不少具國際水準的酒款，特別是麗絲玲品種酒款。

德國葡萄酒產區

1. 阿爾 Ahr
2. 中萊茵 Mittelrhein
3. 薩勒－溫斯特圖特 Saale-Unstrut
4. 薩克森 Sachsen
5. 弗蘭肯 Franken
6. 黑森山道 Hessische Bergstrasse
7. 萊茵高 Rheingau
8. 摩塞爾 Mosel
9. 那赫 Nahe
10. 萊茵黑森 Rheinhessen
11. 法茲 Pfalz
12. 巴登 Baden
13. 符騰堡 Württemberg

德國葡萄酒品種族譜

德國葡萄品種的特出之處，在於常與奧地利和瑞士兩鄰國的品種雜交，有時也會與國際品種雜交，得到多產的木勒土高（Müller Thurgau）白葡萄家族。

Schiava Grossa 義大利

Kerner

黑皮諾 出處不詳

Madeleine Angevine 法國

Dalkauer

灰皮諾 法國

Bukettraube 法國

Dunkelfelder

Freisamer

Chasselas 瑞士

Madeleine Royale 法國

Scheurebe

Siegerrebe

木勒土高

M-A x W-C 塞爾維亞

Ortega

Savagnin Rose 法國或德國

Rosetta

Deckrot

Blauer Portugieser 奧地利

Chambourcin 法國

Diana

Jubiläumsrebe 奧地利

Würzer

Perle

Arnsburger

S-V I-72

Saphira

Optima

Orion

Dakapo

Albalonga

Reichensteiner

Villard Blanc 法國

Phoenix

Chancellor 法國

Ancellotta 義大利

黑加美 法國

Mara 瑞士

Garanoir 瑞士

Domina

Regent

Geisenheim 318-57

Breidecker

Galotta 瑞士

Freiburg 379-52

Helfensteiner

Calandro

Heroldrebe

Allegro

藍布爾格爾 奧地利

Geisenheim 6493

Merzling

Gamaret 瑞士

Solaris

丹菲特

Rathay 奧地利

Monarch

Cabernet Cortis

Cabernet Carol

Acolon

Cabernet Dorio

Cabernet Dorsa

Reberger

黑葡萄品種

白葡萄品種

粉紅葡萄品種

紅葡萄品種

配種葡萄品種

品種不詳

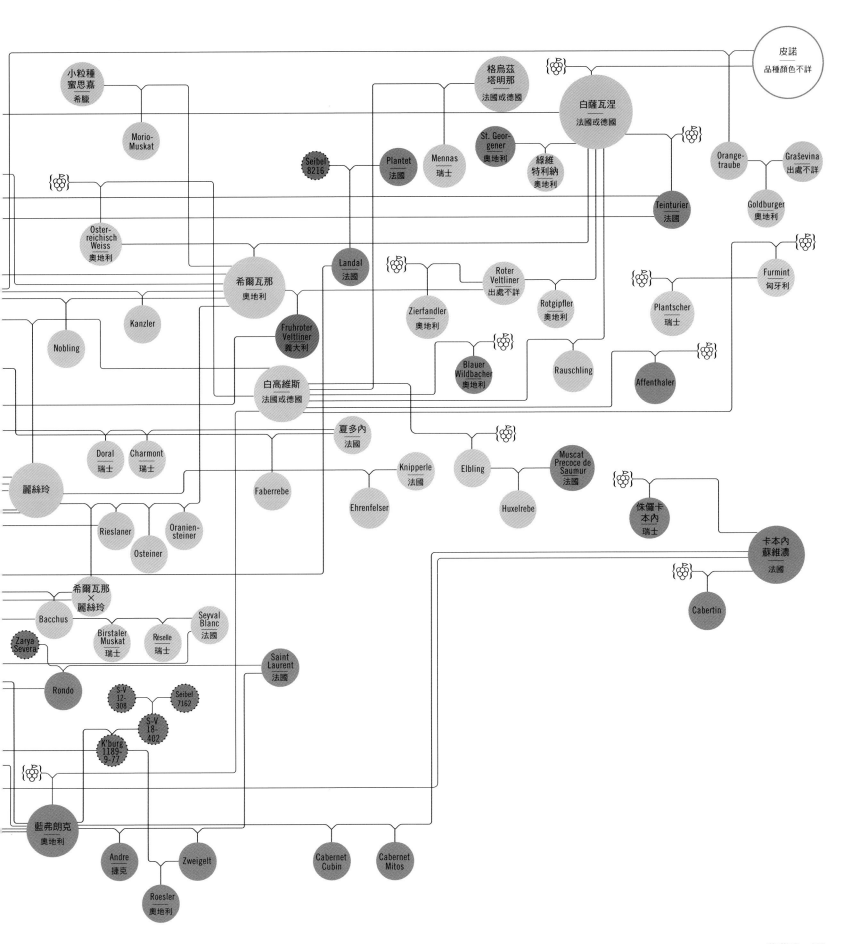

義大利葡萄酒品種起源與產區

義大利當地種植的品種數量居世界之冠，但由於在過往歷史中，這些釀酒葡萄品種分散在各個不同王國與領土之中，因此此地的葡萄品種不似法國，較少有四處傳播的機會。

(1) Lagrein
Schiava Gentile
Schiava Grigia
Schiava Grossa

(2) Fraueler

(3) Versoaln
Lagarino Bianco

(4) Casetta

(5) Brugnola
Pignola Valtellinese

(6) Avanà
Baratuciat

(7) Vien de Nus

(8) Erbaluce

(9) Bonarda Piemontese

(10) Grignolino

(11) Doux d'Henry
Grisa Nera
Lambrusca Vittona
Plassa

(12) 巴貝拉

(13) Ruché

(14) 亞歷山大藍布魯斯科
Timorasso

(15) Avarengo

(16) Rossese Bianco di Monforte

(17) Gamba di Pernice
Nascetta
Arneis

(18) Bubbierasco
Pelaverga Piccolo
Quagliano

(19) Lumassina
Scimiscià

(20) Albarola

(21) Croatina

(22) Pelaverga

(23) Moradella

(24) Moscato di Scanzo

(25) Corva
Erbamat
Invernenga

(26) Besgano Bianco
Melara
Santa Maria

(27) 莫利納拉
Raboso Veronese
羅蒂內拉

(28) Forsellina
Bigolona

(29) Gruaja
Durella
Vespaiola

(30) Verdiso

(31) Pavana

(32) 帕維拉布索
普賽克／吉拉
長普賽克

(33) Recantina
Bianchetta Trevigiana
Grapariol

(34) Dorona di Venezia

(35) Cianorie

(36) Picolit
Sciaglin
Verduzzo Friulano
Cividin
Forgiarin
Piculit Neri
Tazzelenghe

(37) Pinella

(38) Pignolo
Refosco di Faedis
Schioppettino

(39) Piccola Nera

(40) Alionza
Ruggine

(41) Maligia
Pignoletto

(42) 馬耶司里藍布魯斯科

(43) Uva Longanesi

(44) 巴給藍布魯斯科
Termarina Rossa

(45) Caloria
黑維門替諾

(46) 沙拉米諾藍布魯斯科

(47) Centesimino
羅馬諾特雷比亞諾

(48) Cargarello
Ciurlese

(49) Vernaccia di San Gimignano

(50) Foglia Tonda
Malvasia Bianca Lunga

(51) Ciliegiolo

(52) 阿爾巴莫羅拉克立馬

(53) Maceratino

(54) 佩科利諾

(55) Sagrantino

(56) Biancone di Portoferraio

(57) 蒙特布奇亞諾

(58) Abbuoto

(59) 特拉西納蜜思嘉

(60) Nero di Troia

(61) 薩尼歐巴貝拉

(62) 聖皮特羅
聖安東尼

(63) Arilla
Biancolella
Forastera
San Lunardo
Sorbigno
Cannamela

(64) Sabato
Piedirosso
Caprettone
Coda di Cavallo

(65) Casavecchia

(66) Tintore di Tramonti
Falanghina Beneventana

(67) Tronto

(68) Fenile

(69) Impigno

(70) 巴西利塔白馬爾維薩

(71) Marchione
Minutolo

(72) Francavidda

(73) Addoraca

(74) Guardavalle

(75) Nocera

(76) Catanese Nero
Nerello Cappuccio
Nerello Mascalese
Acitana
卡里坎特

(77) Albanello

(78) 黑達渥拉

阿布魯佐
Maiolica
阿布魯佐特雷比亞諾

弗留利－威尼斯－朱利亞
Cordenossa
Refosco dal Peduncolo Rosso
Ribolla Gialla

卡拉布里亞
Calabrese di Montenuovo
Greco Nero
Magliocco Canino
Magliocco Dolce
Prunesta
山吉歐維榭
白格勒可
Mantonico Bianco

利古利亞
Bracciola Nera
Bosco
Carica l'Asino
Rollo
Ruzzese

皮蒙
Brachetto del Piemonte
Crovassa
多切托
費薩
藍布魯斯切托
Malvasia di Casorzo
Malvasia di Schierano
內比歐露
粉紅內比歐露
Ner D'Ala
Neretta Cuneese
Neretto di Bairo
Rastajola
Uvalino
白巴貝拉
Cascarolo Bianco
柯蒂斯
Luglienga
皮蒙白馬爾維薩
Rossese Bianco

西西里
Frappato
Perricone
Tignolino
Catarratto Bianco
Grillo
Inzolia
Minella Bianca

唯內多
Cavrara
Dindarella
Marzemino
Garganega
Marzemina Bianca
Perera
白維蒂奇歐

拉齊奧
Bellone
Cesanese

薩丁尼亞
Albanranzeuli Nero
Barbera Sarda
Caddiu
Nieddera
Pascale
Albanranzeuli Bianco
Arvesiniadu
Bariadorgia
Brustiano Bianco
Nasco
Nuragus
Retagliado Bianco
Semidano
Torbato
Vernaccia di Oristano

坎帕尼亞
Aglianico
Aglianicone
Castagnara
Castiglione
Pallagrello Nero
Sciascinoso
Cacamosca
Coda di Pecora
Coda di Volpe Bianca
Falanghina Flegrea
Fiano
Ginestra
Greco
Pallagrello Bianco
Pepella
Rovello Bianco

普利亞
Malvasia Nera di Basilicata
Malvasia Nera di Brindisi
內格羅阿瑪羅
白博比諾
Bianco d'Alessano
黑博比諾
Maruggio
Moscatello Selvatico

艾米里亞－羅馬涅
Ancellotta
Colombana Nera
Fogarina
Fortana
藍布魯斯科費奧拉諾
藍布魯斯科索巴拉
藍布魯斯科格斯帕羅薩
藍布魯斯科馬拉尼
Negretto
Uva Tosca
Ortrugo
Spergola
特比亞諾莫德內塞

特倫托－上阿迪杰
Nosiola
Negrara Trentina
Enantio
Teroldego
Moscato Rosa del Trentino
Rossara Trentina

翁布里亞
Grechetto di Orvieto
Trebbiano Spoletino
Verdello

斯塔谷地
Prié
Bonda
Cornalin
Mayolet
Petit Rouge
Rouge de Fully
Roussin
Vuillermin
Fumin
Primetta

托斯卡納
Abrusco
Aleatico
Barsaglina
Canaiolo Nero
Colorino del Valdarno
Mammolo
Mazzese
Morone
托斯卡納特比亞諾
Verdea

馬給
Gallioppo Delle Marche

倫巴底
Groppello di Mocasina
Maiolina
Schiava Lombarda

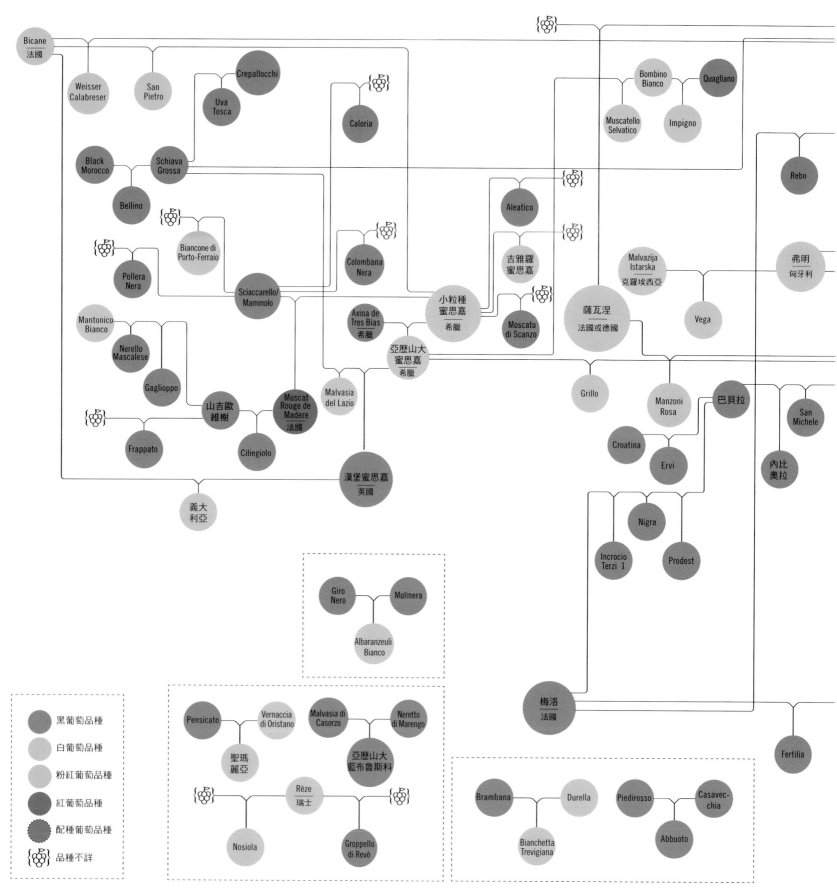

義大利

Bicane
法國

Weisser
Calabreser

San
Pietro

Crepallocchi

Uva
Tosca

Caloria

Black
Morocco

Schiava
Grossa

Bellino

Bianchone di
Porto-Ferraio

Pollera
Nera

Sciaccarello/
Mammolo

Colombana
Nera

Aleatico

吉雅羅
蜜思嘉

Mantonico
Bianco

Nerello
Mascalese

Gaglioppo

山吉歐
維榭

Muscat
Rouge de
Madère
法國

Malvasia
del Lazio

Axina de
Tres Bias
希臘

小粒種
蜜思嘉
希臘

Moscato
di Scanzo

亞歷山大
蜜思嘉
希臘

Frappato

Ciliegiolo

漢堡蜜思嘉
英國

薩瓦涅
法國或德國

Malvazija
Istarska
克羅埃西亞

弗明
匈牙利

Vega

Grillo

Manzoni
Rosa

巴貝拉

San
Michele

Croatina

Ervi

內比
奧拉

Nigra

Incrocio
Terzi 1

Prodest

Bombino
Bianco

Quagliano

Muscatello
Selvatico

Impigno

Rebo

梅洛
法國

Fertilia

Giro
Nero

Molinera

Albaranzeuli
Bianco

Pensicato

Vernaccia
di Oristano

Malvasia di
Casorzo

Neretto
di Marengo

聖瑪
麗亞

亞歷山大
藍布魯斯科

Rèze
瑞士

Nosiola

Groppello
di Revò

Brambana

Durella

Piedirosso

Casavec-
chia

Bianchetta
Trevigiana

Abbuoto

黑葡萄品種

白葡萄品種

粉紅葡萄品種

紅葡萄品種

配種葡萄品種

品種不詳

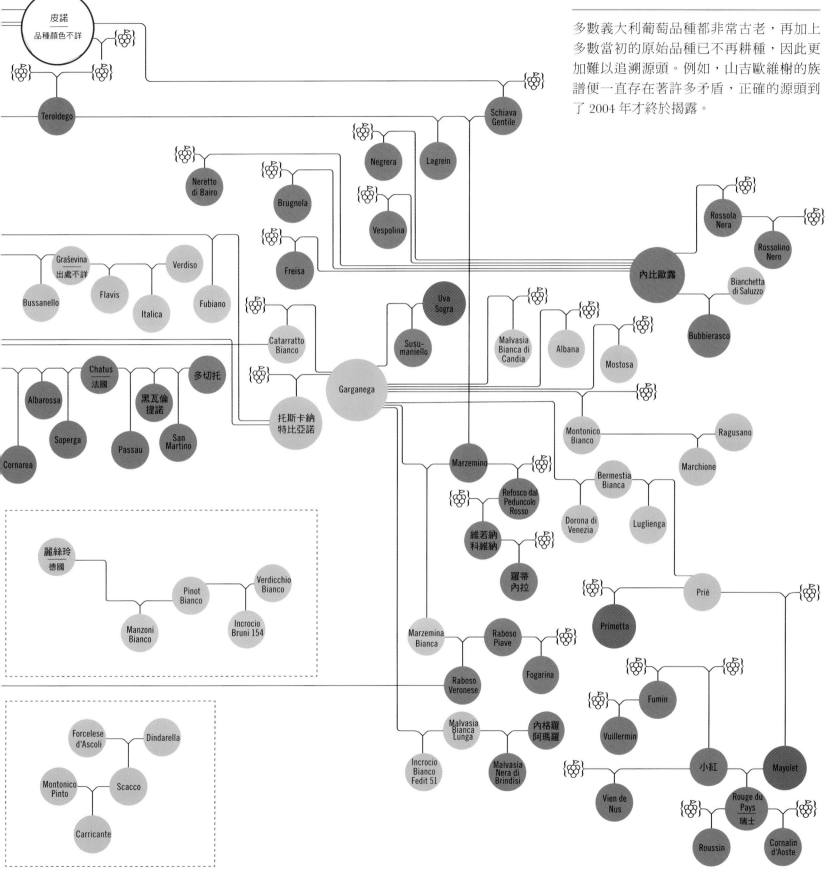

義大利葡萄酒品種族譜

多數義大利葡萄品種都非常古老，再加上多數當初的原始品種已不再耕種，因此更加難以追溯源頭。例如，山吉歐維榭的族譜便一直存在著許多矛盾，正確的源頭到了 2004 年才終於揭露。

義大利葡萄酒的品種

義大利葡萄酒產區分為三個等級,各等級規範的釀造方式與法規都有不同,其中保證法定產區(Denominazione di Origine Controllata e Garantita, DOCG)的規範最嚴格。所有標上DOCG的酒款,都需要以特定產區的葡萄釀成,並達到一定品質標準。相較之下,法定產區(Denominazione di Origine Controllata, DOC)與地區餐酒(Indicazione Geogra ca Tipica, IGT)的規範則較為彈性,讓無法依循嚴格 DOCG 法規的酒農有其他選擇。義大利 DOCG 規範了超過 20 種可以使用的法定葡萄品種,並可以釀成各式紅酒、白酒與氣泡酒,還有包括稱為 spumante 的氣泡酒。

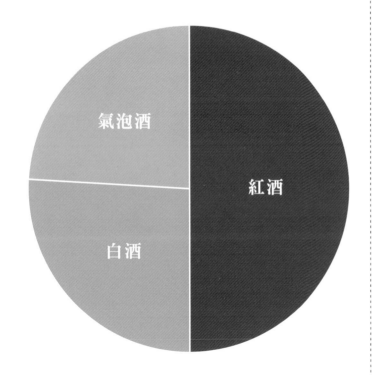

氣泡酒

白酒

紅酒

義大利DOCG酒種

紅酒品種

Dogliani
瓦波利切拉阿瑪羅內
優級巴多利諾
瓦波利切拉雷切多
Cesanese del Piglio
Suvereto
Val di Cornia Rosso
Montello Rosso
Brachetto d'Acqui
優級蒙費拉多巴貝拉
阿斯提巴貝拉
大布羅阿格里亞尼科
優級阿格里亞尼科
Taurasi
Sforzato di Valtellina
Valtellina Superiore
Scanzo
Cònero
Montepulciano d'Abruzzo Colline Teramane
Oltrepò Pavese Metodo Classico
巴巴瑞斯科
巴羅鏤
Primitivo di Manduria Dolce Naturale
Gattinara
Ghemme
Alta Langa
Franciacorta
Roero
Offida

白酒品種

普賽克阿棱羅
阿斯提
Cannellino di Frascati
Colli Bolognesi Pignoletto
Colli Euganei Fior d'Arancio
Colli Orientali del Friuli Picolit
Conegliano Valdobbiadene Prosecco
Erbaluce di Caluso
Fiano di Avellino
Frascati Superiore
Gavi
Greco di Tufo
Lison
Ramandolo
Recioto di Gambellara
Recioto di Soave
Romagna Albana
Rosazzo
Soave Superiore
Vermentino di Gallura
Vernaccia di San Gimignano

義大利紅酒主要品種分布圖

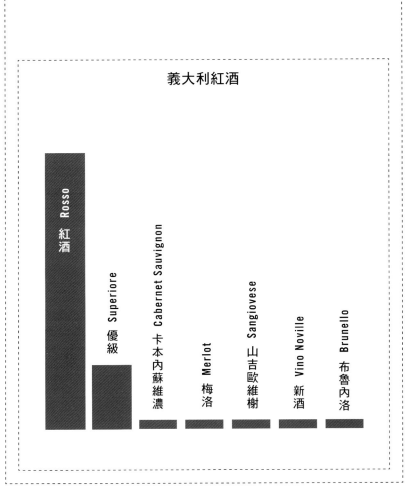

義大利紅酒

義大利紅酒圖例：
AGLIANICO
巴貝拉
卡本內蘇維濃
梅洛
科維納
蒙特布奇亞諾
內比歐露
黑皮諾
金粉黛
拉布索
山吉歐維樹
其他

紅酒長條圖：
紅酒 Rosso
優級 Superiore
卡本內蘇維濃 Cabernet Sauvignon
梅洛 Merlot
山吉歐維樹 Sangiovese
新酒 Vino Noville
布魯內洛 Brunello

義大利白酒主要品種分布圖

義大利白酒

義大利白酒圖例：
阿爾巴納
阿內斯
夏多內
柯蒂斯
ERBALUCE
FIANO
弗里烏拉諾
GARGANEGA
格列拉
GRECHETTO
格列哥
馬爾瓦西
蜜思嘉
PASSERINA
PECORINO
PICOLIT
VERDUZZO
維門替諾
VERNACCIA

白酒長條圖：
白酒 Bianco
優級 Superiore
佩科利諾 Pecorino
帕瑟麗娜 Passerina
微氣泡酒 Frizzante
阿斯提蜜思嘉 Moscato d'Asti
阿內斯 Arneis

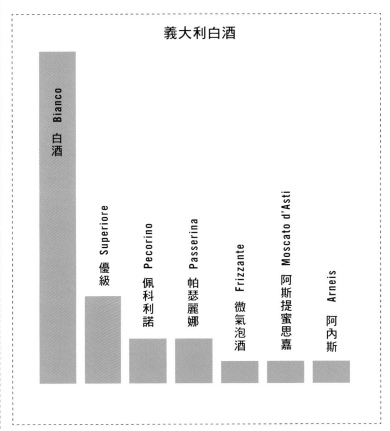

西班牙葡萄酒產區

雖然西班牙鄰近地中海，但境內多數葡萄園都不靠近海邊，而在山區。西班牙的利奧哈產區以田帕尼優品種紅酒聞名於世，有「西班牙波爾多」的美譽。

① ②
RIBEIRO
VALDEORRAS
RIBEIRO SACRA
下河區 RÍAS BAIXAS
③ 碧而索 BIERZO ⑤
雷昂地區 TERRA DE LÉON
④ MONTERREI
薩莫拉地區葡萄酒 TIERRA DEL VINO DE ZAMORA
ARLANZA
CIGALES ㉑
斗羅河岸 RIBERA DEL DUERO ⑳
ARRIBES
TORO ㉒
胡耶達 RUEDA
㉓

BIZKAIKO TXAKOLINA
ARABAKO TXAKOLINA
GETARIAKO TXAKOLINA
⑦
⑥ 利奧哈 RIOJA ⑧
那瓦拉 NAVARRA
⑨
卡利耶拉 CARIÑENA
波爾哈區 CAMPO DE BORJA
卡拉泰烏德 CALATAYUD
⑩
SOMONTANO ⑪
⑫
COSTERS DEL SEGRE
巴貝拉河岸 CONCA DE BARBERÁ
蒙桑 MONTSANT
普里奧拉 PRIORAT ⑱
⑰
TERRA ALTA
太拉哥納 TARRAGONA

布拉瓦岸安普丹 EMPORDÀ COSTA BRAVA
PLA DE BAGES
ALELLA
⑬
⑭
⑮ ⑯
佩內得斯 PENEDÈS

MONDÉJAR
馬德里葡萄酒 VINOS DE MADRID
MÉNTRIDA
UCLÉS
⑲ ㉘
㉔
㉕ ⑳㉖
拉曼恰 LA MANCHA ㉗
曼確拉 MANCHUELA UTIEL REQUENA ㉛ ㉙
瓦倫西亞 VALENCIA
ALMANSA
胡米亞 JUMILLA
耶克拉 YECLA
阿里坎特 ALICANTE
BINISSALEM
⑳
PLA I LLEVANT
RIBERA DEL GUADIANA
㊲
佩得尼亞斯 VALDEPEÑAS
RIBERA DEL JÚCAR
BULLAS

㉜
偉爾瓦孔達多 CONDADO DE HUELVA
蒙德亞—莫利萊斯 MONTILLA-MORILES
㊱
雪莉 JEREZ-XÉRÈS-SHERRY
巴拉梅達曼薩尼亞聖地 MANZANILLA-SANLÚCAR DE BARRAMEDA
㉞
馬拉加與馬拉加山脈 MÁLAGA Y SIERRAS DE MÁLAGA ㉝

㉟ 加納利群島 CANARY ISLANDS

雖然西班牙的原生葡萄品種比較少些，但絲毫不影響品質。

① Serodio
Tinta Castañal
Godello
Lado
Treixadura

② Carrasquín
Albarín Blanco

③ Mandón

④ Zamarrica
Monstruosa

⑤ Prieto Picudo

⑥ Calagraño
Maturana Blanca
格拉西亞諾

⑦ Hondarribi Beltza

⑧ 田帕尼優

⑨ 紅格那希
Mazuelo
Moristel
Parellada

⑩ Vidadillo de Almonacid

⑪ Parraleta
Alcañón

⑫ Sumoll

⑬ 白皮克普

⑭ Belat
Rión

⑮ 馬卡貝歐

⑯ Xarello

⑰ Trepat

⑱ Sumoll Blanc

⑲ Royal de Alloza
Teca

⑳ Albillo Mayor

㉑ Albillo Real

㉒ 維岱荷

㉓ Juan García
門西亞
瑟雷諾維岱荷

㉔ Alarije
Perruno

㉕ Forcallat Tinta
Listán Prieto
Moravia Agria
Coloraillo

㉖ Tinto Velasco
Pardillo

㉗ 阿依倫

㉘ Merseguera
Verdil

㉙ 慕維得爾

㉚ Prensal
Giró Blanc
Callet
Escursac
Fogoneu
Gorgollasa
Manto Negro

㉛ Bobal

㉜ Beba
Lairén
Palomino Fino
佩德羅希梅內斯
Planta Nova
Vijariego
Negramoll

㉝ Romé
Doradilla

㉞ Cañocazo

㉟ 內格羅麗詩丹
Marmajuelo

㊱ Garrido Fino
偉爾瓦麗詩丹
Zalema

㊲ Chelva

釀造加烈酒

簡單來說，加烈酒即是添加了烈酒的葡萄酒。絕大多數的情況下，會使用白蘭地（即是蒸餾過的葡萄酒）製作加烈酒，也可能會選用其他類型的蒸餾葡萄酒。

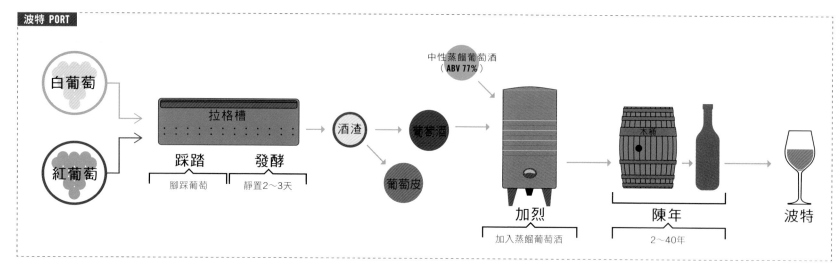

波特 PORT

白葡萄
紅葡萄

拉格槽
踩踏　發酵
腳踩葡萄　靜置2～3天

酒渣
葡萄酒
葡萄皮

中性蒸餾葡萄酒
（ABV 77%）

加烈
加入蒸餾葡萄酒

木桶

陳年
2～40年

波特

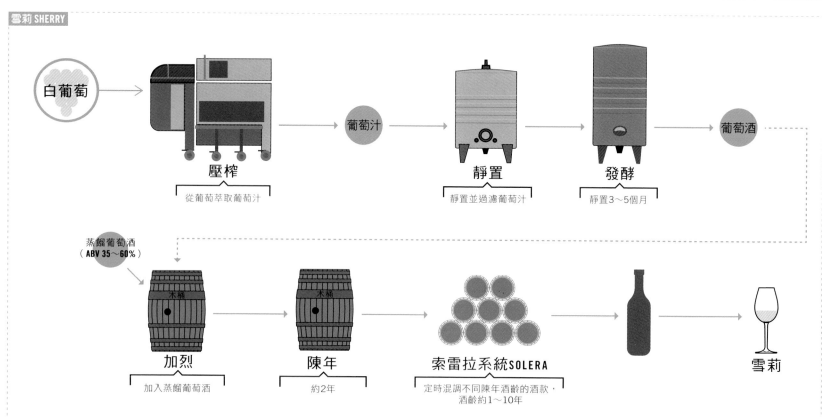

雪莉 SHERRY

白葡萄

壓榨
從葡萄萃取葡萄汁

葡萄汁

靜置
靜置並過濾葡萄汁

發酵
靜置3～5個月

葡萄酒

蒸餾葡萄酒
（ABV 35～60%）

木桶
加烈
加入蒸餾葡萄酒

木桶
陳年
約2年

索雷拉系統SOLERA
定時混調不同陳年酒齡的酒款，
酒齡約1～10年

雪莉

全球加烈酒風格與分布

雪莉、波特、威末苦艾酒＊等加烈酒均來自於南歐多個產區。
這些加烈酒都擁有獨一無二的風格、釀造方式與陳年過程。

威末苦艾酒
法國 Cognac△

威末苦艾酒
法國 Chambéry△

威末苦艾酒
義大利 Turlin△

威末苦艾酒
義大利 Canelli△

威末苦艾酒
義大利 Trieste△

威末苦艾酒
法國 Marseille△

威末苦艾酒
法國 Marseille△

威末苦艾酒
西班牙 Rioja△

波特
葡萄牙 Douro Valley▲

瑪薩拉
義大利 Marsala▲

馬德拉
葡萄牙 Madeira▲

雪莉
西班牙 Cádiz▲

▲ 出自並釀製於該產區
△ 釀製於該產區

＊譯注：Vermouth和Absinthe在臺灣都叫做苦艾酒，但兩者其實大不同。Vermouth是以葡萄酒爲基底泡製各種乾料（常有苦艾草）的酒，酒精濃度約15～22％；Absinthe則是以稱爲苦艾的各草本植物蒸餾製成，酒精濃度高很多，且基底並非葡萄酒。本書將兩者分別翻爲「威末苦艾酒」與「艾碧斯苦艾酒」。

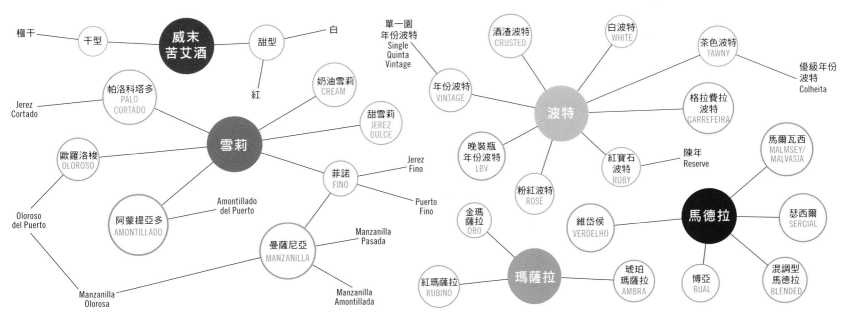

從舊世界到新世界

歐洲之外的美洲也有原生葡萄品種，但是今日歐洲境外的釀酒葡萄，絕大多數皆源於歐洲。下表簡單介紹南非、澳洲、智利、阿根廷與加州各地最受歡迎的葡萄品種，並追溯他們的原生地。

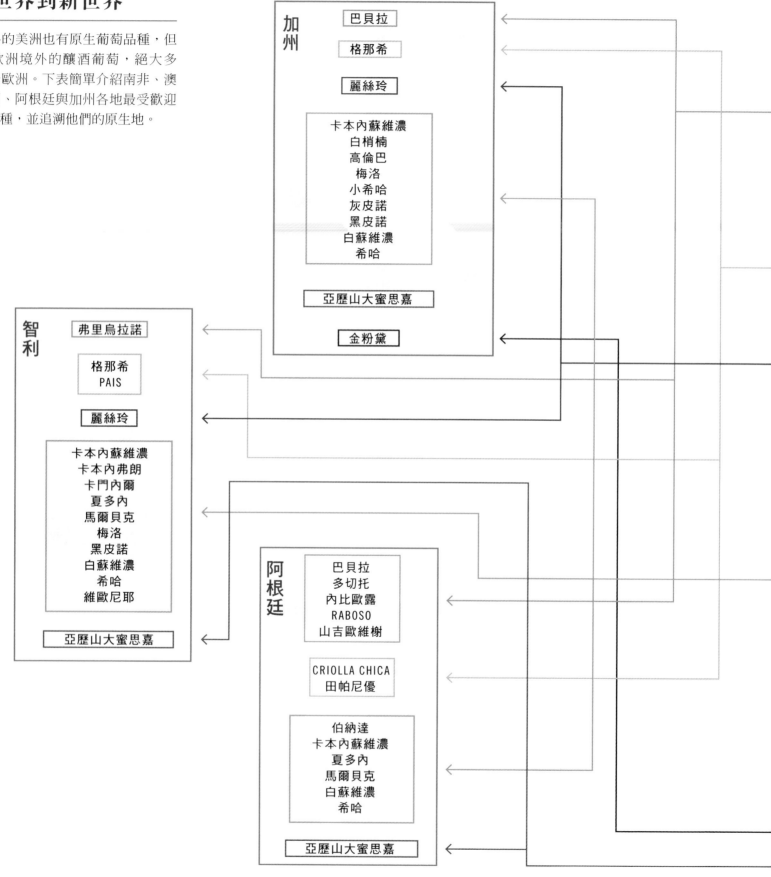

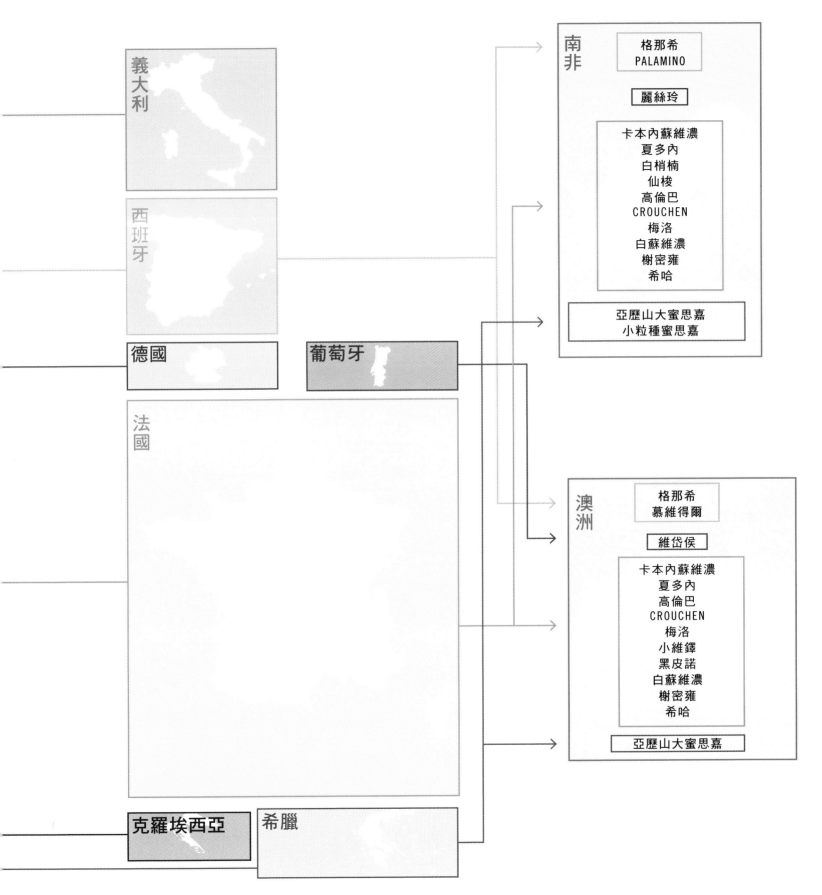

義大利

西班牙

德國

葡萄牙

法國

克羅埃西亞 希臘

南非

格那希
PALAMINO

麗絲玲

卡本內蘇維濃
夏多內
白梢楠
仙梭
高倫巴
CROUCHEN
梅洛
白蘇維濃
榭密雍
希哈

亞歷山大蜜思嘉
小粒種蜜思嘉

澳洲

格那希
慕維得爾

維岱侯

卡本內蘇維濃
夏多內
高倫巴
CROUCHEN
梅洛
小維鐸
黑皮諾
白蘇維濃
榭密雍
希哈

亞歷山大蜜思嘉

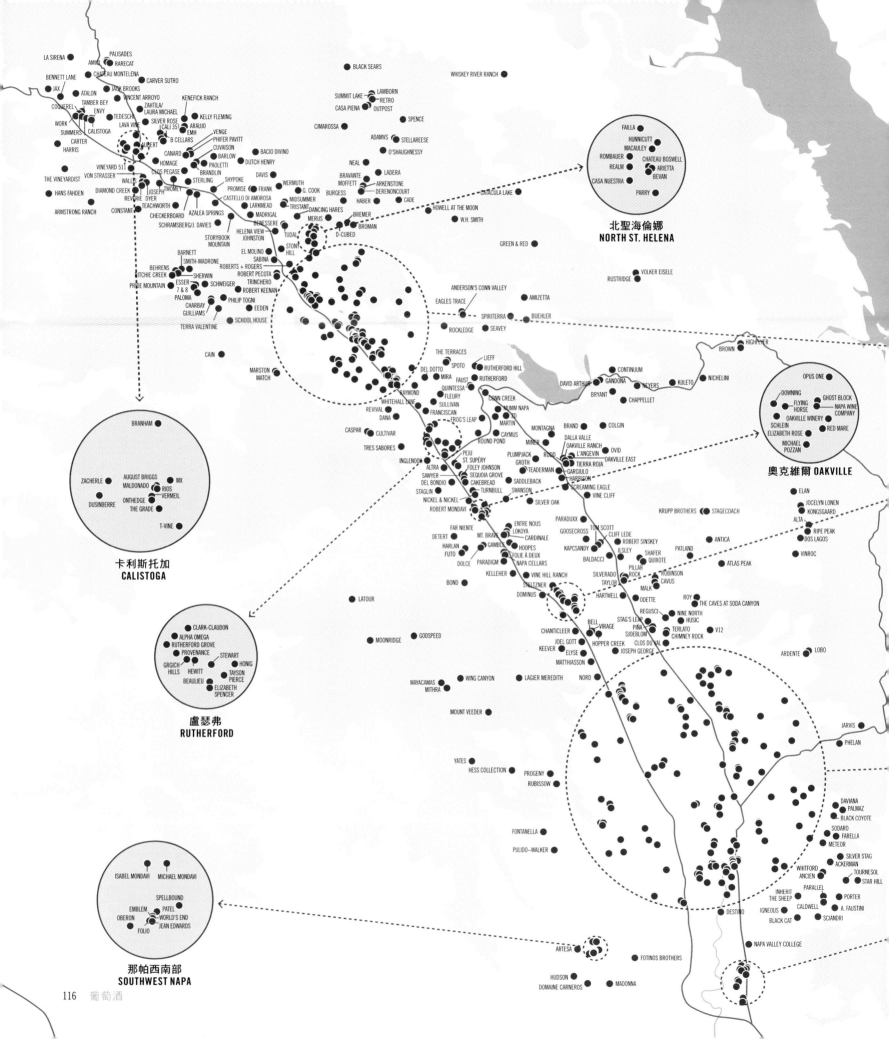

LA SIRENA
PALISADES
AMICI
RARECAT
BENNETT LANE
CHATEAU MONTELENA
JAX
ATALON
CARVER SUTRO
JACK BROOKS
VINCENT ARROYO
COQUEREL
TAMBER BEY
ZAHTILA/
KENEFICK RANCH
ENVY
LAURA MICHAEL
WORK
TEDESCHI
KELLY FLEMING
SUMMERS
CALISTOGA
SILVER ROSE
ARAUJO
CARTER
LAVA VINE
(CALI 35)
EMH
VENGE
HARRIS
AUBERT
B CELLARS
PHIFER PAVITT
CUVAISON
CANARD
BARLOW
PAOLETTI
VINEYARD 511
HOMAGE
BRANDLIN
SHYPOKE
THE VINEYARDIST
VON STRASSER
CLOS PEGASE
STERLING
DAVIS
HANS FAHDEN
DIAMOND CREEK
WALLS
TWOMEY
PROMISE FRANK
JOSEPH
CASTELLO DI AMOROSA
ARMSTRONG RANCH
REVERIE
DYER
LARKMEAD
TEACHWORTH
CONSTANT
AZALEA SPRINGS
CHECKERBOARD
SCHRAMSBERG/J. DAVIES
HELENA VIEW
JOHNSTON
BENESSERE
BARNETT
STORYBOOK
MOUNTAIN
BEHRENS
SMITH-MADRONE
RITCHIE CREEK
SHERWIN
PRIDE MOUNTAIN
ESSER
SCHWEIGER
7 & 8
PALOMA
TRINCHERO
CHARBAY
PHILIP TOGNI
GUILLIAMS
EEDEN
TERRA VALENTINE
SCHOOL HOUSE
CAIN
MARSTON
MATCH

BLACK SEARS
WHISKEY RIVER RANCH
SUMMIT LAKE
LAMBORN
CASA PIENA
RETRO
OUTPOST
CIMAROSSA
SPENCE
ADAMVS
STELLAREESE
O'SHAUGHNESSY
BACIO DIVINO
NEAL
DUTCH HENRY
LADERA
WERMUTH
BRAVANTE
ARKENSTONE
G. COOK
MOFFETT
DERENONCOURT
MIDSUMMER
BURGESS
HABER
CADE
TRISTANT
DANCING HARES
MERUS
BREMER
TUDAL
D-CUBED
BROMAN
EL MOLINO
SABINA
STONY
HILL
ROBERTS + ROGERS
ROBERT PECOTA
ROBERT KEENAN

HOWELL AT THE MOON
W.H. SMITH
CATACULA LAKE
GREEN & RED
RUSTRIDGE
VOLKER EISELE

ANDERSON'S CONN VALLEY
EAGLES TRACE
AMIZETTA
SPIRITERRA
BUEHLER
ROCKLEDGE
SEAVEY

BROWN
HIGHFLYER

THE TERRACES
LIEFF
RUTHERFORD HILL
DEL DOTTO
SPOTO
MIRA
RUTHERFORD
CONTINUUM
FAUST
DAVID ARTHUR
GANDONA
QUINTESSA
NEYERS
KULETO
NICHELINI
FLEURY
CONN CREEK
WHITEHALL LANE
SULLIVAN
BRYANT
CHAPPELLET
REVIVAL
FRANCISCAN
NUMM NAPA
DANA
TED
CASPAR
CULTIVAR
MARTIN
MONTAGNA
BRAND
COLGIN
TRES SABORES
ROUND POND
MINER
DALLA VALLE
OAKVILLE RANCH
OVID
INGLENOOK
PEJU
PLUMPJACK
L'ANGEVIN
ST. SUPÉRY
TIERRA ROJA
ALTRA
FOLEY JOHNSON
RODD
OAKVILLE EAST
SAWYER
SEQUOIA GROVE
GROTH
GARGIULO
DEL BONDIO
CAKEBREAD
TEADERMAN
HARBISON
STAGLIN
TURNBULL
SADDLEBACK
NICKEL & NICKEL
SWANSON
SCREAMING EAGLE
ROBERT MONDAVI
VINE CLIFF

ELAN
JOCELYN LONEN
KONGSGAARD
ALTA
RIPE PEAK
DOS LAGOS
VINROC

KRUPP BROTHERS
STAGECOACH

SILVER OAK
PARADUXX
ENTRE NOUS
FAR NIENTE
LOKOYA
GOOSECROSS
TOM SCOTT
DETERT
MT. BRAVE
CARDINALE
CLIFF LEDE
ANTICA
HARLAN
GAMBLE
HOOPES
KAPCSANDY
ROBERT SINSKEY
PATLAND
FUTO
FOLIE À DEUX
ILSLEY
DOLCE
NAPA CELLARS
SHAFER
QUIXOTE
PARADIGM
BALDACCI
ATLAS PEAK
KELLEHER
VINE HILL RANCH
PILLAR
ROBINSON
BOND
SILVERADO
ROCK
CAVUS
TAYLOR
STELTZNER
MALK
HARTWELL
ODETTE
ROY
DOMINUS
THE CAVES AT SODA CANYON

LATOUR
MOONRIDGE
GODSPEED

REGUSCI
NINE NORTH
CHANTICLEER
BELL
VIRAGE
PIÑA
HUSIC
TERLATO
V12
SJOEBLOM
CHIMNEY ROCK
JOEL GOTT
HOPPER CREEK
CLOS DU VAL
KEEVER
ELYSE
JOSEPH GEORGE
MATTHIASSON
ARDENTE
LOBO

STAG'S LEAP

MAYACAMAS
WING CANYON
MITHRA
LAGIER MEREDITH
NORD

MOUNT VEEDER
YATES
HESS COLLECTION
PROGENY
RUBISSOW

JARVIS
PHELAN

DAVIANA
PALMAZ
BLACK COYOTE
SODARO
FARELLA
METEOR
SILVER STAG
FONTANELLA
ACKERMAN
PULIDO-WALKER
WHITFORD
TOURNESOL
ANCIEN
STAR HILL
PARALLEL
INHERIT
THE SHEEP
PORTER
IGNEOUS
CALDWELL
A. FAUSTINI
DESTINO
BLACK CAT
SCIANDRI

ARTESA
FOTINOS BROTHERS
NAPA VALLEY COLLEGE
HUDSON
DOMAINE CARNEROS
MADONNA

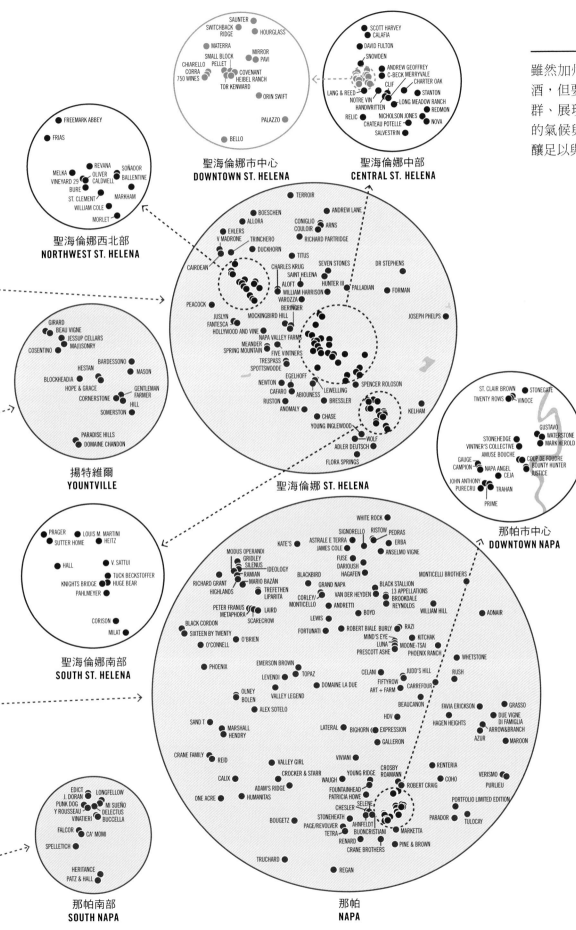

美國那帕谷地酒莊

雖然加州北邊的那帕谷地早在十九世紀便開始釀酒，但要到1960年代中期此處才開始釀出品質超群、展現產區特性的葡萄酒。由於那帕獨一無二的氣候與地形，該產區的葡萄園與酒莊端出的佳釀足以與舊世界匹敵。

巴黎的審判

1976年，英國酒商史蒂芬史普瑞爾（Steven Spurrier）在巴黎安排了一場紅酒與夏多內白酒的盲品比賽，讓加州酒與法國葡萄酒相較勁。當時有11位評審，其中有9位法國人、1位美國人與1位英國人。當法國評審的評分統計揭曉時，眾人無不驚訝加州酒不但表現優異，甚至有數款酒名列前茅。

雖然法國並不重視這場盲品比賽的結果，但美國加州葡萄酒自此便登上了國際葡萄酒地圖，向全世界證明新世界酒款也能與歐洲年份酒款匹敵。

紅酒		
排名	酒款（年份）	產地
1	Stag's Leap Wine Cellars (1973)	美國
2	Château Mouton-Rothschild (1970)	法國
3	Château Montrose (1970)	法國
4	Château Haut-Brion (1970)	法國
5	Ridge Vineyards (1971)	美國
6	Château Leoville Las Cases (1971)	法國
7	Heitz Wine Cellars (1970)	美國
8	Clos Du Val Winery (1972)	美國
9	Mayacamas Vineyards (1971)	美國
10	Freemark Abbey Winery (1969)	美國

白酒		
排名	酒款（年份）	產地
1	Chaeteau Montelena (1973)	美國
2	Meursault Charmes Roulot (1973)	法國
3	Chalone Vineyard (1974)	美國
4	Spring Mountain Vineyard (1973)	美國
5	Beaune Clos des Mouches Joseph Drouhin (1973)	法國
6	Freemark Abbey Winery (1972)	美國
7	Batard-Montrachet Ramonet-Prudhon (1973)	法國
8	Puligny-Montrachet Les Pucelles Domaine Leflaive (1972)	法國
9	Veedercrest Vineyards (1972)	美國
10	David Bruce Winery (1973)	美國

智利與阿根廷葡萄酒產區

南美洲的葡萄酒主要集中於兩個國家——阿根廷
與智利。智利的葡萄酒因縱跨多元的風土而聞
名,阿根廷則以超高海拔葡萄園為特色。

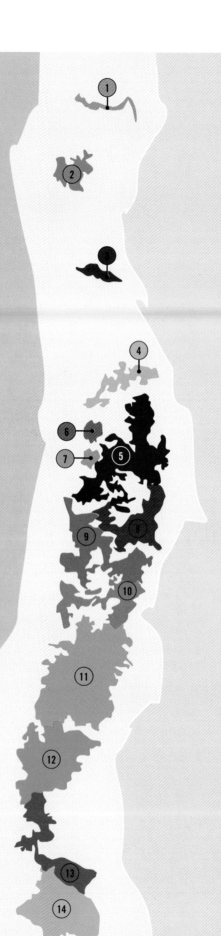

智利葡萄酒產區

①	埃爾基 Elqui
②	利馬里 Limari
③	喬阿帕 Choapa
④	阿空加瓜 Aconcagua
⑤	梅普 Maipo
⑥	卡薩布蘭加 Casablanca
⑦	聖安東尼奧 San Antonio
⑧	卡查波阿爾 Cachapoal
⑨	科查瓜 Colchagua
⑩	庫里科 Curicó
⑪	茂雷 Maule
⑫	伊塔拉 Itala
⑬	比奧比奧 Bio Bio
⑭	馬雷科 Malleco

克里歐拉葡萄家族

雖然克里歐拉（Criolla）葡萄的父母親來自於歐洲，但克里歐拉品種家族始源於阿根廷。1990 年代的基因測試證實，在阿根廷被稱為小克里歐拉（Criolla Chica）的品種其實正是西班牙的 Listan Preito。克里歐拉家族的其他成員則來自克里歐拉與希臘原生品種亞歷山大蜜思嘉雜交而成。

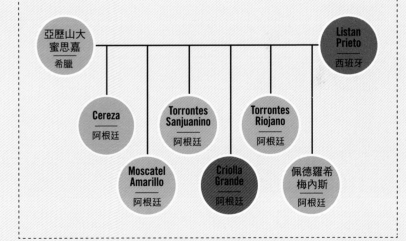

葡萄酒瓶的演化

葡萄酒瓶的形狀隨著歷史演進與製造創新而逐漸改變。雖然經典的布根地與波爾多酒瓶形狀早在一百五十年前已經定型，但葡萄酒產業依舊不斷轉變，甚至開發出盒裝酒等不同容器。

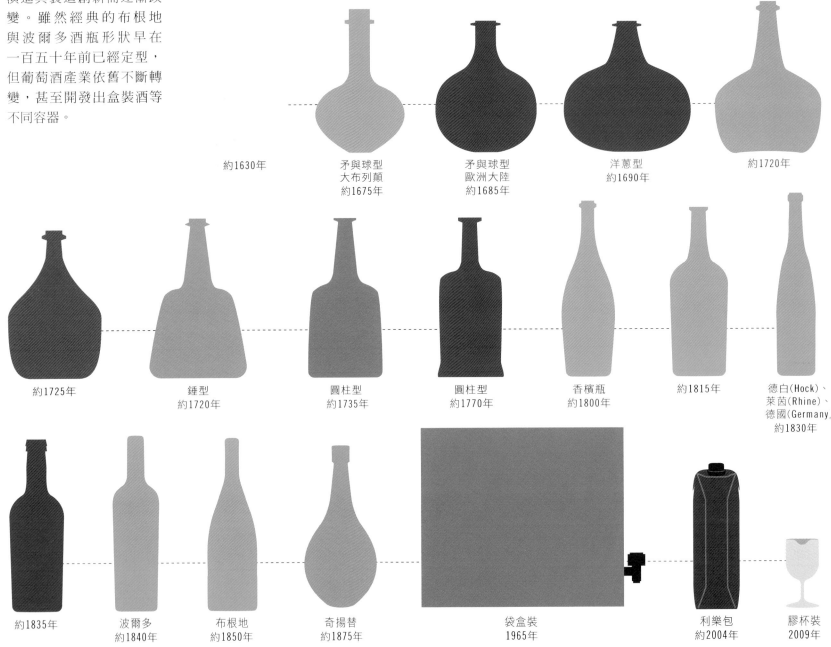

約1630年

矛與球型
大布列顛
約1675年

矛與球型
歐洲大陸
約1685年

洋蔥型
約1690年

約1720年

約1725年

錘型
約1720年

圓柱型
約1735年

圓柱型
約1770年

香檳瓶
約1800年

約1815年

德白(Hock)、
萊茵(Rhine)、
德國(Germany)。
約1830年

約1835年

波爾多
約1840年

布根地
約1850年

奇揚替
約1875年

袋盒裝
1965年

利樂包
約2004年

膠杯裝
2009年

封口

軟木塞
約1600年

玻璃塞
約1600年

金屬網蓋
1844年

Stelcap-Vin瓶蓋、
Stelvin旋蓋
1959/1970年

薄膜木塞
2002年

Vinolok玻璃塞
2003年

Zork瓶塞
2010年

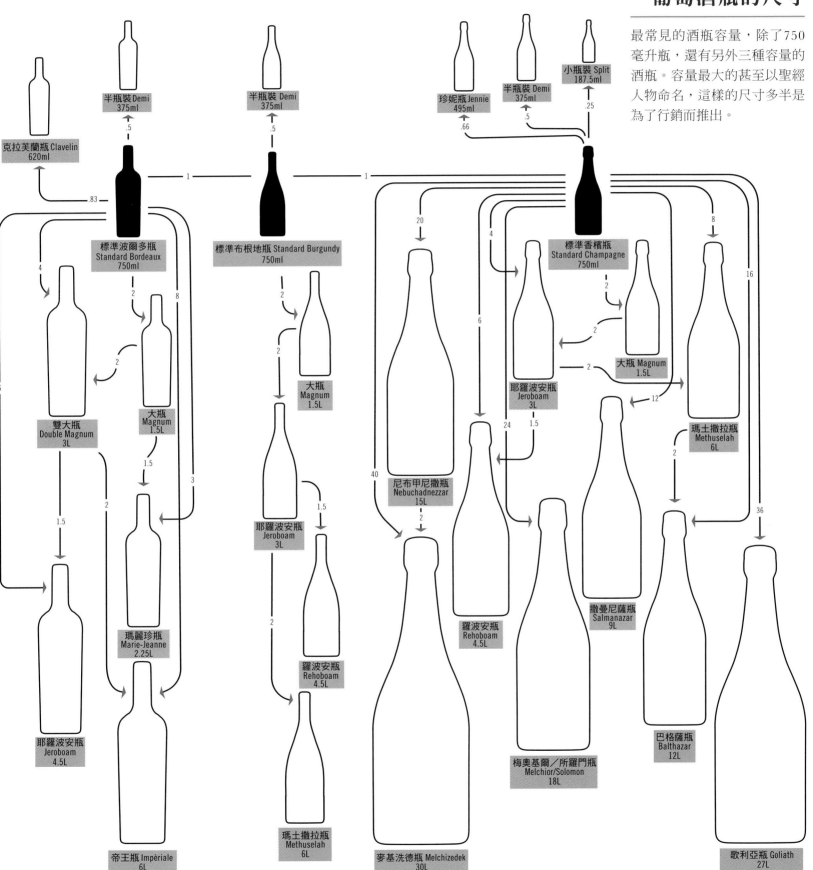

葡萄酒瓶的尺寸

最常見的酒瓶容量，除了750毫升瓶，還有另外三種容量的酒瓶。容量最大的甚至以聖經人物命名，這樣的尺寸多半是為了行銷而推出。

克拉芙蘭瓶 Clavelin 620ml

半瓶裝 Demi 375ml

標準波爾多瓶 Standard Bordeaux 750ml

雙大瓶 Double Magnum 3L

大瓶 Magnum 1.5L

瑪麗珍瓶 Marie-Jeanne 2.25L

耶羅波安瓶 Jeroboam 4.5L

帝王瓶 Impèriale 6L

半瓶裝 Demi 375ml

標準布根地瓶 Standard Burgundy 750ml

大瓶 Magnum 1.5L

耶羅波安瓶 Jeroboam 3L

羅波安瓶 Rehoboam 4.5L

瑪土撒拉瓶 Methuselah 6L

尼布甲尼撒瓶 Nebuchadnezzar 15L

麥基洗德瓶 Melchizedek 30L

珍妮瓶 Jennie 495ml

半瓶裝 Demi 375ml

小瓶裝 Split 187.5ml

標準香檳瓶 Standard Champagne 750ml

大瓶 Magnum 1.5L

耶羅波安瓶 Jeroboam 3L

羅波安瓶 Rehoboam 4.5L

撒曼尼薩瓶 Salmanazar 9L

梅奧基爾／所羅門瓶 Melchior/Solomon 18L

瑪土撒拉瓶 Methuselah 6L

巴格薩瓶 Balthazar 12L

歌利亞瓶 Goliath 27L

葡萄酒杯

適當的葡萄酒杯應壁薄且以澄澈透明的玻璃製成。杯緣也應該在向上延伸的同時越來越窄，直到杯口最窄，這樣設計的目的是為了集中香氣。杯梗則可避免手溫影響葡萄酒，並便於搖杯。這裡也是製杯人能夠塑造出不同風格之處。有些葡萄酒需要特定杯型品嚐，另外，無梗杯也開始因其獨具風格而漸受歡迎。

碟型杯
年份香檳

雪莉杯
菲諾
歐羅洛梭
阿蒙提亞多
帕洛科塔多
奶油雪莉

甜點酒
冰酒
馬德拉
瑪薩拉
貴腐酒
橙香蜜思嘉
波特

標準杯／粉紅酒
白金粉黛
黑皮諾粉紅酒
卡本內粉紅酒
梅洛粉紅酒
其他

氣泡酒
阿斯提
普賽克
香檳
卡瓦

大白酒杯＆無梗杯
麗絲玲
波爾多白酒
夏多內
白蘇維濃
維特利納

小白酒杯
榭密雍
白梢楠
格烏茲塔明娜
經典奇揚替
巴多利諾

小紅酒杯
希哈
馬爾貝克
金粉黛
卡本內蘇維濃
梅洛

大紅酒杯
布根地
黑皮諾
格那希
內比歐露
加美

葡萄酒相關器具

醒酒器（decanter）最初為簡單的侍酒工具，其存在已有數百年的歷史。如今，葡萄酒經過醒酒器主要是為了去除在瓶中形成的酒渣。第二個原因則充滿了爭議：讓葡萄酒透氣醒酒。有些人說讓葡萄酒接觸空氣能夠讓葡萄酒「呼吸」，如此能降低艱澀的單寧感，並讓酒中風味更加明顯。然而，也有研究指出，醒酒會摧毀酒中風味，並稱醒酒是對酒有害的動作。

雖然市面已存在上百種申請過專利的開瓶器，最適合將軟木塞從瓶中取出的開瓶器為何，始終沒能達成一致的意見。如今，最多侍酒師選擇的是名為「侍酒師開瓶器」（Waiter's Friend）的開瓶器，但也有許多飲者偏好以機關較複雜的器具開瓶。

醒酒器

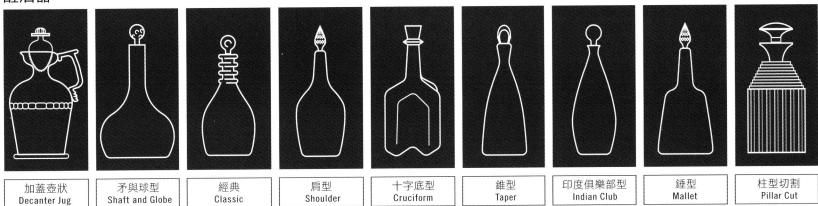

| 加蓋壺狀 Decanter Jug | 矛與球型 Shaft and Globe | 經典 Classic | 肩型 Shoulder | 十字底型 Cruciform | 錐型 Taper | 印度俱樂部型 Indian Club | 錘型 Mallet | 柱型切割 Pillar Cut |

開瓶器

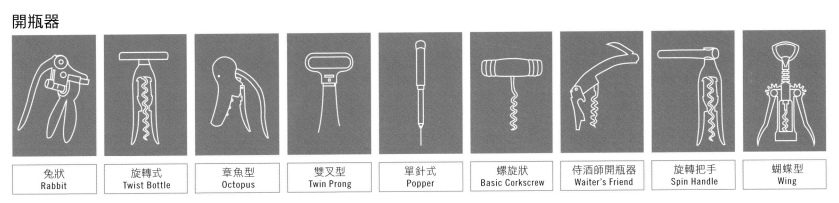

| 兔狀 Rabbit | 旋轉式 Twist Bottle | 章魚型 Octopus | 雙叉型 Twin Prong | 單針式 Popper | 螺旋狀 Basic Corkscrew | 侍酒師開瓶器 Waiter's Friend | 旋轉把手 Spin Handle | 蝴蝶型 Wing |

杯梗

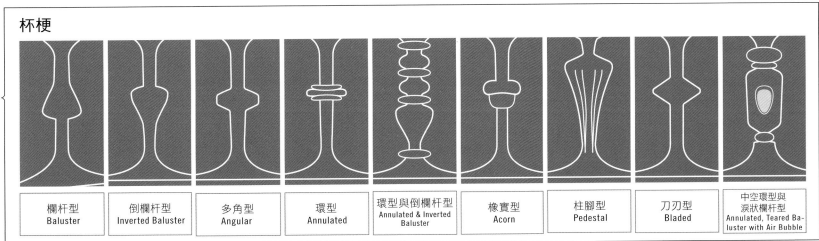

| 欄杆型 Baluster | 倒欄杆型 Inverted Baluster | 多角型 Angular | 環型 Annulated | 環型與倒欄杆型 Annulated & Inverted Baluster | 橡實型 Acorn | 柱腳型 Pedestal | 刀刃型 Bladed | 中空環型與淚狀欄杆型 Annulated, Teared Baluster with Air Bubble |

葡萄酒調酒

葡萄酒不止可以單飲，還有悠久的調酒歷史，不但可以調配進其他酒精類飲料，還能創造出怡人可口的各式雞尾酒。無論是美國大文豪海明威的午後之死（Death in the Afternoon），或是經典的貝里尼（Belini）調酒，葡萄酒與烈酒和其他飲品都搭配得宜。

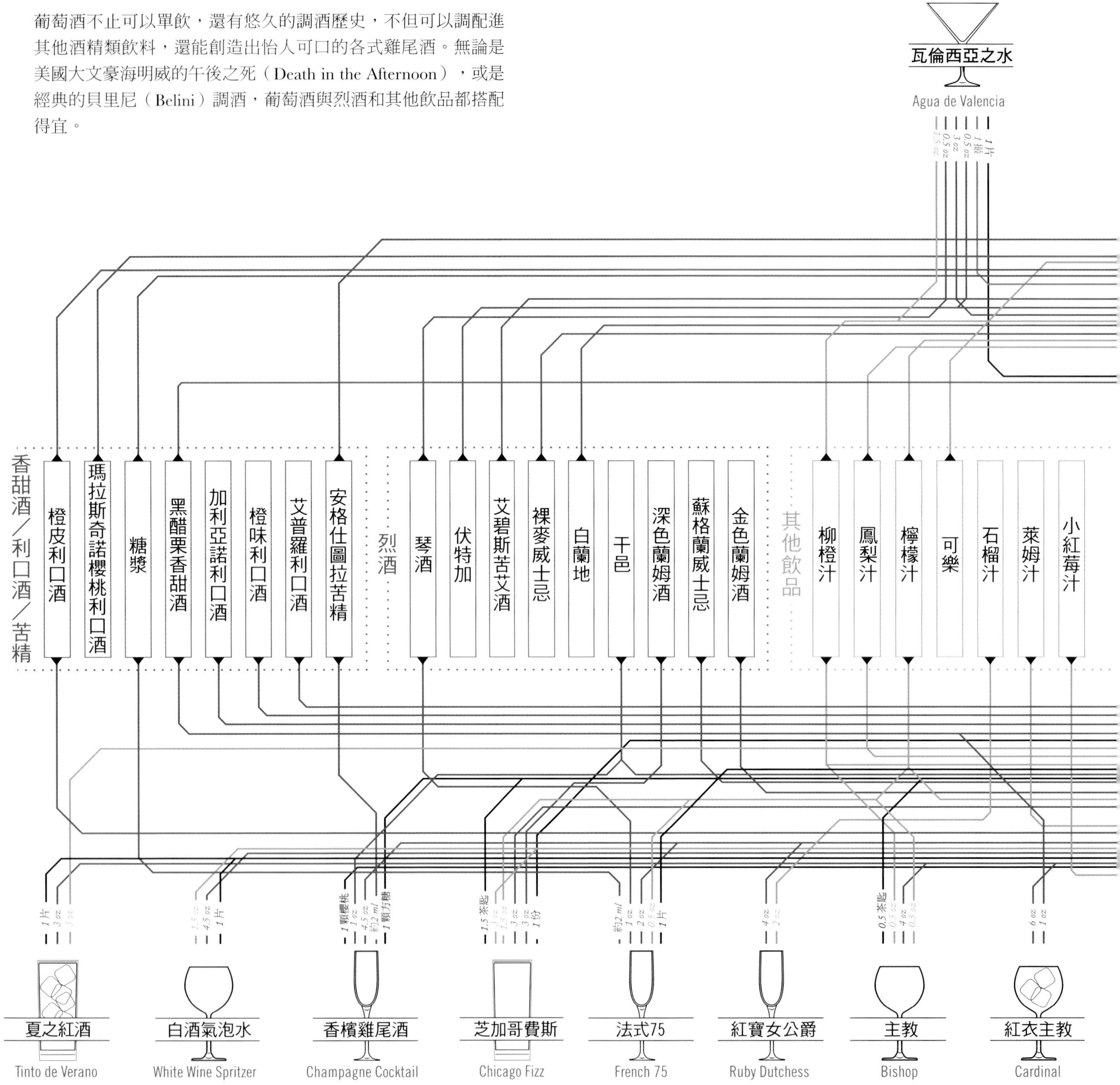

瓦倫西亞之水
Agua de Valencia
1.5 oz
0.5 oz
3 oz
0.5 oz
1 撮
1 片
香甜酒／利口酒／苦精
橙皮利口酒
瑪拉斯奇諾櫻桃利口酒
糖漿
黑醋栗香甜酒
加利亞諾利口酒
橙味利口酒
艾普羅利口酒
安格仕圖拉苦精
烈酒
琴酒
伏特加
艾碧斯苦艾酒
裸麥威士忌
白蘭地
干邑
深色蘭姆酒
蘇格蘭威士忌
金色蘭姆酒
其他飲品
柳橙汁
鳳梨汁
檸檬汁
可樂
石榴汁
萊姆汁
小紅莓汁
1 片
3 oz
3 oz
1.5 oz
4.5 oz
1 片
1 顆櫻桃
1 oz
4.5 oz
約2 ml
1 顆方糖
1.5 茶匙
3 oz
1.5 oz
3 oz
3 oz
1 份
約2 ml
1 oz
2 oz
0.5 oz
1 片
4 oz
2 oz
0.5 茶匙
0.5 oz
4 oz
0.5 oz
6 oz
1 oz
夏之紅酒
Tinto de Verano
白酒氣泡水
White Wine Spritzer
香檳雞尾酒
Champagne Cocktail
芝加哥費斯
Chicago Fizz
法式75
French 75
紅寶女公爵
Ruby Dutchess
主教
Bishop
紅衣主教
Cardinal

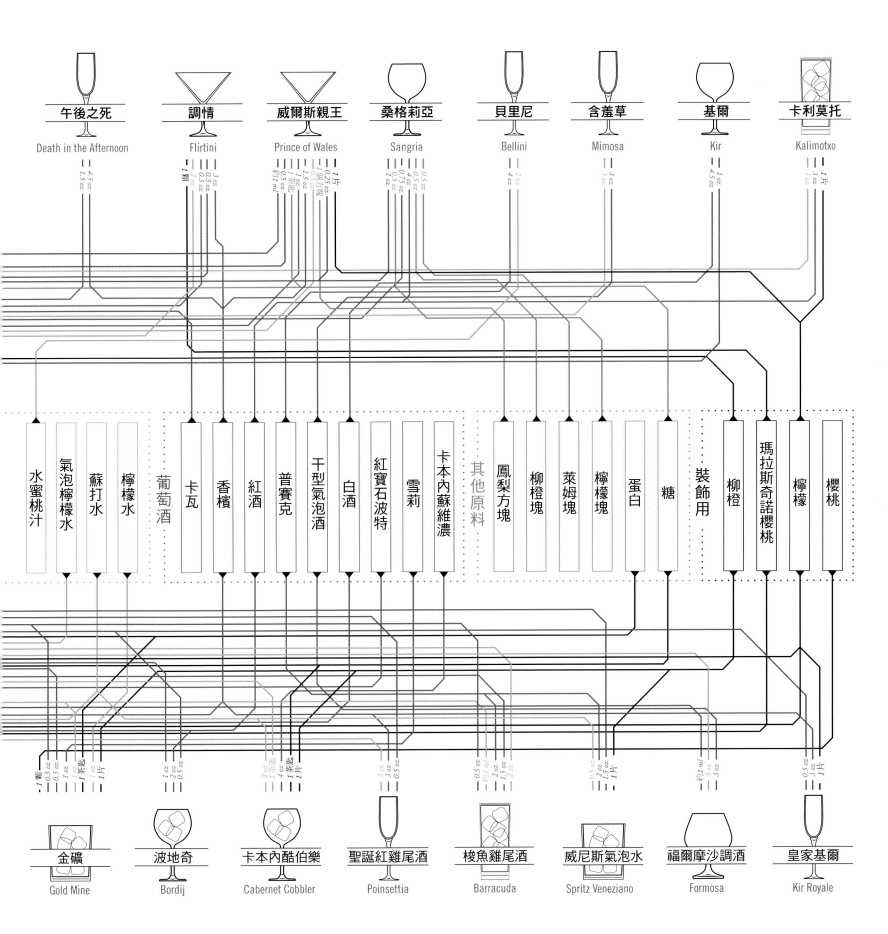

午後之死
Death in the Afternoon

調情
Flirtini

威爾斯親王
Prince of Wales

桑格莉亞
Sangria

貝里尼
Bellini

含羞草
Mimosa

基爾
Kir

卡利莫托
Kalimotxo

水蜜桃汁
氣泡檸檬水
蘇打水
檸檬水
葡萄酒
卡瓦
香檳
紅酒
普賽克
干型氣泡酒
白酒
紅寶石波特
雪莉
卡本內蘇維濃
其他原料
鳳梨方塊
柳橙塊
萊姆塊
檸檬塊
蛋白
糖
裝飾用
柳橙
瑪拉斯奇諾櫻桃
檸檬
櫻桃

金礦
Gold Mine

波地奇
Bordij

卡本內酷伯樂
Cabernet Cobbler

聖誕紅雞尾酒
Poinsettia

梭魚雞尾酒
Barracuda

威尼斯氣泡水
Spritz Veneziano

福爾摩沙調酒
Formosa

皇家基爾
Kir Royale

品酒形容詞

葡萄酒飲者向來喜愛以華麗的詞彙形容酒款的口感和香氣。以下列表整理出專業葡萄酒作家常用的各式品酒形容詞。

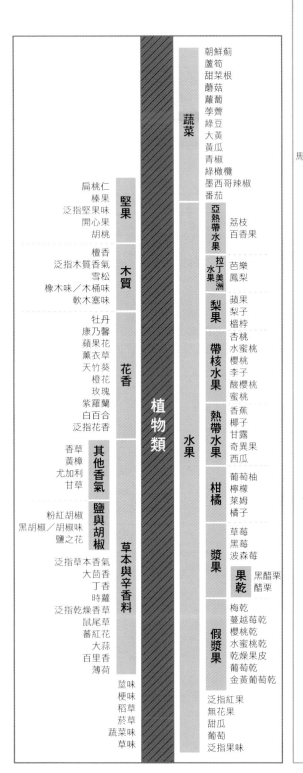

植物類

堅果：扁桃仁、榛果、泛指堅果味、開心果、胡桃

木質：檀香、泛指木質香氣、雪松、橡木味／木桶味、軟木塞味

花香：牡丹、康乃馨、蘋果花、薰衣草、天竹葵、橙花、玫瑰、紫羅蘭、白百合、泛指花香

其他香氣：香草、黃樟、尤加利、甘草

鹽與胡椒：粉紅胡椒、黑胡椒／胡椒味、鹽之花

草本與辛香料：泛指草本香氣、大茴香、丁香、時蘿、泛指乾燥香草、鼠尾草、蕃紅花、大蒜、百里香、薄荷

莖味、梗味、稻草、菸草、蔬菜味、草味

蔬菜：朝鮮薊、蘆筍、甜菜根、蘑菇、蘿蔔、荸薺、綠豆、大黃、黃瓜、青椒、綠橄欖、墨西哥辣椒、番茄

水果
- 亞熱帶水果：荔枝、百香果
- 拉丁美洲水果：芭樂、鳳梨
- 梨果：蘋果、梨子、榲桲
- 帶核水果：杏桃、水蜜桃、櫻桃、李子、酸櫻桃、蜜桃
- 熱帶水果：香蕉、椰子、甘露、奇異果、西瓜
- 柑橘：葡萄柚、檸檬、萊姆、橘子
- 漿果：草莓、黑莓、波森莓
- 果乾：黑醋栗、醋栗
- 假漿果：梅乾、蔓越莓乾、櫻桃乾、水蜜桃乾、乾燥果皮、葡萄乾、金黃葡萄乾
- 泛指紅果、無花果、甜瓜、葡萄、泛指果味

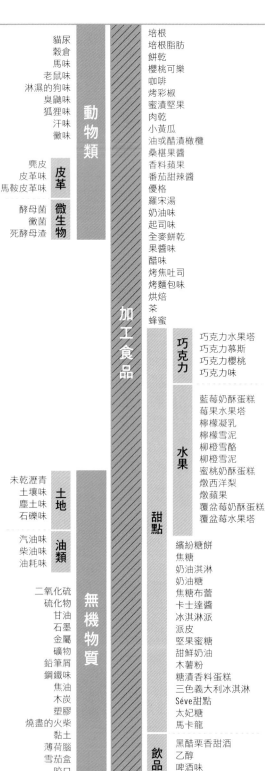

動物類

貓尿、穀倉、馬味、老鼠味、淋濕的狗味、臭鼬味、狐狸味、汗味、黴味

皮革：麂皮、皮革味、馬鞍皮革味

微生物：酵母菌、黴菌、死酵母渣

加工食品

培根、培根脂肪、餅乾、櫻桃可樂、咖啡、烤彩椒、蜜漬堅果、肉乾、小黃瓜、油或醋漬橄欖、桑椹果醬、香料蘋果、番茄甜辣醬、優格、羅宋湯、奶油味、起司味、全麥餅乾、果醬味、醋味、烤焦吐司、烤麵包味、烘焙、茶、蜂蜜

巧克力：巧克力水果塔、巧克力慕斯、巧克力櫻桃、巧克力味

水果：藍莓奶酥蛋糕、莓果水果塔、檸檬凝乳、檸檬雪泥、柳橙雪酪、柳橙雪泥、蜜桃奶酥蛋糕、燉西洋梨、燉蘋果、覆盆莓奶酥蛋糕、覆盆莓水果塔

甜點：繽紛糖餅、焦糖、奶油淇淋、奶油糖、焦糖布蕾、卡士達醬、冰淇淋派、派皮、堅果蜜糖、甜鮮奶油、木薯粉、糖漬香料蛋糕、三色義大利冰淇淋、Séve甜點、太妃糖、馬卡龍

飲品：黑醋栗香甜酒、乙醇、啤酒味、馬德拉味

無機物質

土地：未乾瀝青、土壤味、塵土味、石礫味

油類：汽油味、柴油味、油耗味

二氧化硫、硫化物、甘油、石墨、金屬、礦物、鉛筆屑、鋼鐵味、焦油、木炭、塑膠、燒盡的火柴、黏土、薄荷腦、雪茄盒、咬口

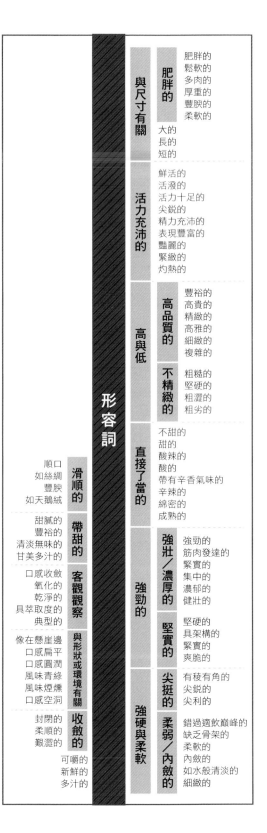

形容詞

與尺寸有關
- 肥胖的：肥胖的、鬆軟的、多肉的、厚重的、豐腴的、柔軟的
- 大的、長的、短的

活力充沛的：鮮活的、活潑的、活力十足的、尖銳的、精力充沛的、表現豐富的、豔麗的、緊緻的、灼熱的

高與低
- 高品質的：豐裕的、高貴的、精緻的、高雅的、細緻的、複雜的
- 不精緻的：粗糙的、堅硬的、粗澀的、粗劣的

直接了當的：不甜的、甜的、酸辣的、酸的、帶有辛香氣味的、辛辣的、綿密的、成熟的

強勁的：強勁的、筋肉發達的、緊實的、集中的、濃郁的、健壯的
- 堅實的：堅硬的、具架構的、緊實的、爽脆的
- 尖挺的：有稜有角的、尖銳的、尖利的

強硬與柔軟
- 柔弱／內斂的：錯過適飲巔峰的、缺乏骨架的、柔軟的、內斂的、如水般清淡的、細緻的

滑順的：順口、如絲綢、豐腴、如天鵝絨

帶甜的：甜膩的、豐裕的、清淡無味的、甘美多汁的

客觀觀察：口感收斂、氧化的、乾淨的、具萃取度的、典型的

與形狀或環境有關：像在懸崖邊、口感扁平、口感圓潤、風味青綠、風味煙燻、口感空洞

收斂的：封閉的、柔順的、艱澀的

可嚼的、新鮮的、多汁的

日本酒
SAKE

日本酒在日本當地已有超過千年的歷史，其釀造過程近似啤酒，但日本酒在釀造時為了將稻米的澱粉轉化為糖分，又使用了黴菌，接著釀酒人（日本稱為杜氏）的酵母菌再將澱粉轉換為酒精。

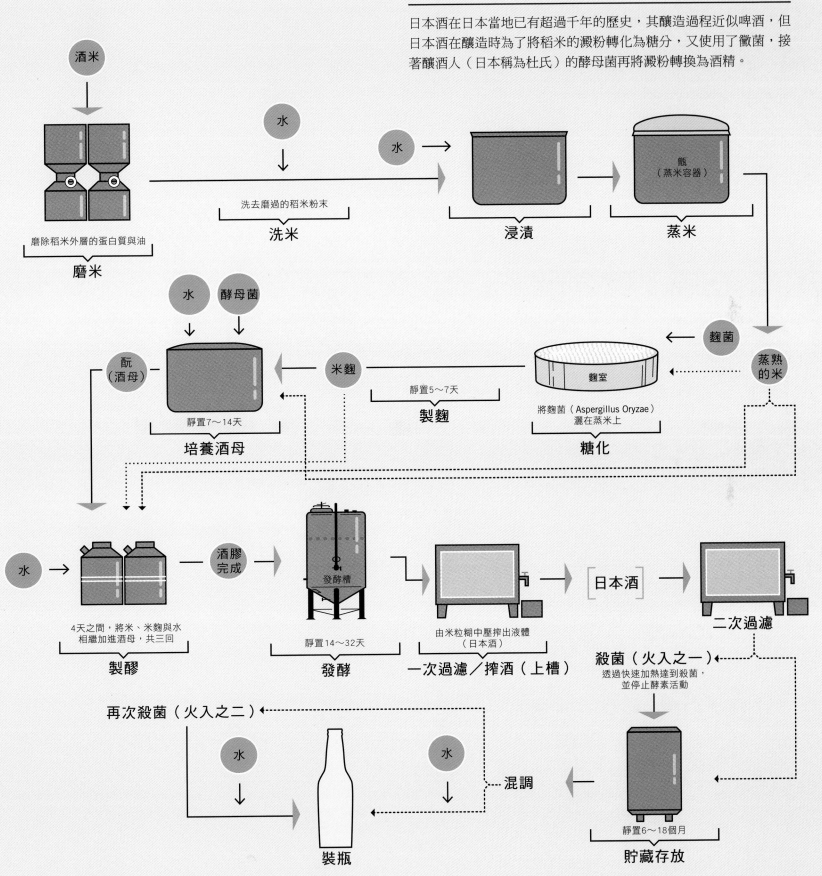

酒米

磨除稻米外層的蛋白質與油

磨米

水

水

洗去磨過的稻米粉末

洗米

浸漬

甑
（蒸米容器）

蒸米

水　酵母菌

酛
（酒母）

米麴

麴菌

蒸熟的米

靜置7～14天

培養酒母

靜置5～7天

製麴

麴室

將麴菌（Aspergillus Oryzae）灑在蒸米上

糖化

水

酒膠完成

發酵槽

日本酒

二次過濾

4天之間，將米、米麴與水相繼加進酒母，共三回

製醪

靜置14～32天

發酵

由米粒糊中壓搾出液體（日本酒）

一次過濾／搾酒（上槽）

殺菌（火入之一）
透過快速加熱達到殺菌，並停止酵素活動

再次殺菌（火入之二）

水

水

混調

靜置6～18個月

貯藏存放

裝瓶

日本酒造地圖

日本酒為日本國民酒精飲品，釀酒廠（酒造）遍布日本各地，其中又以本州中心的新潟縣分布最密集，這與當地卓越的稻米品質息息相關。

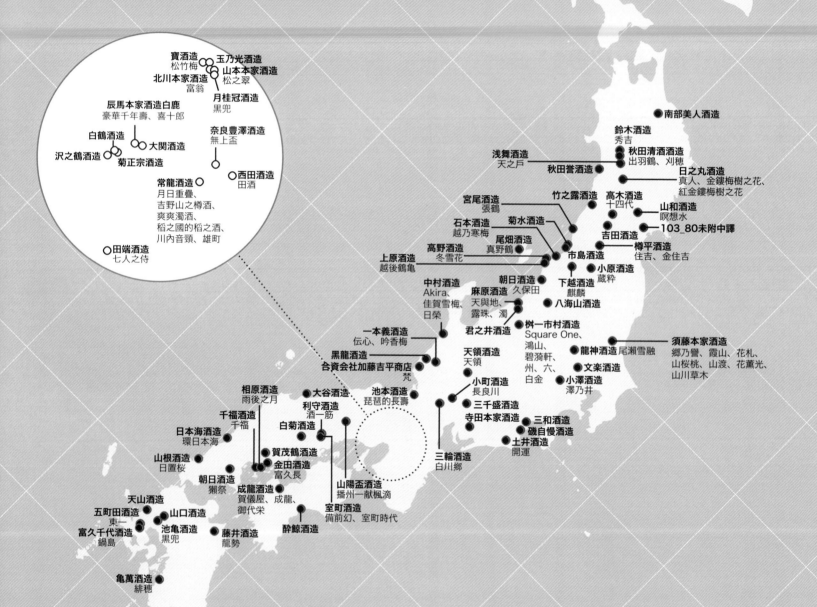

日本酒可約略分為「普通酒」（類似葡萄酒的餐酒等級）與「特定名稱酒」。特定名稱酒還可依使用米種與釀造過程，再做細分。

普通酒	出羽鶴酒造微生	斗山酒造清河	月桂冠酒造	真澄酒造	蝶矢酒造	大関酒造
	八海山酒造	白鶴酒造小百合	萱島酒造	小西酒造	大雪溪酒造蔵出	

特定名稱酒

純米酒

土佐鶴酒造 純米酒	佐浦酒造 浦霞 純米酒	東北銘醸酒造 初孫 純米酒	真澄酒造 奧傳寒造 純米酒
白牡丹酒造 純米酒	西田酒造 純米酒	梅錦山川酒造 純米酒	沢之鶴酒造 純米酒
高清水酒造 純米酒	月桂冠酒造 純米酒	末廣酒造 傳承山廃 純米酒	寶酒造 松竹梅 純米酒
両関酒造 秋田 純米酒	三千盛酒造 純米酒	司牡丹酒造 純米酒	大関酒造 純米酒
新政酒造 純米酒	菊水酒造 純米酒	賀茂鶴酒造 純米酒	榮川酒造 純米酒
萱島酒造 西之關 純米酒	白鶴酒造 純米酒	一ノ蔵酒造 純米酒	

本釀造

出羽 酒造 本釀造	八海山酒造 本釀造
大関酒造 辛丹波 本釀造	佐浦酒造 浦霞 本釀造
真澄酒造 特撰真澄 本釀造	黑龍酒造 本釀造
末廣酒造 鬼羅 本釀造	沢之鶴酒造 本釀造原酒
萱島酒造 本釀造	立山酒造 銀嶺立山 本釀造
菊水酒造 菊水之辛口 本釀造	菊水酒造 ふなぐち菊水 一番しぼり 本釀造

特別純米酒

石本酒造 越乃寒梅 無垢 特別純米酒
奧之松酒造 特別純米酒
新政酒造 六號 特別純米酒
寶酒造 松竹梅 特別純米酒
八海山酒造 特別純米酒
大関酒造 山田錦 特別純米酒
佐浦酒造生 一本浦霞 特別純米酒
沢之鶴酒造 實樂 特別純米酒
月桂冠酒造 俳句 特別純米酒
西田酒造 特別純米酒
白鷹酒造 金松白鷹 特別純米酒

純米吟釀

佐浦酒造 浦霞 禪 純米吟釀	萱島酒造 美吟 純米吟釀
新政酒造 六號 純米吟釀	真澄酒造 純米吟釀
高木酒造 十四代 純米吟釀	西田酒造 純米吟釀
末廣酒造 玄宰 純米吟釀	菊水酒造 純米吟釀
石本酒造 越乃寒梅 金無垢 純米吟釀	熊本県酒造研究所 香露 純米吟釀
寶酒造 松竹梅 純米吟釀	梅錦山川酒造 純米吟釀
八海山酒造 純米吟釀	月桂冠酒造 朱雀 純米吟釀
白鶴酒造 純米吟釀	黑龍酒造 純米吟釀
福光屋酒造 福正宗 金 純米吟釀	立山酒造 純米吟釀

純米大吟釀

高木酒造 十四代 純米大吟釀	梅錦山川酒造 純米大吟釀
司牡丹酒造 純米大吟釀	大関酒造 白金 純米大吟釀
真澄酒造 純米大吟釀	銀盤酒造 播州50純米大吟釀
朝日酒造 久保田 萬壽 純米大吟釀	月桂冠酒造 超特撰 鳳麟 純米大吟釀
西田酒造 純米大吟釀	寶酒造 松竹梅 純米大吟釀
両関酒造 雪月花 純米大吟釀	佐浦酒造 浦霞 純米大吟釀
東北銘醸酒造 祥瑞 初孫 純米大吟釀	菊水酒造 酒米 菊水 純米大吟釀
白鶴酒造 翔雲 純米大吟釀	新政酒造 六號 純米大吟釀
石本酒造 越乃寒梅 超特釀 純米大吟釀	磯自慢酒造100%山田錦 純米大吟釀
賀茂鶴酒造 純金箔入 純米大吟釀	萱島酒造 西之關 純米大吟釀
白鷹酒造 極上 純米大吟釀	

吟釀

土佐鶴酒造 吟麗千寿 吟釀
真澄酒造 家傳手造 吟釀
萱島酒造 美吟 吟釀
寶酒造 松竹梅玲 吟釀
沢之鶴酒造 吟釀
奧之松酒造 吟釀
高木酒造 十四代 本丸 吟釀
磯自慢酒造 吟釀
黑龍酒造 吟釀
八海山酒造 吟釀
出羽 酒造 櫻花 山田錦別注版 吟釀

大吟釀

土佐鶴酒造 天平印 大吟釀
朝日酒造 久保田 萬壽 大吟釀
末廣酒造 大吟釀
真澄酒造 夢殿 大吟釀
高木酒造 十四代 大吟釀
萱島酒造 大吟釀
黑龍酒造 大吟釀
磯自慢酒造 大吟釀
沢之鶴酒造 大吟釀
出羽 酒造 大吟釀
大関酒造 超特撰 大坂屋長兵衛 大吟釀

特別本釀造

萱島酒造 特別本釀造
高木酒造 十四代 天泉朝日鷹 特別本釀造
朝日酒造 久保田 千壽 特別本釀造

日本酒調酒

野心勃勃的調酒師看準了日本酒能完美地與烈酒、果汁等各式飲品結合的特質，開始將日本酒納入一系列的調酒之中。

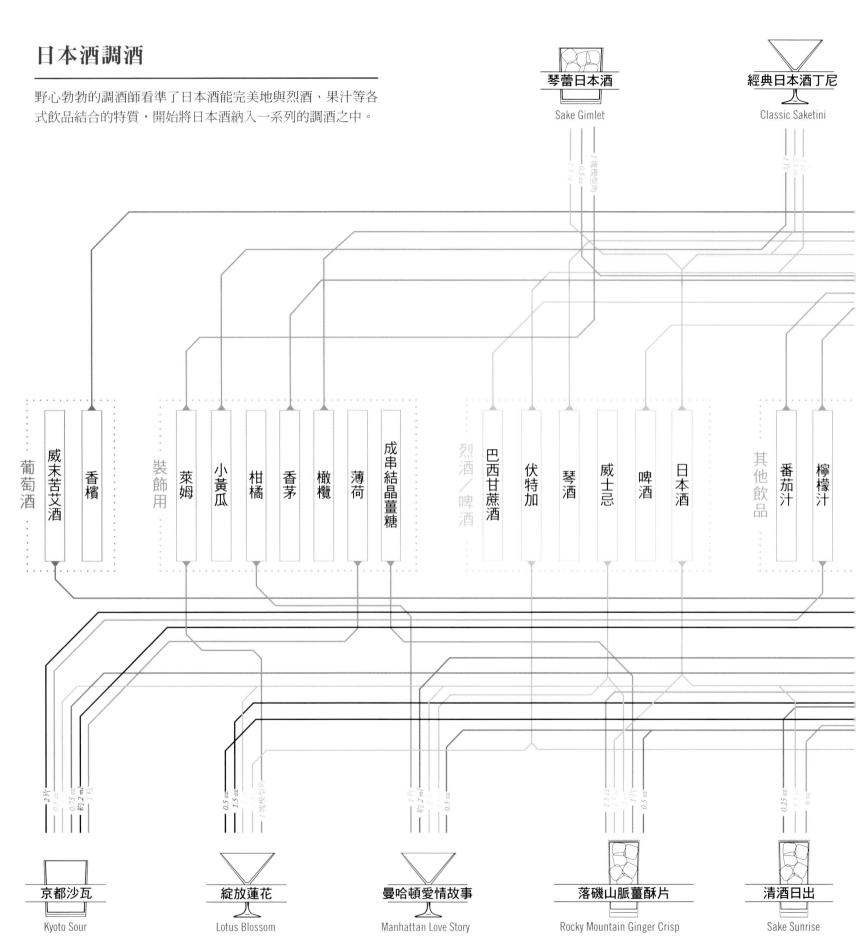

琴蕾日本酒
Sake Gimlet

經典日本酒丁尼
Classic Saketini

葡萄酒　威末苦艾酒　香檳　裝飾用　萊姆　小黃瓜　柑橘　香茅　橄欖　薄荷　成串結晶薑糖　烈酒／啤酒　巴西甘蔗酒　伏特加　琴酒　威士忌　啤酒　日本酒　其他飲品　番茄汁　檸檬汁

京都沙瓦
Kyoto Sour

綻放蓮花
Lotus Blossom

曼哈頓愛情故事
Manhattan Love Story

落磯山脈薑酥片
Rocky Mountain Ginger Crisp

清酒日出
Sake Sunrise

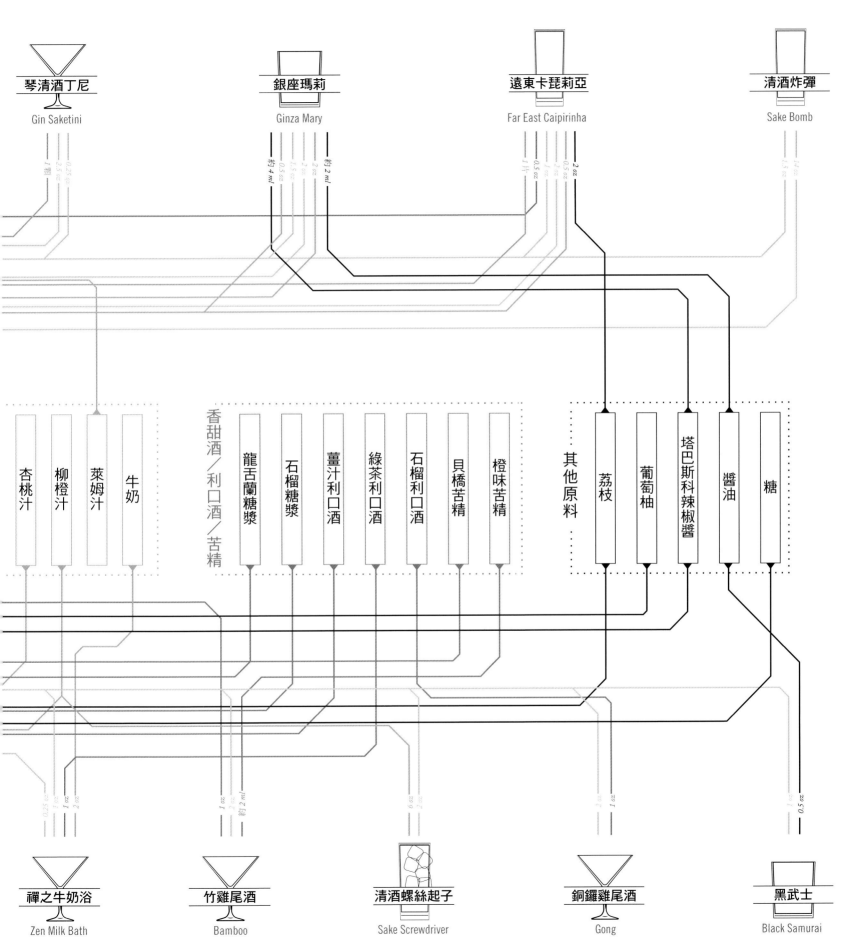

琴清酒丁尼
Gin Saketini

銀座瑪莉
Ginza Mary

遠東卡琵莉亞
Far East Caipirinha

清酒炸彈
Sake Bomb

杏桃汁

柳橙汁

萊姆汁

牛奶

香甜酒／利口酒／苦精

龍舌蘭糖漿

石榴糖漿

薑汁利口酒

綠茶利口酒

石榴利口酒

貝橋苦精

橙味苦精

其他原料

荔枝

葡萄柚

塔巴斯科辣椒醬

醬油

糖

禪之牛奶浴
Zen Milk Bath

竹雞尾酒
Bamboo

清酒螺絲起子
Sake Screwdriver

銅鑼雞尾酒
Gong

黑武士
Black Samurai

烈酒 S

PIRITS

酒精詞源學

酒精的英文 alcohol 源自於阿拉伯文的 al khul，曾是用來製作眼妝的古老原料，更科學一點可以叫做硫化銻，是透過揮發與凝結的方式製成。同樣的方式也被運用在將酒精精煉成純乙醇的過程。

al kuhl/koh'l
古阿拉伯語

一種細緻的金屬粉末
（硫化銻／眼用粉末），透過加熱
蒸發凝結成細緻粉末，可用於眼妝

alcool
法文，十六世紀

經揮發或凝結處理的細緻粉末

古希臘文 kollyrion 是一種濕敷眼睛的油膏，與阿拉伯文化中的眼用粉末 collyrium 極為類似。兩個物品都具有為眼睛上色的作用，與酒精飲品有異曲同工之妙。

alcohol
英文，約1753年

以同一種方式製成液態酒精，其中最受歡迎者要屬「葡萄酒精華」（essence of wine）

另一個說法認為酒精源自於西班牙 ojos（眼睛）一詞，因為飲用酒精讓眼睛變得更明亮。

alcool/alcohol/......
英文與法文，約1834年

杜馬與彼利高特兩位法國化學家證明，葡萄酒的酒精與其他醉人的成分來自於乙醇的蒸餾，並開始將「酒精」一詞用於所有的蒸餾飲品。

ALCOHOL
酒精

琴酒與威士忌等多種蒸餾酒（烈酒）是透過蒸餾製成。簡單來說，這是一種分離乙醇與水的過程。蒸餾塔經由連續多次且一次高過一次的沸點，分離水與蒸發的乙醇，並將乙醇導引進入冷凝器，讓蒸氣降溫凝結成液態純酒精。這些乙醇要再經過陳年、多重蒸餾或加入其他添加物，才會製成我們熟悉的各式蒸餾酒。

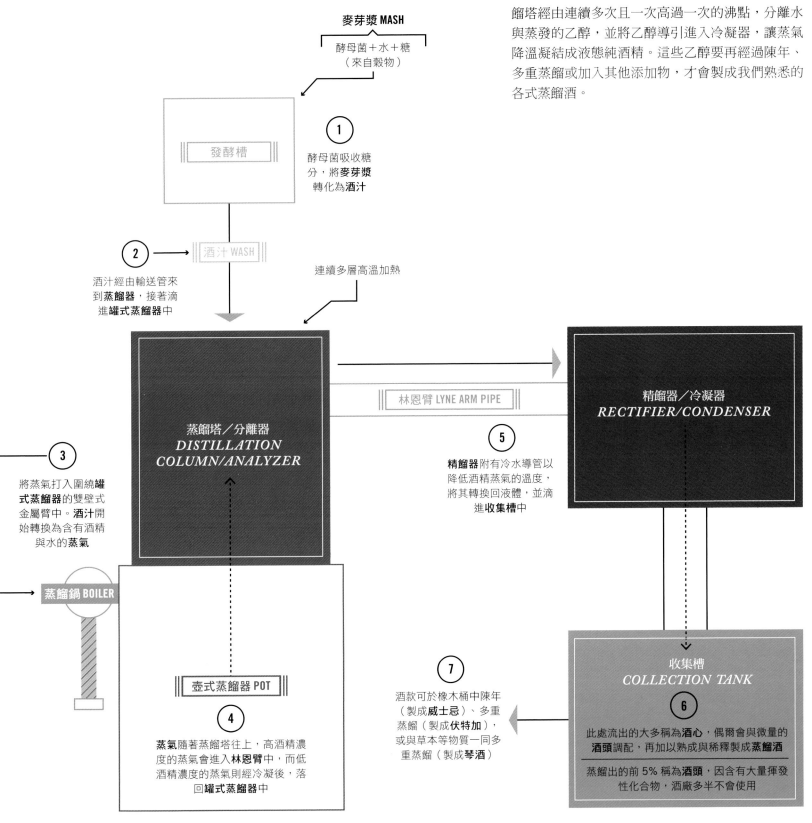

麥芽漿 MASH

酵母菌＋水＋糖
（來自穀物）

發酵槽

1 酵母菌吸收糖分，將**麥芽漿**轉化為**酒汁**

酒汁 WASH

2 酒汁經由輸送管來到**蒸餾器**，接著滴進**罐式蒸餾器**中

連續多層高溫加熱

林恩臂 LYNE ARM PIPE

蒸餾塔／分離器
DISTILLATION COLUMN/ANALYZER

精餾器／冷凝器
RECTIFIER/CONDENSER

5 **精餾器**附有冷水導管以降低酒精蒸氣的溫度，將其轉換回液體，並滴進**收集槽**中

3 將蒸氣打入圍繞**罐式蒸餾器**的雙壁式金屬臂中。**酒汁**開始轉換為含有酒精與水的蒸氣

蒸餾鍋 BOILER

壺式蒸餾器 POT

4 **蒸氣**隨著蒸餾塔往上，高酒精濃度的蒸氣會進入**林恩臂**中，而低酒精濃度的蒸氣則經冷凝，落回**罐式蒸餾器**中

7 酒款可於橡木桶中陳年（製成**威士忌**）、多重蒸餾（製成**伏特加**），或與草本等物質一同多重蒸餾（製成**琴酒**）

收集槽
COLLECTION TANK

6 此處流出的大多稱為**酒心**，偶爾會與微量的**酒頭**調配，再加以熟成與稀釋製成**蒸餾酒**

蒸餾出的前 5% 稱為**酒頭**，因含有大量揮發性化合物，酒廠多半不會使用

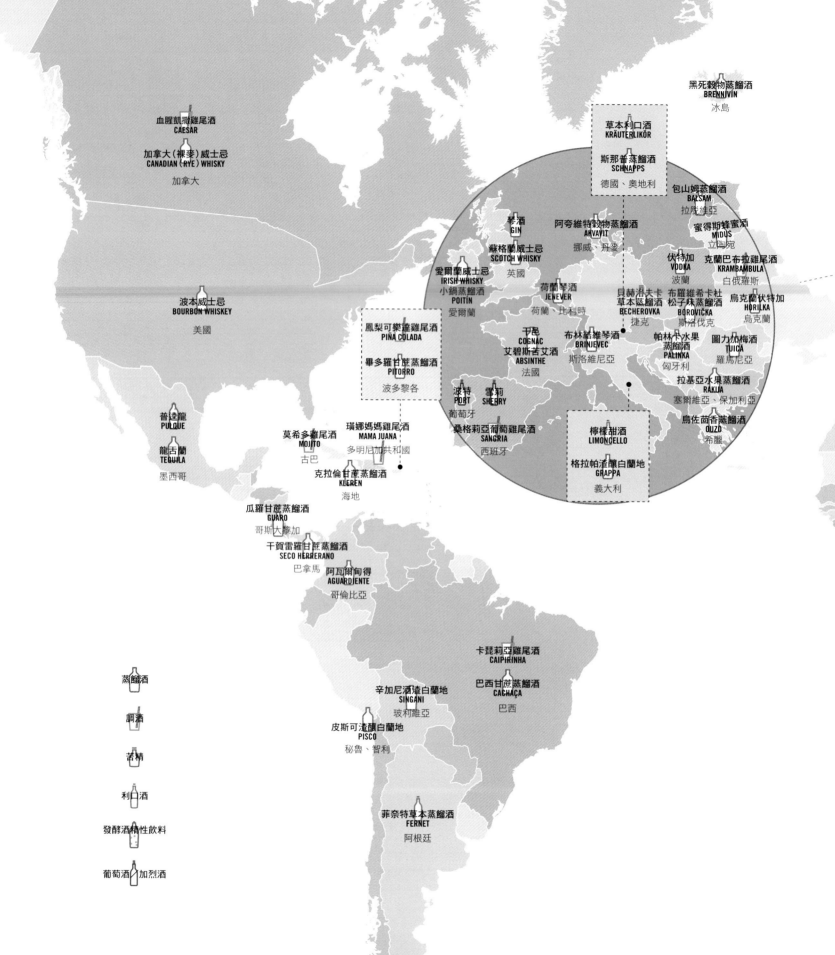

世界烈酒地圖

一個國家的飲品與其他（比較不有趣的）層面——如飲食或衣著，可被視為定義文化的指標。有時當兩國都宣稱自己是某一種飲品的正宗來源時，更可能進而發生衝突；例如俄羅斯與波蘭數十年來為伏特加的真正來源爭吵不休。

布拉維亞蒸餾酒
BRÄNNVIN
瑞典

阿夸維特加味蒸餾酒
AKEVITT
挪威

老達倫甜味蒸餾酒
VANA TALLINN
愛沙尼亞

伏特加
VODKA
俄羅斯

馬奶酒
KUMIS
蒙古

恰恰渣釀白蘭地
CHACHA
喬治亞

拉克茴香蒸餾酒
RAKI
土耳其

奧吉水果蒸餾酒
OGHI
亞美尼亞

中式白酒
中國

燒酒
南韓

日本酒
燒酎
日本

白蘭地沙瓦調酒
BRANDY SOUR
賽普勒斯

亞力茴香蒸餾酒
ARAK
黎巴嫩、以色列、敘利亞

高粱
臺灣

棕櫚酒
TODDY
印度

湄公糖蜜蒸餾酒
MEKHONG
泰國

倍西甘蔗微甜酒
BASI
菲律賓

泰得蜂蜜酒
TEJ
衣索比亞、厄利垂亞

歐哥哥羅
椰子蒸餾酒
OGOGORO
奈及利亞

芙羅
甜酒
FUO
內

亞拉椰花蒸餾酒
ARRACK
斯里蘭卡

圖亞克棕櫚甜酒
TUAK
馬來西亞、印尼

瓦拉吉蒸餾酒
WARAGI
烏干達

青稞酒
CHHAANG

拉克西穀物蒸餾酒
RAKSI
尼泊爾

蒸餾威士忌

威士忌以發酵過的麥芽漿蒸餾而成，通常會在橡木桶或酒桶中陳年。威士忌的陳年過程至關重要，因為顏色與風味會在此時進入酒液。美國的威士忌有多種類型，主要取決於製作麥芽漿的原料。

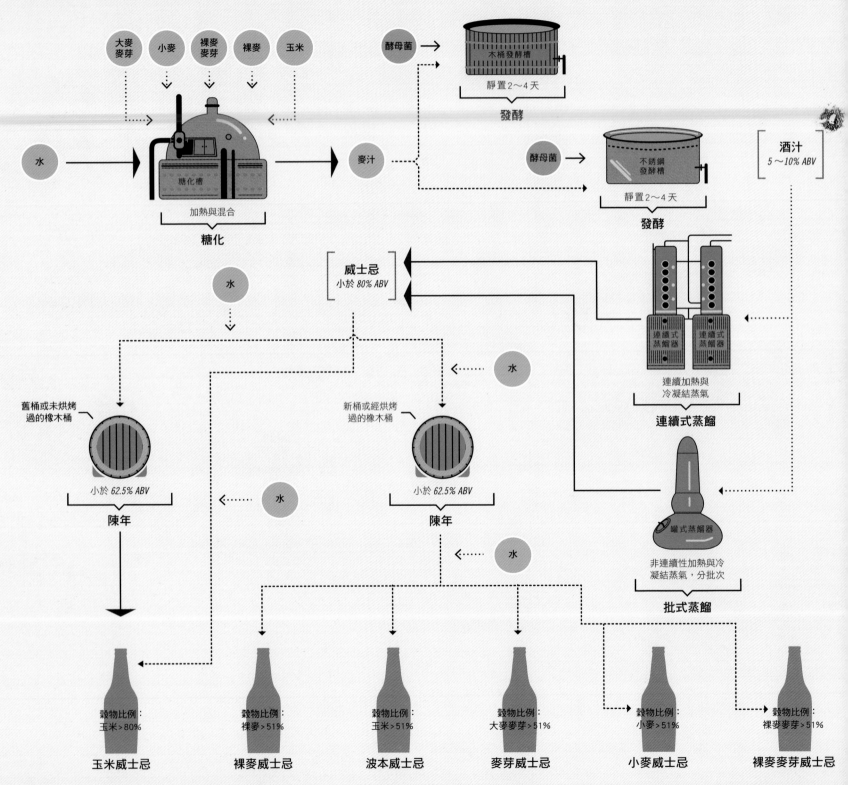

美國聯邦法規第27條記載美國政府對於各式威士忌的酒標規範。一般而言，美國當地對玉米威士忌的規範最為鬆散，因此這類酒款通常被視為品質較低廉。

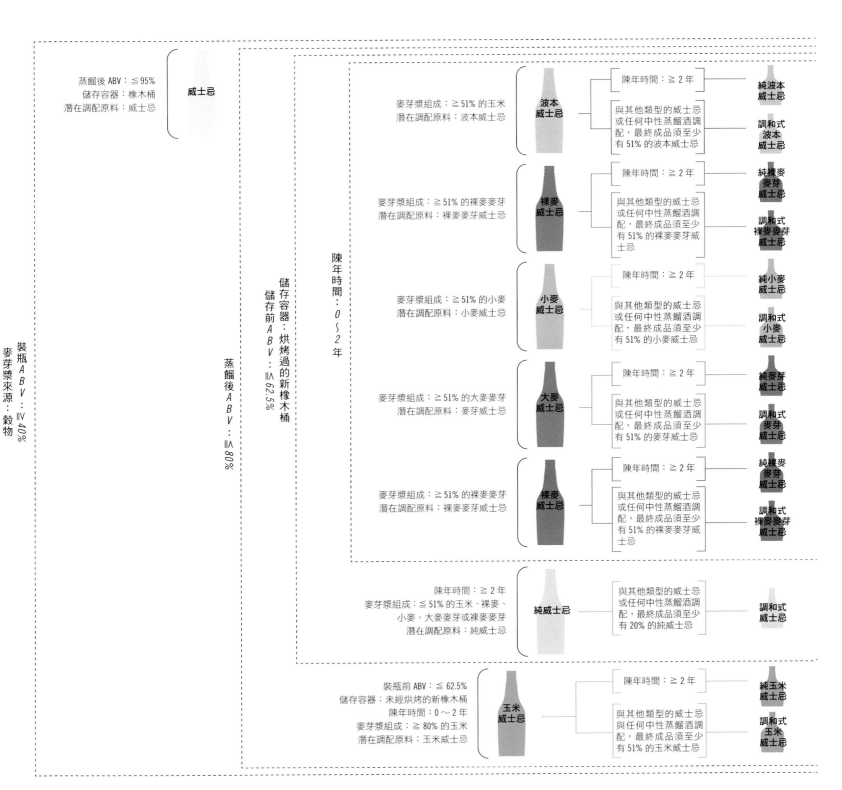

美國威士忌地圖與主要品牌

十八世紀，美國的肯塔基與田納西州已有蘇格蘭與愛爾蘭移民。多年以來，這兩州被視為波本威士忌的歷史重鎮。其中，田納西州力求與北邊鄰居肯塔基的「肯塔基波本」不同，而申請了法定產區「田納西威士忌」。該法定產區保護了所有田納西州蒸餾的波本威士忌，但其他類型的威士忌則不在此限。

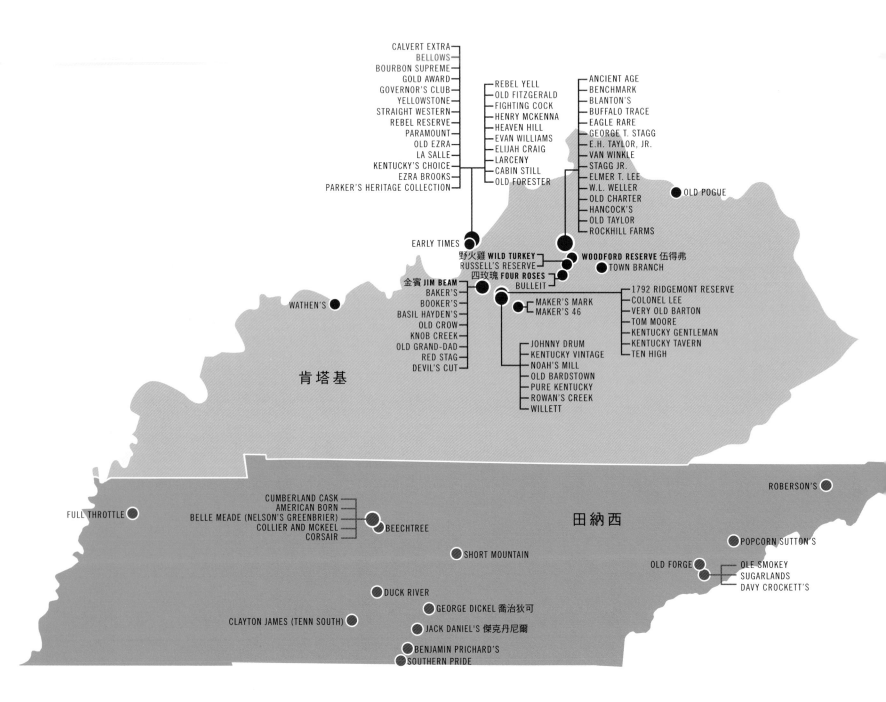

CALVERT EXTRA
BELLOWS
BOURBON SUPREME
GOLD AWARD
GOVERNOR'S CLUB
YELLOWSTONE
STRAIGHT WESTERN
REBEL RESERVE
PARAMOUNT
OLD EZRA
LA SALLE
KENTUCKY'S CHOICE
EZRA BROOKS
PARKER'S HERITAGE COLLECTION

REBEL YELL
OLD FITZGERALD
FIGHTING COCK
HENRY MCKENNA
HEAVEN HILL
EVAN WILLIAMS
ELIJAH CRAIG
LARCENY
CABIN STILL
OLD FORESTER

ANCIENT AGE
BENCHMARK
BLANTON'S
BUFFALO TRACE
EAGLE RARE
GEORGE T. STAGG
E.H. TAYLOR, JR.
VAN WINKLE
STAGG JR.
ELMER T. LEE
W.L. WELLER
OLD CHARTER
HANCOCK'S
OLD TAYLOR
ROCKHILL FARMS

OLD POGUE

EARLY TIMES

野火雞 **WILD TURKEY**
RUSSELL'S RESERVE
四玫瑰 **FOUR ROSES**
BULLEIT

WOODFORD RESERVE 伍得弗
TOWN BRANCH

金賓 **JIM BEAM**
BAKER'S
BOOKER'S
BASIL HAYDEN'S
OLD CROW
KNOB CREEK
OLD GRAND-DAD
RED STAG
DEVIL'S CUT

MAKER'S MARK
MAKER'S 46

1792 RIDGEMONT RESERVE
COLONEL LEE
VERY OLD BARTON
TOM MOORE
KENTUCKY GENTLEMAN
KENTUCKY TAVERN
TEN HIGH

WATHEN'S

JOHNNY DRUM
KENTUCKY VINTAGE
NOAH'S MILL
OLD BARDSTOWN
PURE KENTUCKY
ROWAN'S CREEK
WILLETT

肯塔基

ROBERSON'S

FULL THROTTLE

CUMBERLAND CASK
AMERICAN BORN
BELLE MEADE (NELSON'S GREENBRIER)
COLLIER AND MCKEEL
CORSAIR

BEECHTREE

田納西

POPCORN SUTTON'S

SHORT MOUNTAIN

OLD FORGE

OLE SMOKEY
SUGARLANDS
DAVY CROCKETT'S

DUCK RIVER

GEORGE DICKEL 喬治狄可

CLAYTON JAMES (TENN SOUTH)

JACK DANIEL'S 傑克丹尼爾

BENJAMIN PRICHARD'S
SOUTHERN PRIDE

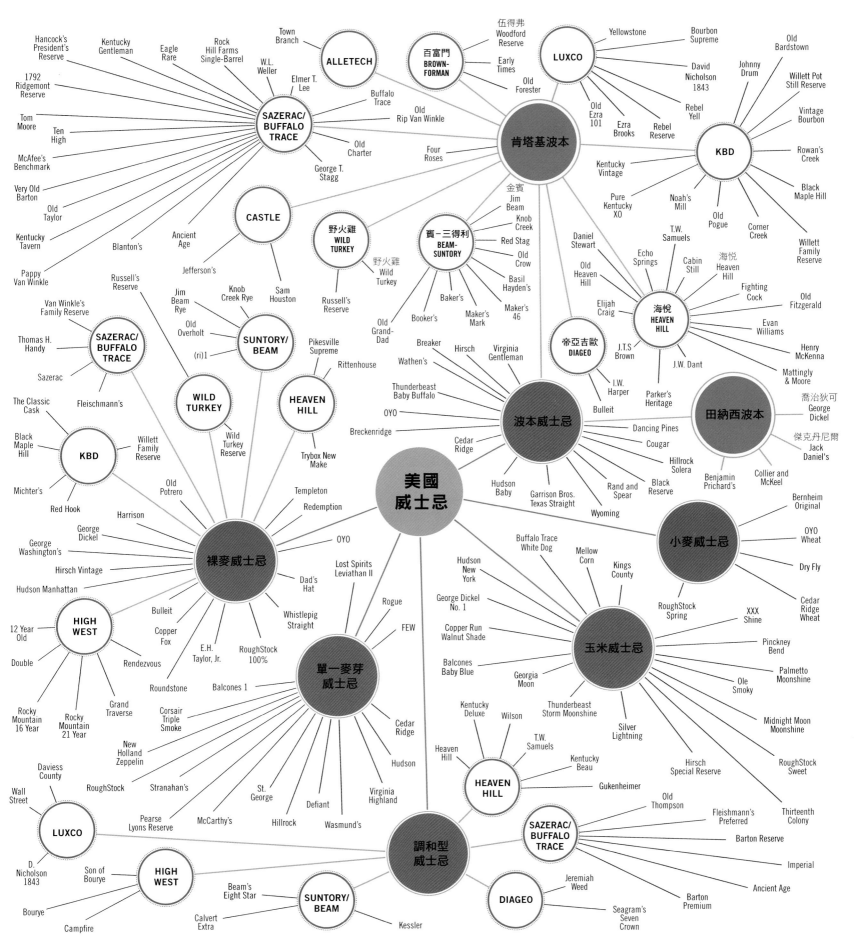

蘇格蘭威士忌

蘇格蘭境內可以說是布滿了威士忌蒸餾廠，蘇格蘭主要可分為五大威士忌產區，其中斯貝河畔區就包辦了大約一半的蒸餾廠，這裡也是格蘭菲迪和格蘭利威等知名品牌的家鄉。

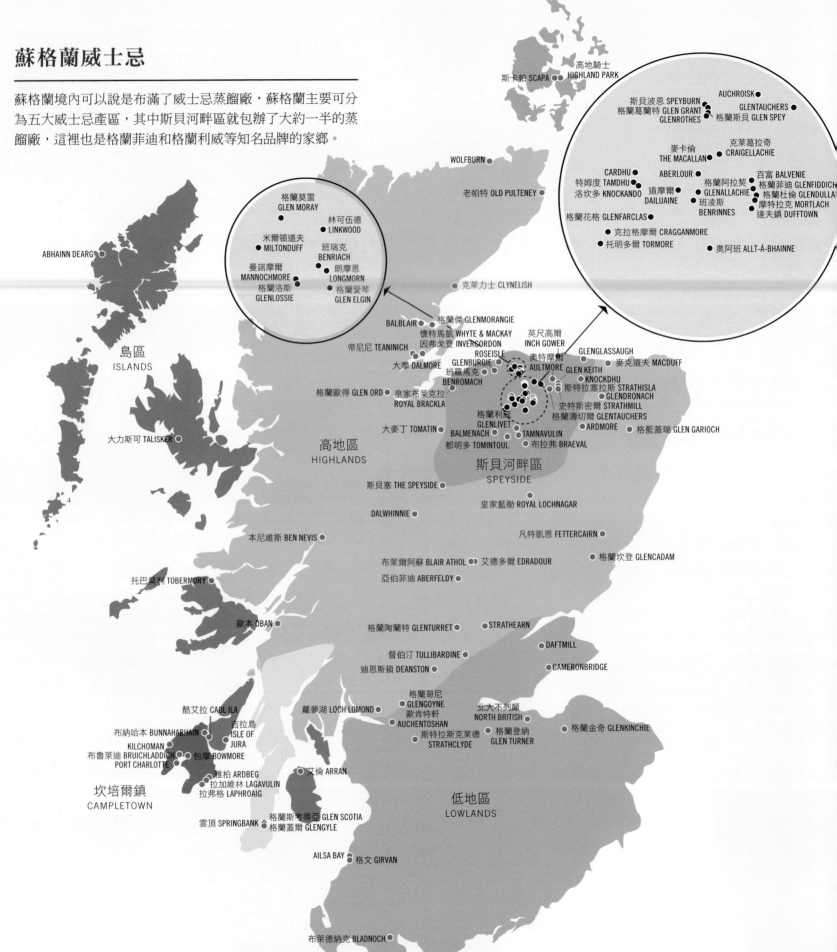

蘇格蘭威士忌類型

2009年，英國國會通過了蘇格蘭威士忌的製作與酒標法定規範。根據此規範，蘇格蘭威士忌的原料必須以大麥麥芽為主，酒款在橡木桶的培養時間須至少三年。除此之外的類型變化（單一麥芽、單一穀物或調和式威士忌）則以生產地點、蒸餾方式、是否使用次要麥芽漿或添加其他威士忌。

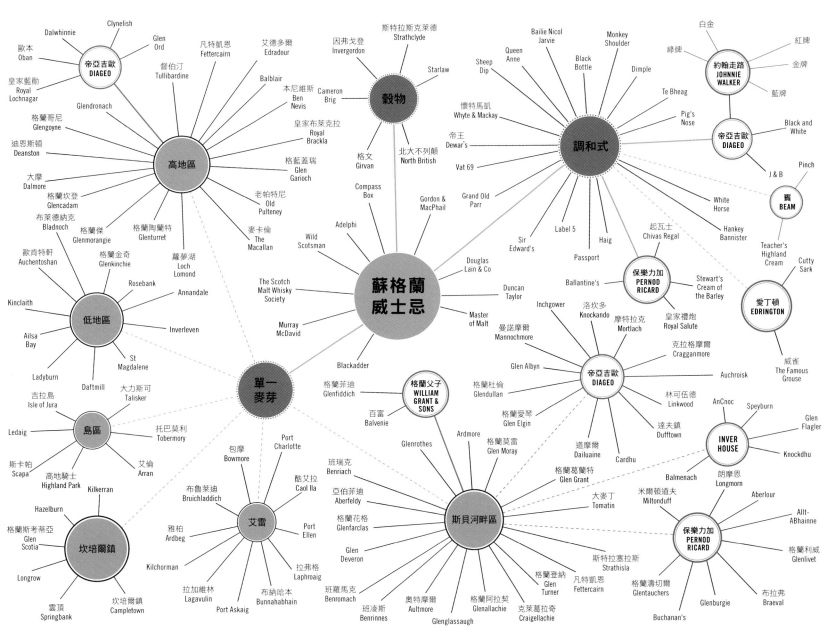

愛爾蘭與加拿大威士忌類型

愛爾蘭與加拿大都釀產優良的威士忌傳統為傲，政府對於
酒款的釀造與標示也都給予相當大的自由。

加拿大

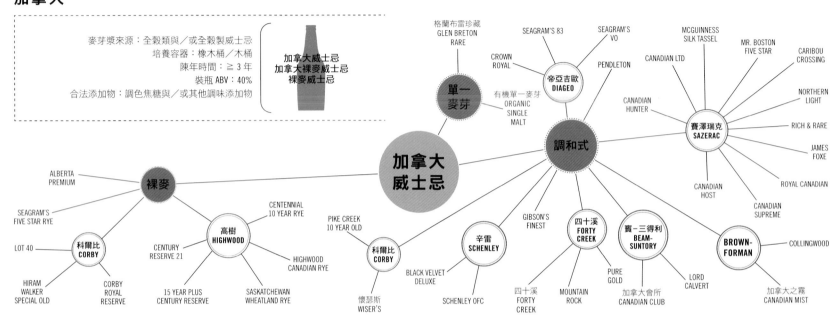

麥芽漿來源：全穀類與／或全穀製威士忌
培養容器：橡木桶／木桶
陳年時間：≧ 3 年
裝瓶 ABV：40%
合法添加物：調色焦糖與／或其他調味添加物

加拿大威士忌
加拿大裸麥威士忌
裸麥威士忌

愛爾蘭

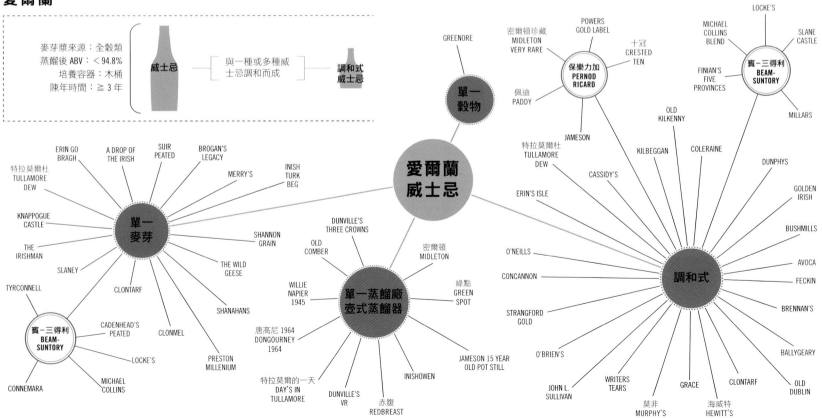

麥芽漿來源：全穀類
蒸餾後 ABV：< 94.8%
培養容器：木桶
陳年時間：≧ 3 年

威士忌 ── 與一種或多種威士忌調和而成 ── 調和式威士忌

加味威士忌的酒款數量雖不像調味伏特加或加味蘭姆酒來得多，但有越來越受歡迎的趨勢。以肉桂調味的撒旦威士忌，便是其中深受大學生歡迎的調味威士忌，此酒款在近幾年有爆炸性的成長。

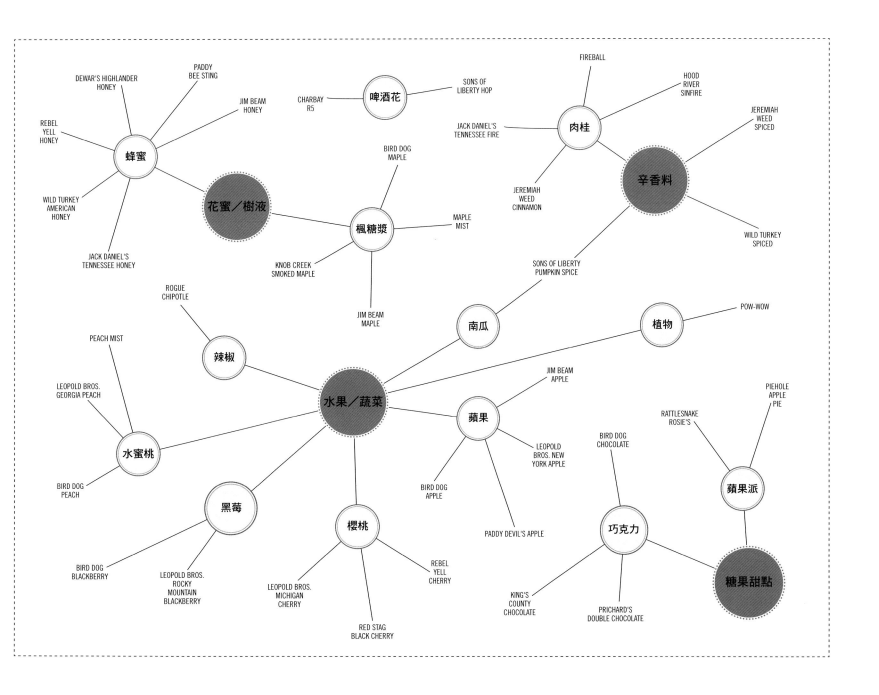

威士忌調酒

經過優良窖藏的威士忌也許最適合單飲。不過，威士忌也廣泛運用在各式經典的調酒飲料，例如曼哈頓或古典雞尾酒。

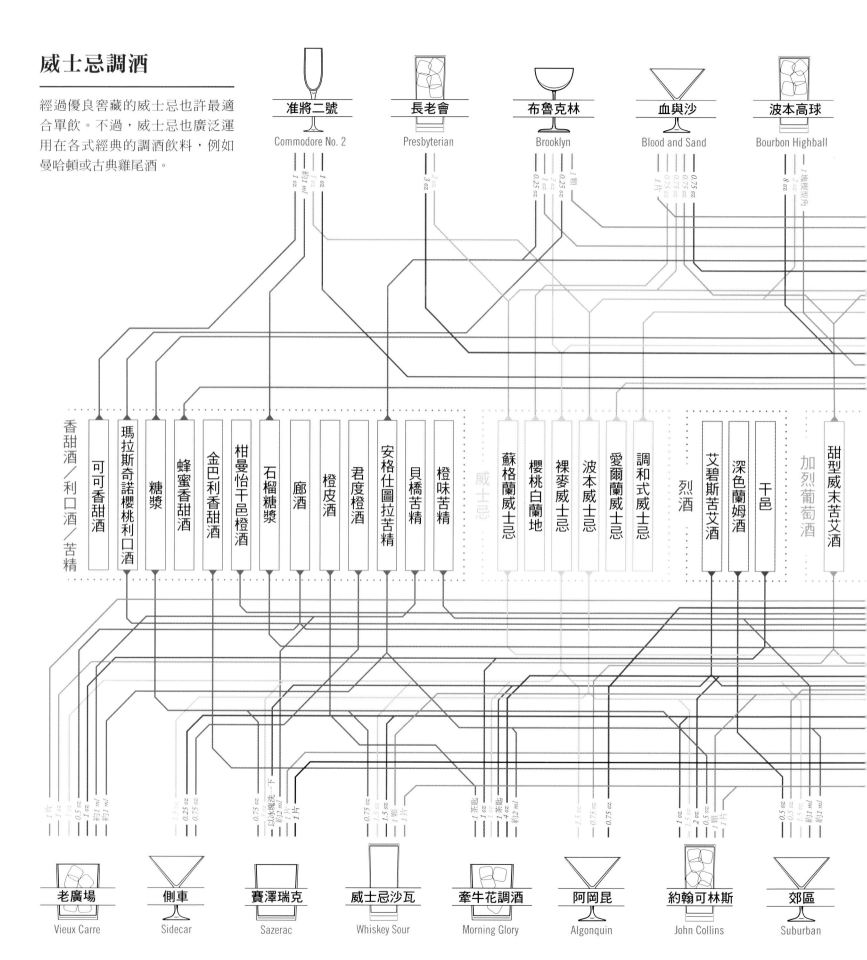

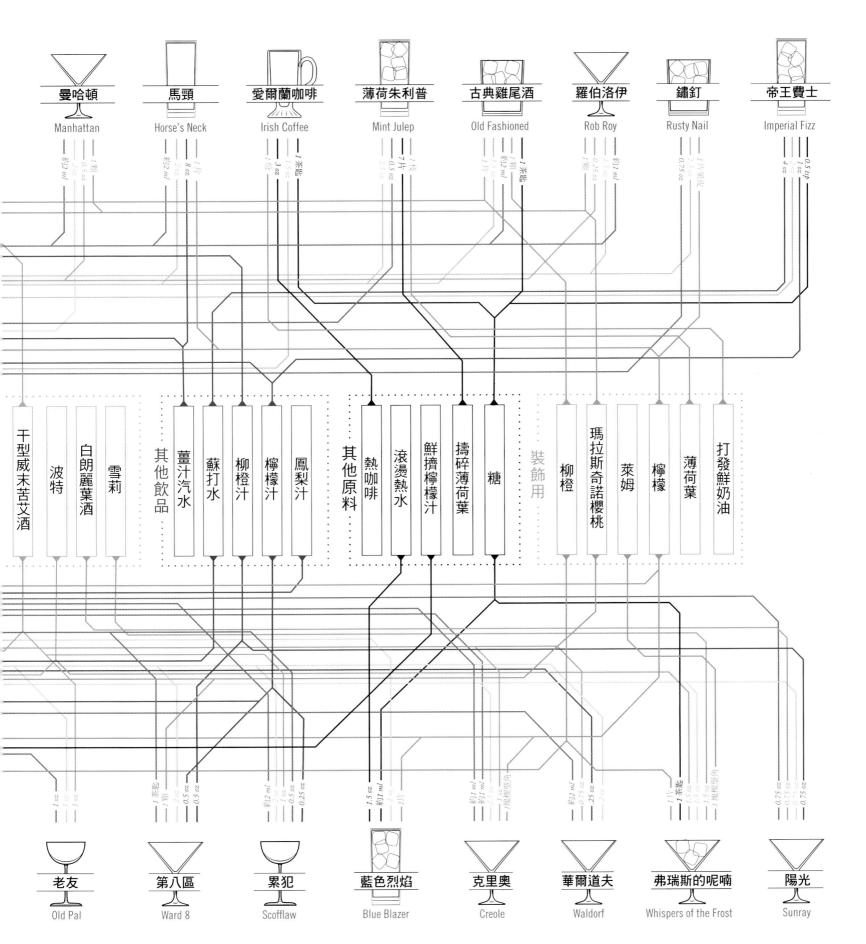

曼哈頓 Manhattan
馬頸 Horse's Neck
愛爾蘭咖啡 Irish Coffee
薄荷朱利普 Mint Julep
古典雞尾酒 Old Fashioned
羅伯洛伊 Rob Roy
鏽釘 Rusty Nail
帝王費士 Imperial Fizz

干型威末苦艾酒
波特
白朗麗葉酒
雪莉
其他飲品
薑汁汽水
蘇打水
柳橙汁
檸檬汁
鳳梨汁
其他原料
熱咖啡
滾燙熱水
鮮擠檸檬汁
搗碎薄荷葉
糖
裝飾用
柳橙
瑪拉斯奇諾櫻桃
萊姆
檸檬
薄荷葉
打發鮮奶油

老友 Old Pal
第八區 Ward 8
累犯 Scofflaw
藍色烈焰 Blue Blazer
克里奧 Creole
華爾道夫 Waldorf
弗瑞斯的呢喃 Whispers of the Frost
陽光 Sunray

烈酒 149

蒸餾伏特加

伏特加的製作講求最乾淨、無暇的酒精。最理想的伏特加應
該只有純粹的乙醇味道。

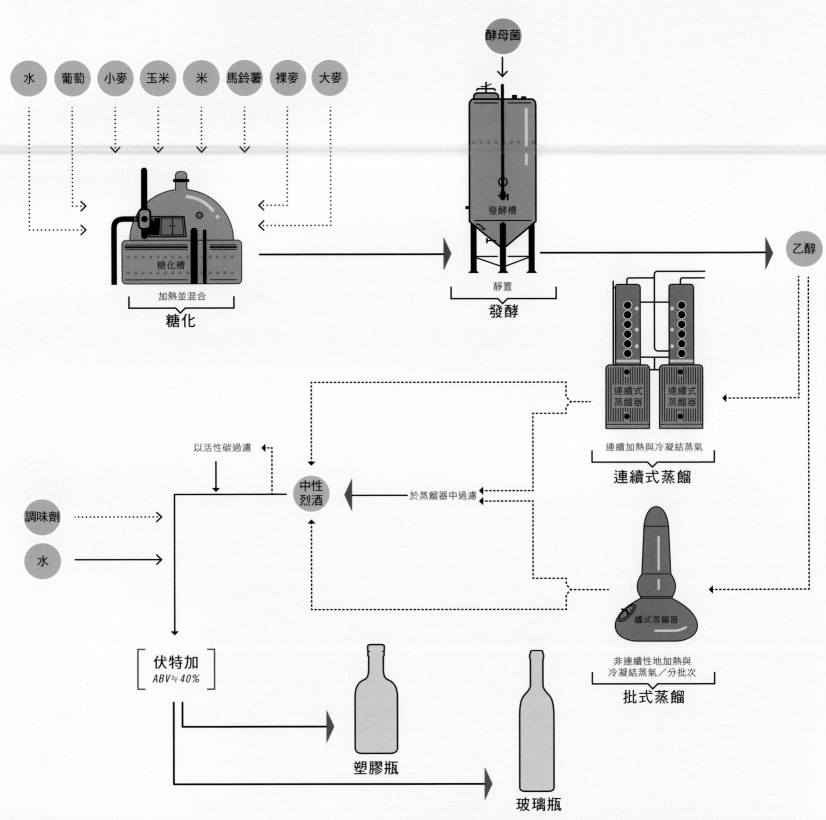

水　葡萄　小麥　玉米　米　馬鈴薯　裸麥　大麥

酵母菌

發酵槽

糖化槽

加熱並混合

糖化

靜置

發酵

乙醇

連續式
蒸餾器　　連續式
蒸餾器

連續加熱與冷凝結蒸氣

連續式蒸餾

以活性碳過濾

中性
烈酒

於蒸餾器中過濾

調味劑

水

壺式蒸餾器

非連續性地加熱與
冷凝結蒸氣／分批次

批式蒸餾

伏特加
ABV≒40%

塑膠瓶

玻璃瓶

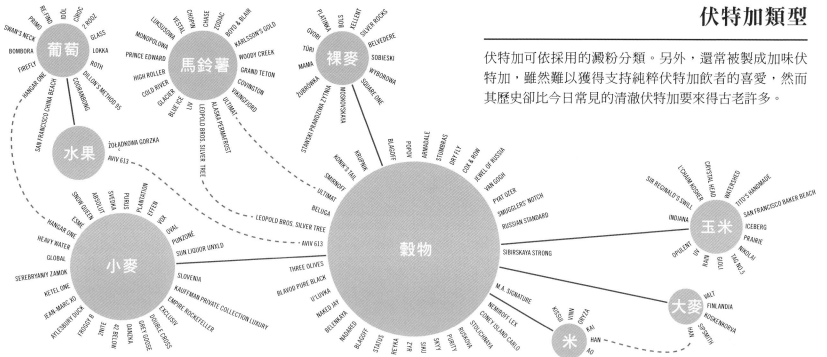

伏特加可依採用的澱粉分類。另外，還常被製成加味伏特加，雖然難以獲得支持純粹伏特加飲者的喜愛，然而其歷史卻比今日常見的清澈伏特加要來得古老許多。

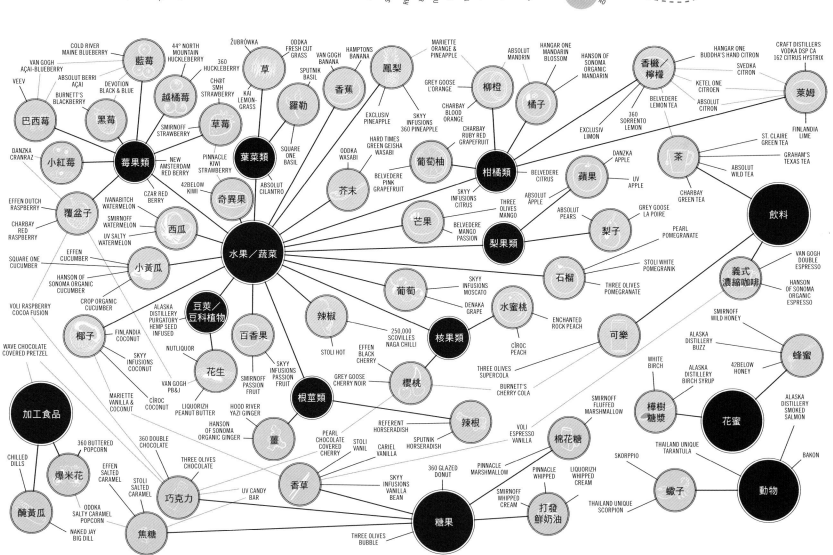

伏特加地圖

伏特加很可能源自於波蘭,並與東歐和俄羅斯的淵源深厚。
如今,絕大多數的伏特加蒸餾廠都位於東歐周遭。

瑞典

挪威

MADS ●

維京灣 VIKINGFJORD ●

格利普霍姆 GRIPSHOLM ●
KARLSSON'S

SVEDKA ● ● ─ SVENSK
粉紅佳人 PINKY

FRÏS ●

丹麥

絕對伏特加 ABSOLUT
● RENAT
銀狐伏特加 DANZKA ●
STOCKHOLM KRYSTAL

索比斯基 SOBI

STARKA ●

維波羅瓦 WYBO

LUKSUSOWA ●

WRATISLAVIA
KRAKUS ─ AKWAWIT—POLMOS
HERBOWA GORZKA
ARKTICA

冰島

雷克 REYKA ●

ZŁOTY KŁOS
BESKIDZKA ─ POLMOS BIELSKO-B
PSZENICZNA

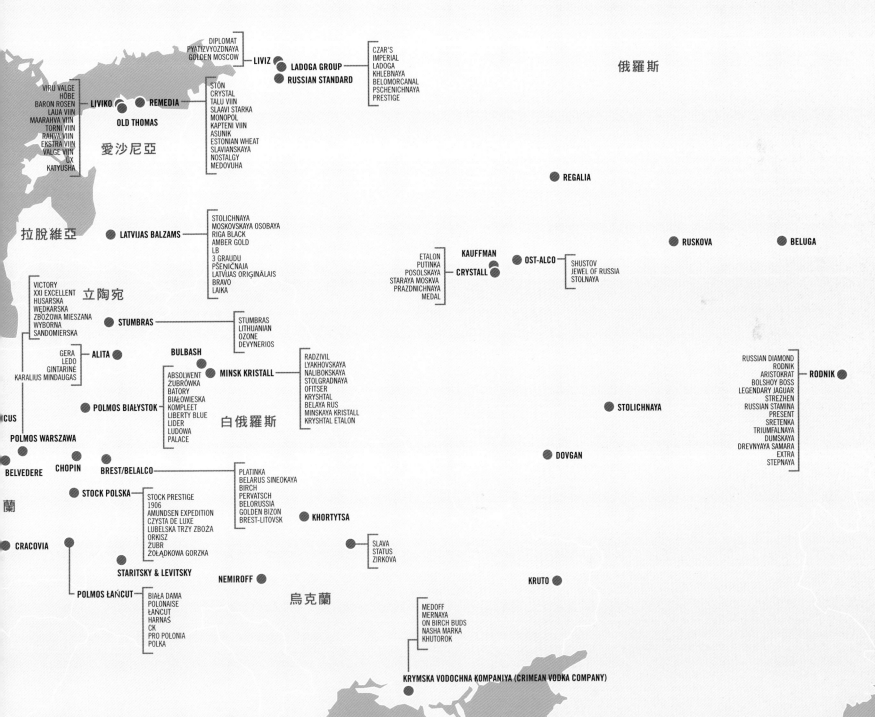

GLOBAL DRINKS FINLAND
- MOSES
- LAPLANDIA
- FINNTASTIC
- LITTLEONE
- DIESEL

ALTIA
- KOSKENKORVA
- FINLANDIA

芬蘭

俄羅斯

LIVIZ
- DIPLOMAT
- PYATIZVYOZDNAYA
- GOLDEN MOSCOW

LADOGA GROUP
RUSSIAN STANDARD
- CZAR'S
- IMPERIAL
- LADOGA
- KHLEBNAYA
- BELOMORCANAL
- PSCHENICHNAYA
- PRESTIGE

VIRU VALGE
HÕBE
BARON ROSEN
LAUA VIIN
MAARAHVA VIIN
TORNI VIIN
RAHVA VIIN
EKSTRA VIIN
VALGE VIIN
ÜX
KATYUSHA

LIVIKO
REMEDIA
OLD THOMAS
- STÕN
- CRYSTAL
- TALU VIIN
- SLAAVI STARKA
- MONOPOL
- KAPTENI VIIN
- ASUNIK
- ESTONIAN WHEAT
- SLAVIANSKAYA
- NOSTALGY
- MEDOVUHA

愛沙尼亞

REGALIA

拉脫維亞

LATVIJAS BALZAMS
- STOLICHNAYA
- MOSKOVSKAYA OSOBAYA
- RIGA BLACK
- AMBER GOLD
- LB
- 3 GRAUDU
- PSENIČNAJA
- LATVIJAS ORIĢINĀLAIS
- BRAVO
- LAIKA

RUSKOVA
BELUGA

KAUFFMAN
CRYSTALL
OST-ALCO
- ETALON
- PUTINKA
- POSOLSKAYA
- STARAYA MOSKVA
- PRAZDNICHNAYA
- MEDAL
- SHUSTOV
- JEWEL OF RUSSIA
- STOLNAYA

VICTORY
XXI EXCELLENT
HUSARSKA
WĘDKARSKA
ZBOŻOWA MIESZANA
WYBORNA
SANDOMIERSKA

立陶宛

STUMBRAS
- STUMBRAS
- LITHUANIAN
- OZONE
- DEVYNERIOS

GERA
LEDO
GINTARINĖ
KARALIUS MINDAUGAS

ALITA
BULBASH
MINSK KRISTALL
- RADZIVIL
- LYAKHOVSKAYA
- NALIBOKSKAYA
- STOLGRADNAYA
- OFITSER
- KRYSHTAL
- BELAYA RUS
- MINSKAYA KRISTALL
- KRYSHTAL ETALON

RUSSIAN DIAMOND
RODNIK
ARISTOKRAT
BOLSHOY BOSS
LEGENDARY JAGUAR
STREZHEN
RUSSIAN STAMINA
PRESENT
SRETENKA
TRIUMFALNAYA
DUMSKAYA
DREVNYAYA SAMARA
EXTRA
STEPNAYA

RODNIK

POLMOS BIAŁYSTOK
- ABSOLWENT
- ŻUBRÓWKA
- BATORY
- BIAŁOWIESKA
- KOMPLEET
- LIBERTY BLUE
- LIDER
- LUDOWA
- PALACE

白俄羅斯

STOLICHNAYA

...CUS
POLMOS WARSZAWA
BELVEDERE
CHOPIN
BREST/BELALCO
- PLATINKA
- BELARUS SINEOKAYA
- BIRCH
- PERVATSCH
- BELORUSSIA
- GOLDEN BIZON
- BREST-LITOVSK

DOVGAN

STOCK POLSKA
- STOCK PRESTIGE
- 1906
- AMUNDSEN EXPEDITION
- CZYSTA DE LUXE
- LUBELSKA TRZY ZBOŻA
- ORKISZ
- ŻUBR
- ŻOŁĄDKOWA GORZKA

KHORTYTSA

蘭

SLAVA
STATUS
ZIRKOVA

CRACOVIA
STARITSKY & LEVITSKY
NEMIROFF
KRUTO

POLMOS ŁAŃCUT
- BIAŁA DAMA
- POLONAISE
- ŁAŃCUT
- HARNAŚ
- CK
- PRO POLONIA
- POLKA

烏克蘭

MEDOFF
MERNAYA
ON BIRCH BUDS
NASHA MARKA
KHUTOROK

KRYMSKA VODOCHNA KOMPANIYA (CRIMEAN VODKA COMPANY)

伏特加調酒

早期調酒中的伏特加多半只是用來取代深色烈酒，但伏特加獨特的乾淨風味卻意外逐漸成為特色，並在許多調酒占了優勢。白俄羅斯調酒就是例子之一。

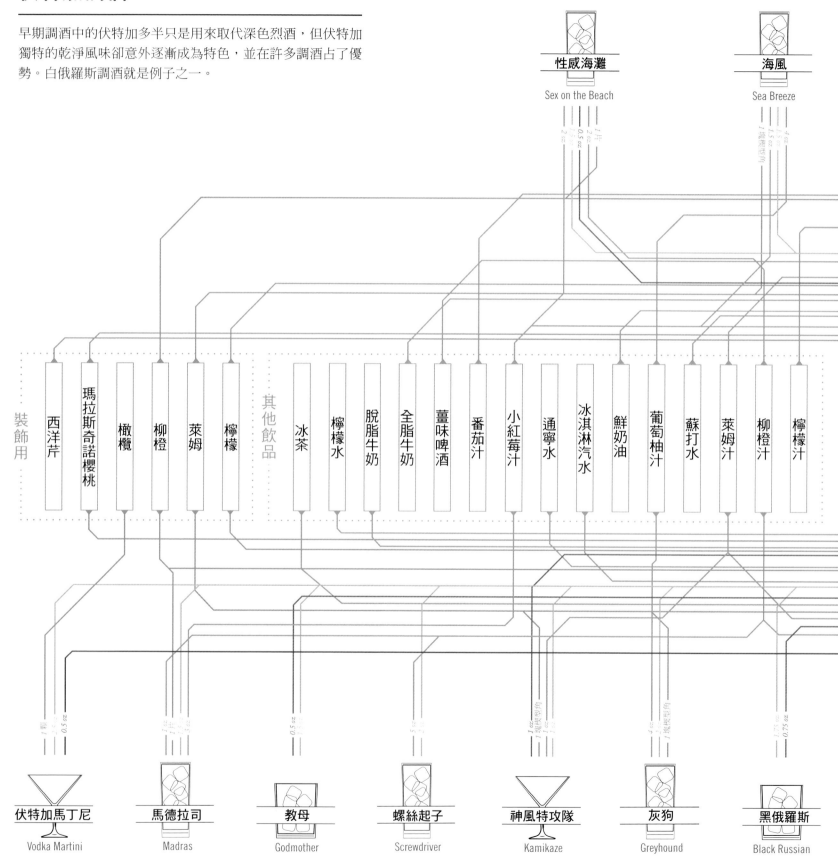

性感海灘
Sex on the Beach

海風
Sea Breeze

裝飾用

西洋芹
瑪拉斯奇諾櫻桃
橄欖
柳橙
萊姆
檸檬

其他飲品

冰茶
檸檬水
脫脂牛奶
全脂牛奶
薑味啤酒
番茄汁
小紅莓汁
通寧水
冰淇淋汽水
鮮奶油
葡萄柚汁
蘇打水
萊姆汁
柳橙汁
檸檬汁

伏特加馬丁尼
Vodka Martini

馬德拉司
Madras

教母
Godmother

螺絲起子
Screwdriver

神風特攻隊
Kamikaze

灰狗
Greyhound

黑俄羅斯
Black Russian

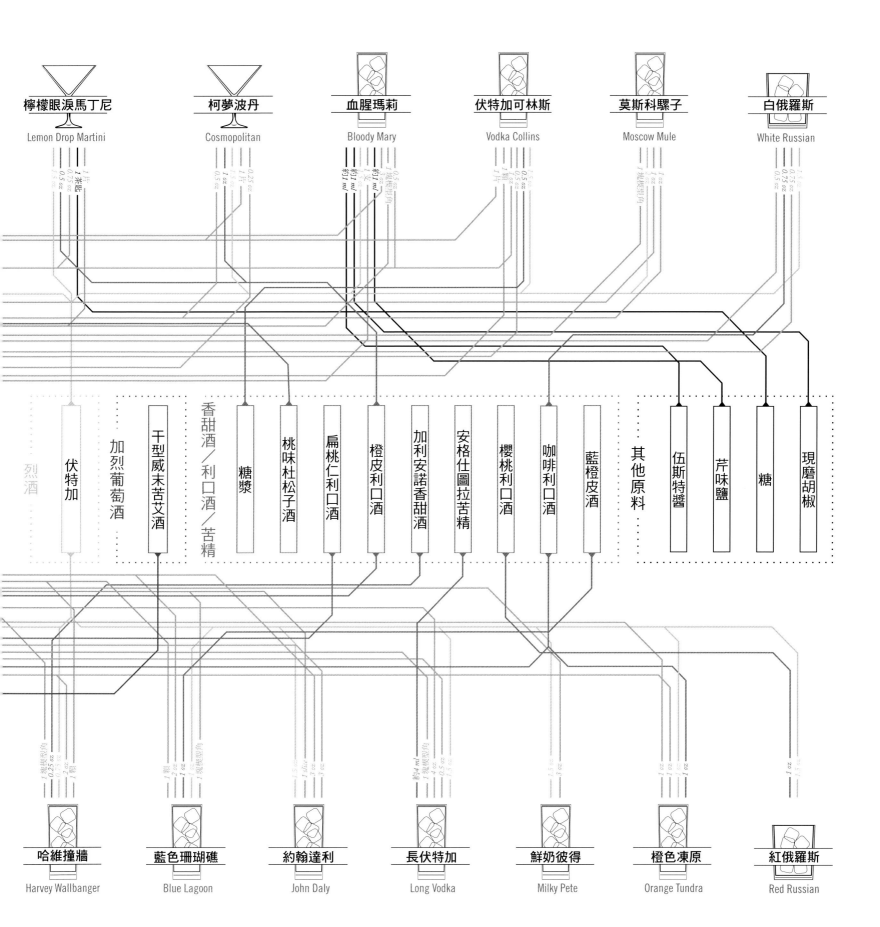

檸檬眼淚馬丁尼
Lemon Drop Martini

柯夢波丹
Cosmopolitan

血腥瑪莉
Bloody Mary

伏特加可林斯
Vodka Collins

莫斯科騾子
Moscow Mule

白俄羅斯
White Russian

烈酒

伏特加

加烈葡萄酒

干型威末苦艾酒

香甜酒／利口酒／苦精

糖漿

桃味杜松子酒

扁桃仁利口酒

橙皮利口酒

加利安諾香甜酒

安格仕圖拉苦精

櫻桃利口酒

咖啡利口酒

藍橙皮酒

其他原料

伍斯特醬

芹味鹽

糖

現磨胡椒

哈維撞牆
Harvey Wallbanger

藍色珊瑚礁
Blue Lagoon

約翰達利
John Daly

長伏特加
Long Vodka

鮮奶彼得
Milky Pete

橙色凍原
Orange Tundra

紅俄羅斯
Red Russian

蒸餾琴酒

也許我們可以把琴酒想成浸泡過杜松子果實的伏特加。
想要做出琴酒,首先要蒸餾出中性烈酒,再將杜松子和
其他草本植物浸泡其中,並再次蒸餾。

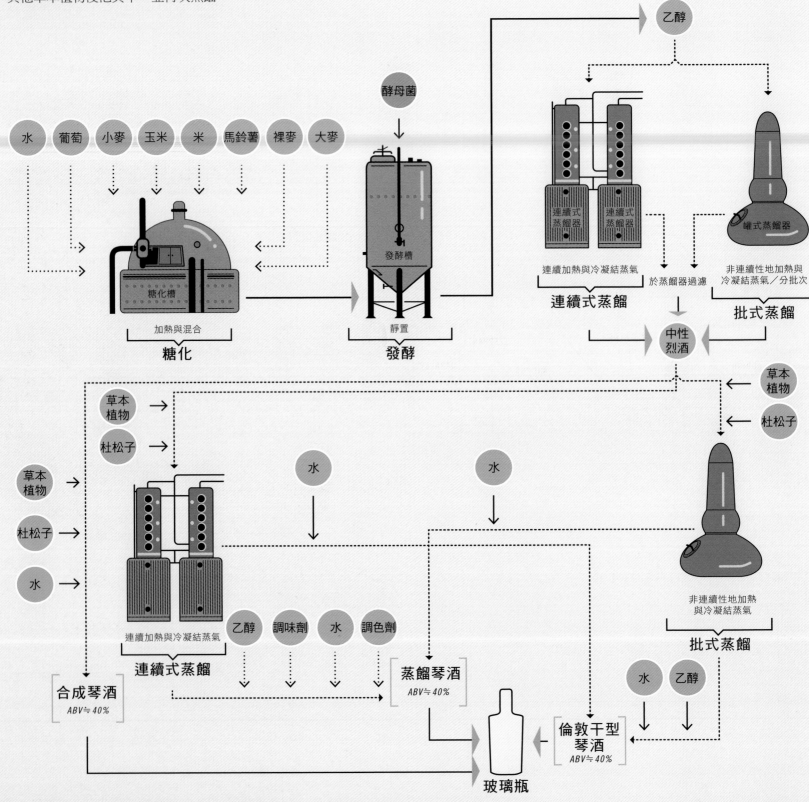

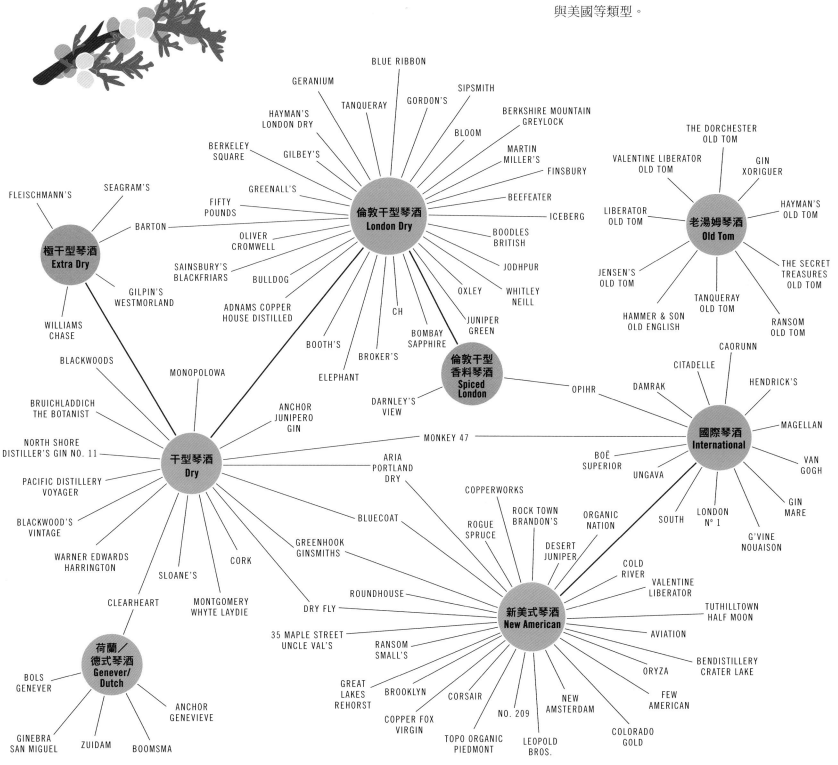

琴酒調酒

最常見的雞尾酒——馬丁尼（Martini）的主要原料就是琴酒。馬丁尼的起源已不可考，只知道這是十九世紀於美國發明的飲品。其名稱可能源自於歷史更悠久的馬丁尼茲（Martinez）調酒；另有一說是其名稱源於義大利某個威末苦艾酒品牌。如今，許多由琴酒調製而成的雞尾酒中，許多都是馬丁尼的變化版，但以琴酒為基底的另有令人崇敬的湯姆可林斯和內格羅尼。

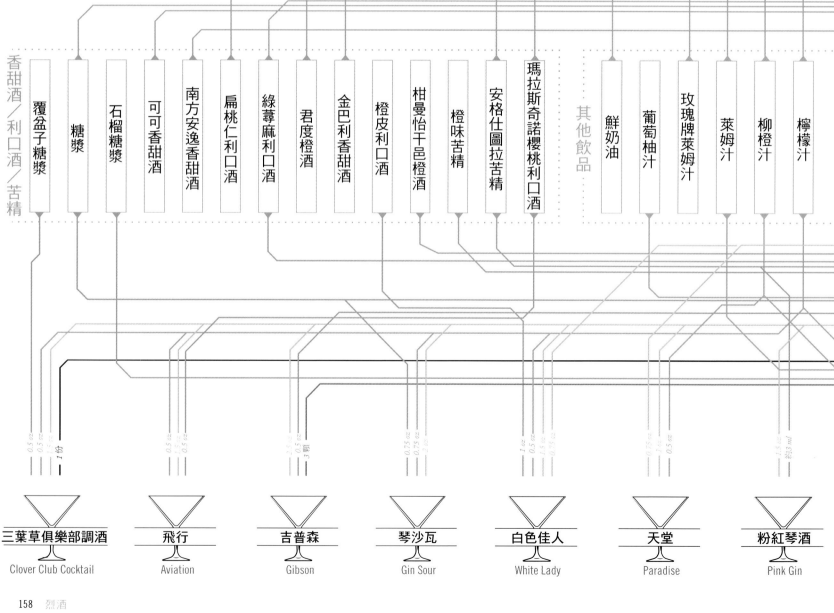

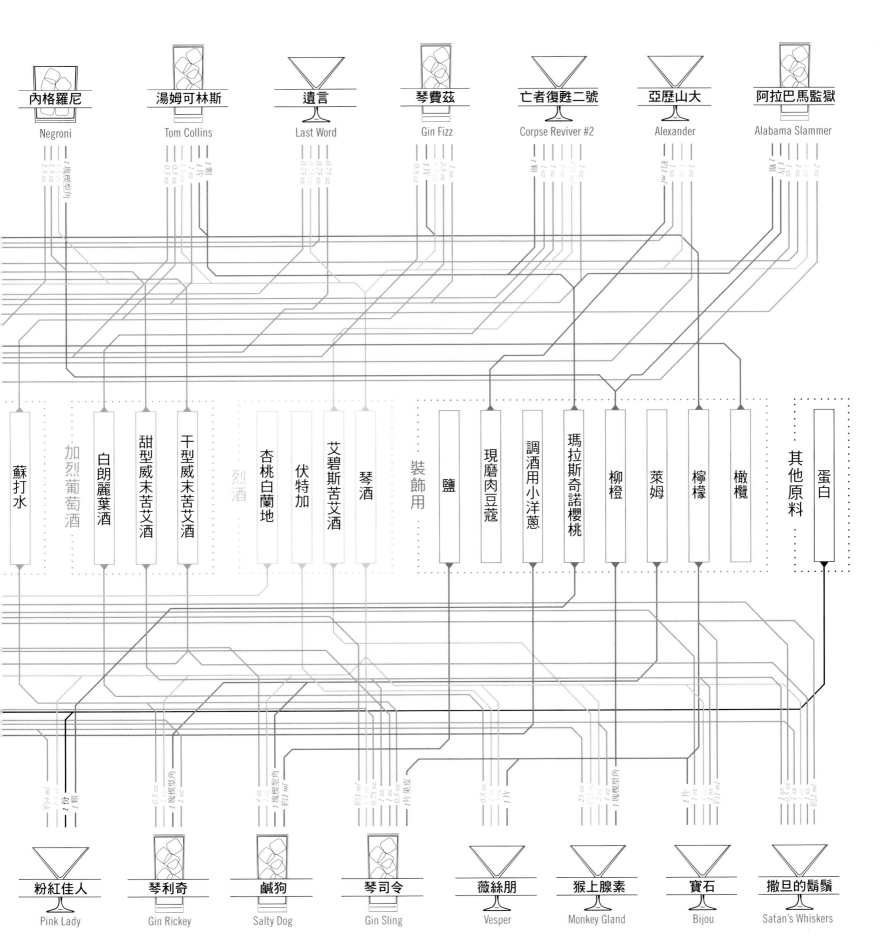

內格羅尼
Negroni

湯姆可林斯
Tom Collins

遺言
Last Word

琴費茲
Gin Fizz

亡者復甦二號
Corpse Reviver #2

亞歷山大
Alexander

阿拉巴馬監獄
Alabama Slammer

蘇打水

加烈葡萄酒

白朗麗葉酒

甜型威末苦艾酒

干型威末苦艾酒

烈酒

杏桃白蘭地

伏特加

艾碧斯苦艾酒

琴酒

裝飾用

鹽

現磨肉豆蔻

調酒用小洋蔥

瑪拉斯奇諾櫻桃

柳橙

萊姆

檸檬

橄欖

其他原料

蛋白

粉紅佳人
Pink Lady

琴利奇
Gin Rickey

鹹狗
Salty Dog

琴司令
Gin Sling

薇絲朋
Vesper

猴上腺素
Monkey Gland

寶石
Bijou

撒旦的鬍鬚
Satan's Whiskers

蒸餾蘭姆酒

雖然技術上來說，蘭姆酒可以用甘蔗汁製成——即巴西甘蔗酒，但絕大多數的蘭姆酒是以甘蔗提煉的副產品糖蜜蒸餾製成。不同蒸餾廠製造蘭姆酒的方式略有不同，特別是機械化程度的多寡。

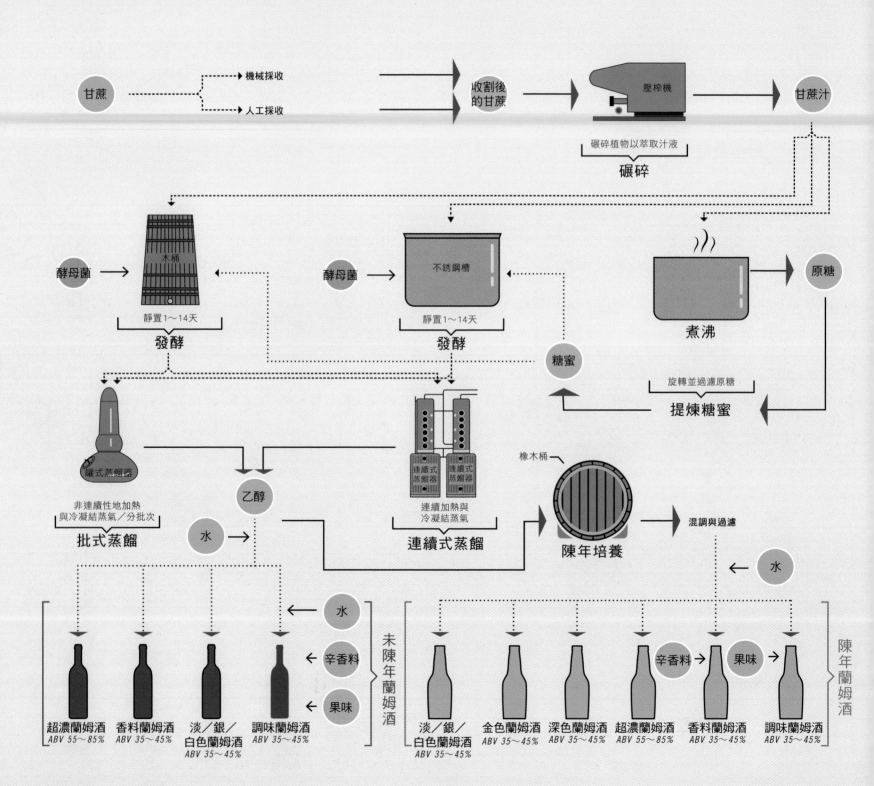

蘭姆酒類型

許多國家都有製造蘭姆酒，蒸餾廠種類也很多元，因此分級要比其他烈酒寬鬆，也能容納更多品牌。陳年蘭姆與有色蘭姆多半相通，即色深的蘭姆酒通常代表經過木桶陳年。調味與辛香料味的蘭姆是透過添加其他原料一同蒸餾而成，至於超濃蘭姆酒則是以高酒精濃度著稱。

頂級／陳年蘭姆酒

- Matusalem Gran Reserva 23
- Santa Teresa 1796
- Reserva Exclusiva
- Reserva
- Añejo
- Clément
- Aged Dark
- Single Barrel
- Aged Light
- Brugal Extra Dry
- Real McCoy Aged 3 Years
- Debonaire Private Reserve
- Zaya Gran Reserva
- Aged 15 Years
- Chairman's Reserve
- SVDL Captain Bligh XO
- La Hechicera
- TØZ White Gold
- Royal Oak Select Trinidad
- Vizcaya VXOP
- Ron Zacapa
- 1703
- Extra Old
- Dictador
- 3 Year Old
- 21 Year Old
- Pampero Aniversario
- Añejo
- 8 Años
- Ron Abuelo
- Fortuna 8 Year Old
- Rhum Agricole Extra Vieux Neisson
- Reserve
- 30 Year Old
- 20 Year Old
- Plantation Grande Réserve
- Pyrat 1623
- Angostura 5 Year Old
- Carupano
- Havana Club
- Solera 1893
- Reserva

(DIPLOMATICO／酷尚／奇峰／杜蘭朵／百家得／阿普爾頓／博特)

深色蘭姆酒

- Lamb's
- Rhum Barbancourt Pango
- Bacardi Select
- The Kraken
- McDowell's No. 1 Celebration
- Rogue Dark
- Cruzan Aged Dark
- Ironworks Bluenose Black
- Screech
- Sainsbury's Superior Dark
- Gosling's Black Seal
- Old New Orleans Amber
- Stolen Dark
- Plantation Original Dark
- Blue Label
- Aged 15 Years

(普塞爾)

金色蘭姆酒

- Cockspur Fine
- Rhum J.M Gold
- Koloa Kaua'i Gold
- Sergeant Classick Gold
- Stolen Gold
- Elements Eight Gold
- Bounty
- Mount Gay Eclipse
- Ragged Mountain
- Bacardi Gold
- Chairman's Reserve
- SVDL Captain Bligh XO
- La Hechicera
- TØZ White Gold

調味蘭姆酒

- Below Deck Coffee
- Grand Melon
- Dragon Berry
- Limón
- Spirit of Texas Pecan Street
- Limon
- Coco
- Whaler's Vanillé
- Orange
- Citrus
- Coconut
- Banana
- Mango
- Charbay Tahitian Vanilla Bean

(百家得／唐Q／酷尚)

淡色蘭姆酒

- Bacardi Superior
- Don Q Cristal
- Rhum Barbancourt White
- Mount Gay Eclipse Silver
- Trader Vic's Silver
- El Dorado 3 Year Old
- Clarke's Court Superior
- Wray & Nephew
- SVDL Sunset Very Strong
- Bully Boy White
- Miami Club
- Brugal Extra Dry
- Real McCoy Aged 3 Years
- Cruzan Aged Light
- Debonaire Private Reserve
- Sergeant Classick Silver
- Stolen White
- Envy
- Plantation 3 Stars
- Diplomático Blanco
- Rhum J.M Agricole Blanc
- Montanya Platino
- Owney's
- Below Deck Silver
- Vizcaya Cristal
- Glaser Distillery White
- Prichard's Crystal

香料蘭姆酒

- Cruzan 9
- Koloa Kaua'i Spice
- Red Leg
- Admiral Nelson's
- The Lash
- The Kraken
- Old New Orleans Cajun Spice
- Trader Vic's Spiced
- Sailor Jerry
- Chairman's Reserve Spiced
- Maximon Spiced
- Calypso
- Bacardi Oakheart
- Rogue Hazelnut
- Original

(摩根船長)

超濃蘭姆酒

- 100 Proof
- Black
- Bacardi 151
- Rougaroux Sugarshine
- Inner Circle
- Pusser's Gunpowder Proof
- Lemon Hart 151
- Wray & Nephew
- SVDL Sunset Very Strong

加勒比海的蘭姆酒蒸餾廠

起源於西印度群島的蘭姆酒，因歐洲人在當地建立大規模甘蔗田衍生而成；當時的甘蔗田幾乎全為奴隸勞動，如今，絕大多數的蘭姆酒蒸餾廠位於當地的幾座群島，不過近幾年來美國等國家也陸續增建了部分蒸餾廠。

COMMONWEALTH BREWERY/TODHUNTER-MITCHELL ●

巴哈馬

● HAVANA CLUB

古巴

● VARADERO

加勒比海群島

WORTHY PARK ESTATE
LONG POND
HAMPDEN ESTATE ● ●
牙買加
APPLETON ESTATE ● ● ● J. WRAY AND NEPHEW
MONYMUSK/CLARENDON ●

土克凱可群島

BAMBARRA

海地

多明尼克共和國

BRUGAL

BERMÚDEZ
MATUSALEM

VINICOLA DEL NORTE
SIBONEY

OLIVER & OLIVER

DUBAR

MARDI

BARCELÓ

BARBANCOURT

RON DEL BARRILITO

LLAVE

PALO VIEJO

SERRALLÉS

波多黎各

英屬維京群島

ARUNDEL

美屬維京群島

CRUZAN CAPTAIN MORGAN

安圭拉

MA DOUDOU
SINT MAARTEN GUAVABERRY

聖馬丁　聖巴泰勒米

聖克里斯多福
及尼維斯

ANTIGUA

安地卡及巴布達

蒙特塞拉特　　瓜德羅普

多明尼加

JM　馬丁尼克

DEPAZ　SAINT JAMES

NEISSON

DILLON　LA MAUNY

聖露西亞　　巴貝多

MOUNT GILBOA

MALIBU

MOUNT GAY

FOURSQUARE

聖文森及格瑞那丁

RIVER ANTOINE

CLARKE'S COURT　WESTERHALL

格瑞那達

阿魯巴　庫拉索　波奈

ANGOSTURA/FERNANDES

千里達及托巴哥

蘭姆酒調酒

也許因為源於加勒比海，蘭姆酒常被用來調製成放鬆的調酒，較出名的例子包括了黛克瑞、莫希多與鳳梨可樂達。

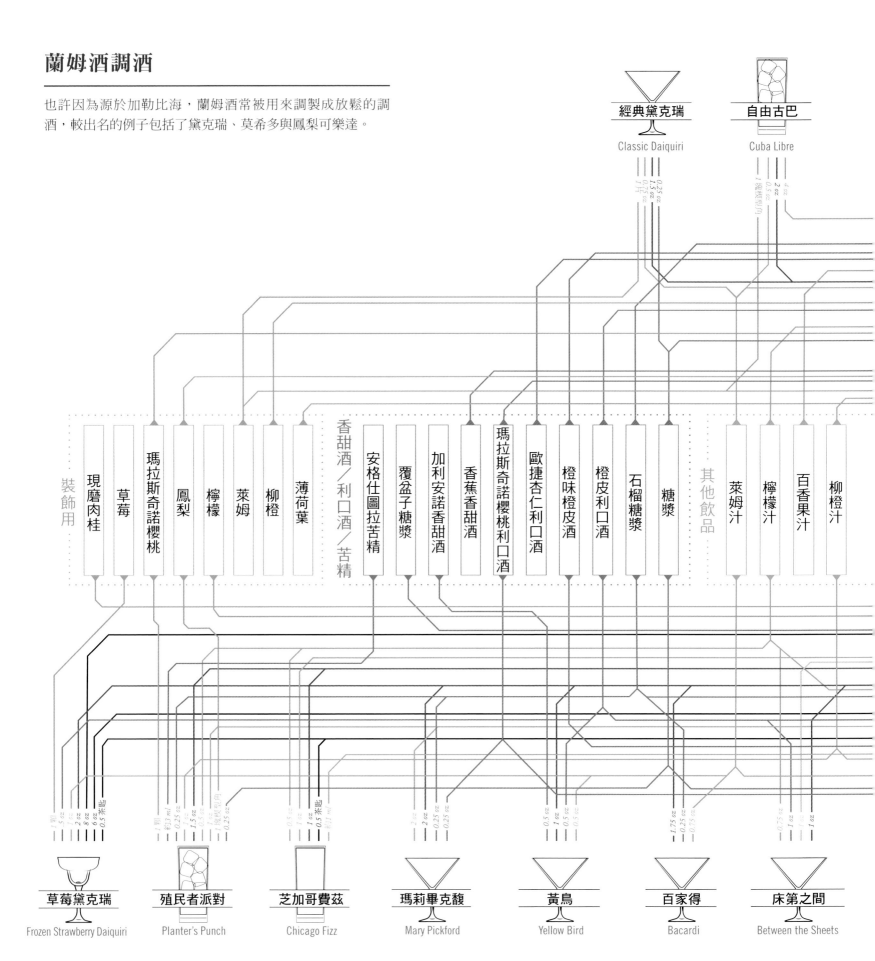

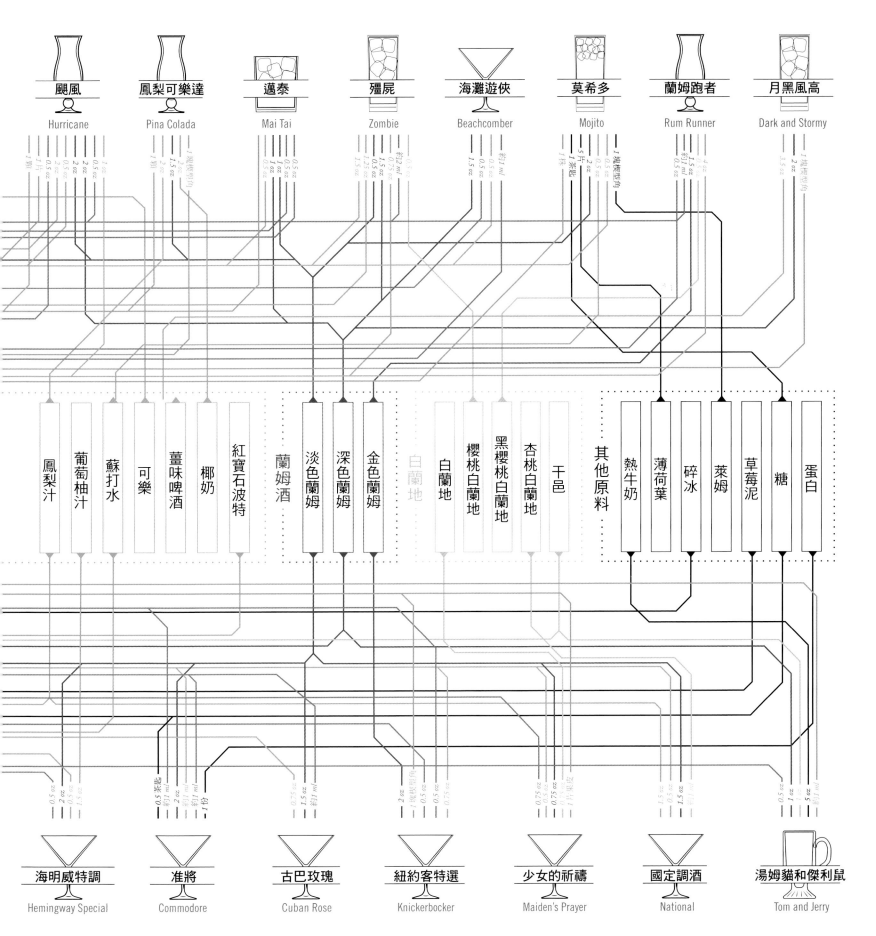

颶風 Hurricane
鳳梨可樂達 Pina Colada
邁泰 Mai Tai
殭屍 Zombie
海灘遊俠 Beachcomber
莫希多 Mojito
蘭姆跑者 Rum Runner
月黑風高 Dark and Stormy

鳳梨汁
葡萄柚汁
蘇打水
可樂
薑味啤酒
椰奶
紅寶石波特
蘭姆酒
淡色蘭姆
深色蘭姆
金色蘭姆
白蘭地
白蘭地
櫻桃白蘭地
黑櫻桃白蘭地
杏桃白蘭地
干邑
其他原料
熱牛奶
薄荷葉
碎冰
萊姆
草莓泥
糖
蛋白

海明威特調 Hemingway Special
准將 Commodore
古巴玫瑰 Cuban Rose
紐約客特選 Knickerbocker
少女的祈禱 Maiden's Prayer
國定調酒 National
湯姆貓和傑利鼠 Tom and Jerry

蒸餾龍舌蘭

由於政府控管產區來源，因此即便不同蒸餾廠的龍舌蘭製作過程也已經全數統一。各家製酒廠可以改變的則有重複蒸餾、陳年時間與有限度地添加著色劑和／或調味劑的多寡。

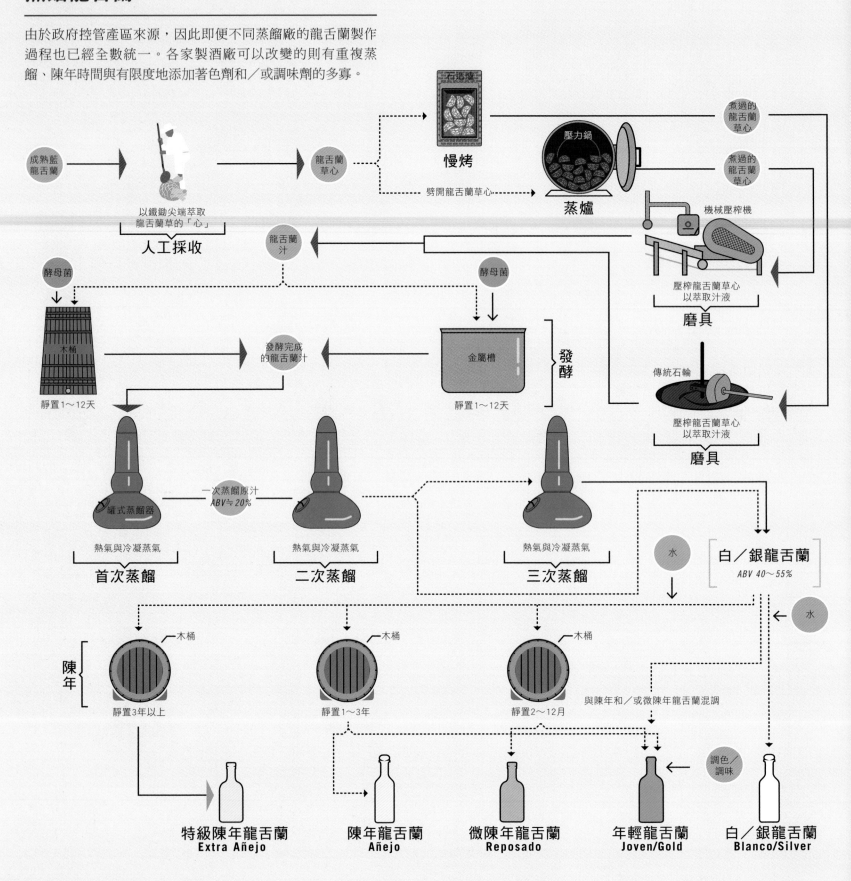

龍舌蘭植物

龍舌蘭因明顯的顏色而常被稱為藍色龍舌蘭，這是高達兩百多種龍舌蘭屬中的一種。龍舌蘭酒是以龍舌蘭草液經發酵後蒸餾製成，這獨特的植物源自於墨西哥東南部的哈利斯科州，該地區如今也是龍舌蘭酒法定產區的中心。要說龍舌蘭酒足以代表墨西哥飲品，一點也不為過。

藍龍舌蘭成熟需要7年，在這期間，墨西哥人稱為「Jimador」的採收員會負責修剪植物的葉與莖，這是因為若沒有適當修剪，它們可以長到數呎。葉與莖的修剪有助於植物中心──龍舌蘭草心的生長；待採收時，採收員會將成熟的龍舌蘭心與其他部位分離，並連根拔起，以萃取汁液。

①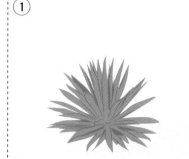

②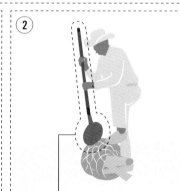

③

種植與採收龍舌蘭的原料，自古至今一直由圖中的採收員使用稱為Coa的簡單工具。這個工具一直不曾因科技化而演進，這大概可以說是龍舌蘭原料與其他烈酒原料種植過程最大異其趣之處。

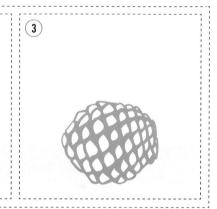

如果你曾參觀過墨西哥的蒸餾廠，也應該對傳統採收員的工作服不算陌生。如今，採收人員的工作服已針對實用性略做改善。例如，只要看過採收員在龍舌蘭植物底部揮舞圓刀的景象，你就會知道穿著毫無保護作用的開趾涼鞋似乎不太合適。

墨西哥的龍舌蘭蒸餾廠

雖然龍舌藍酒廠遍及墨西哥五大州，但絕大多數依舊位於哈利斯科州，這裡也是藍色龍舌蘭植物種植面積最廣的區域。多數國家都同意龍舌蘭酒為墨西哥特有的酒精飲品，並承認這些特定的製作地區。

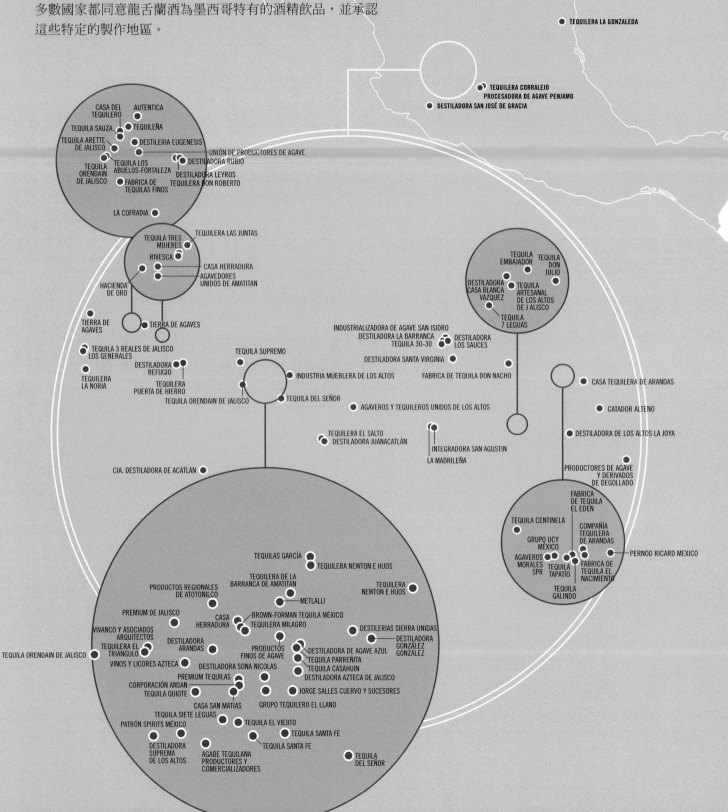

LA GONZALEÑA

TEQUILERA LA GONZALEDA

TEQUILERA CORRALEJO
PROCESADORA DE AGAVE PENJAMO

DESTILADORA SAN JOSÉ DE GRACIA

CASA DEL TEQUILERO
AUTENTICA
TEQUILA SAUZA
TEQUILEÑA
TEQUILA ARETTE DE JALISCO
DESTILERIA EUGENESIS
UNIÓN DE PRODUCTORES DE AGAVE
TEQUILA LOS ABUELOS-FORTALEZA
DESTILADORA RUBIO
TEQUILA ORENDAIN DE JALISCO
DESTILADORA LEYROS
TEQUILERA DON ROBERTO
FABRICA DE TEQUILAS FINOS
LA COFRADIA

TEQUILA TRES MUJERES
TEQUILERA LAS JUNTAS
RIVESCA
CASA HERRADURA
AGAVEDORES UNIDOS DE AMATITAN
HACIENDA DE ORO
TIERRA DE AGAVES
TIERRA DE AGAVES

TEQUILA 3 REALES DE JALISCO
LOS GENERALES
TEQUILA SUPREMO
DESTILADORA REFUGIO
TEQUILERA LA NORIA
TEQUILERA PUERTA DE HIERRO
TEQUILA ORENDAIN DE JALISCO
INDUSTRIA MUEBLERA DE LOS ALTOS
TEQUILA DEL SEÑOR

TEQUILA EMBAJADOR
TEQUILA DON JULIO
DESTILADORA CASA BLANCA VAZQUEZ
TEQUILA ARTESANAL DE LOS ALTOS DE J ALISCO
TEQUILA 7 LEGUAS

INDUSTRIALIZADORA DE AGAVE SAN ISIDRO
DESTILADORA LA BARRANCA
TEQUILA 30-30
DESTILADORA LOS SAUCES
DESTILADORA SANTA VIRGINIA
FABRICA DE TEQUILA DON NACHO

CASA TEQUILERA DE ARANDAS
CATADOR ALTENO
DESTILADORA DE LOS ALTOS LA JOYA

AGAVEROS Y TEQUILEROS UNIDOS DE LOS ALTOS
TEQUILERA EL SALTO
DESTILADORA JUANACATLÁN
INTEGRADORA SAN AGUSTIN
LA MADRILEÑA

PRODUCTORES DE AGAVE Y DERIVADOS DE DEGOLLADO

CIA. DESTILADORA DE ACATLAN

FABRICA DE TEQUILA EL EDEN
TEQUILA CENTINELA
COMPAÑÍA TEQUILERA DE ARANDAS
GRUPO UCY MÉXICO
PERNOD RICARD MEXICO
AGAVEROS MORALES SPR
TEQUILA TAPATÍO
FABRICA DE TEQUILA EL NACIMIENTO
TEQUILA GALINDO

TEQUILAS GARCÍA
TEQUILERA NEWTON E HIJOS
TEQUILERA DE LA BARRANCA DE AMATITAN
PRODUCTOS REGIONALES DE ATOTONILCO
METLALLI
TEQUILERA NEWTON E HIJOS
PREMIUM DE JALISCO
CASA HERRADURA
BROWN-FORMAN TEQUILA MÉXICO
TEQUILERA MILAGRO
VIVANCO Y ASOCIADOS ARQUITECTOS
DESTILERIAS SIERRA UNIDAS
TEQUILERA EL TRIANGULO
DESTILADORA ARANDAS
DESTILADORA GONZÁLEZ GONZÁLEZ
TEQUILA ORENDAIN DE JALISCO
VINOS Y LICORES AZTECA
PRODUCTOS FINOS DE AGAVE
DESTILADORA DE AGAVE AZUL
DESTILADORA SONA NICOLAS
TEQUILA PARREÑITA
TEQUILA CASAHUIN
CORPORACIÓN ANSAN
PREMIUM TEQUILAS
DESTILADORA AZTECA DE JALISCO
TEQUILA QUIOTE
JORGE SALLES CUERVO Y SUCESORES
CASA SAN MATIAS
GRUPO TEQUILERO EL LLANO
TEQUILA SIETE LEGUAS
PATRÓN SPIRITS MÉXICO
TEQUILA EL VIEJITO
TEQUILA SANTA FE
DESTILADORA SUPREMA DE LOS ALTOS
AGABE TEQUILANA PRODUCTORES Y COMERCIALIZADORES
TEQUILA SANTA FE
TEQUILA DEL SEÑOR

168

龍舌蘭酒主要有五大類，多半以陳年時間分界。年輕龍舌蘭酒則是例外，這是指裝瓶前經調和與／或額外調色和加味的龍舌蘭酒。

白／銀龍舌蘭酒 Blanco/Silver Tequila

Jose Cuervo Platino
Inocente Platinum
Astral
Gran Patrón Platinum
Milagro Select Barrel Reserve Silver
Casamigos Blanco
El Tesoro Platinum
Arette Blanco Suave
Avión Silver
Casa Noble Blanco
Patrón Silver
Calle 23 Blanco
Siete Leguas Blanco
Partida Blanco
1921 Blanco
Corzo Silver
1800 Reserva Silver
Don Julio Blanco
Siembra Azul Blanco
Charbay
Hornitos Plata
Tres Generaciones Plata
Cabo Wabo Blanco
Herradura Silver
Tequila Ocho Plata
4 Copas Blanco
Agave Dos Mil Blanco
Azuñia Platinum Blanco
Don Valente Blanco
5150 Blanco
Fortaleza Blanco
La Piñata Plata
Republic Plata
Gran Dovejo Blanco
PaQuí Silvera
Artá Silver
Sol Azul Silver
Casa de Luna Blanco
Corrido Blanco
Puro Verde Silver
Voodoo Tiki Platinum
Mejor Tequila Blanco
88 Blanco
Riazul Silver
Teteo Blanco
Kah Blanco
El Viejito Silver
Don Modesto Blanco
Vida Tequila Blanco
Revolucion 100 Proof Silver
El Reformador Blanco
1921 Blanco
Comisario Blanco
Aha Toro Blanco
YEYO Silver
El Gran Jubileo Blanco
El Jimador Blanco
Hotel California Blanco
Talero Silver
Abreojos Silver

微陳年龍舌蘭酒 Reposado

Jose Cuervo Tradicional
Olmeca Altos Reposado
Siete Leguas Reposado
Partida Reposado
Maestro Dobel
Milagro Select Barrel Reserve Reposado
El Tesoro de Don Felipe Reposado
Herradura Reposado
Chinaco Reposado
Casa Noble Reposado
Frida Kahlo Reposado
Corazón de Agave Reposado
Gran Centenario Reposado
Cabo Wabo Reposado
Reserva de Don Julio Reposado
Siembra Azul Reposado
Muchote Reposado
Agave Dos Mil Reposado
Gran Dovejo Reposado
Marquez de Valencia
Republic Reposado
374 Reposado
Don Valente Reposado
4 Copas Reposado
Corrido Reposado
3 Amigos Reposado
5150 Reposado
Kah Reposado
Mejor Tequila Reposado
Trago Reposado
El Viejito Reposado
Sol de Mexico Reposado
Aha Toro Reposado
Señor Rio Reposado
Dulce Vida Reposado
Azuñia Reposado
Puro Verde Reposado
Artá Reposado
Riazul Reposado
El Rey y Yo Reposado
Voodoo Tiki Reposado
El Gran Jubileo Reposado
Peligroso Reposado
CRUZ Reposado
Vida Tequila Reposado
Sol Azul Reposado
El Relingo Reposado
88 Reposado
La Piñata Reposado
Aeroplano Reposado
Casa de Luna Reposado
123 Organic Reposado
Espolón Reposado
Lunazul Reposado
Los Azulejos Reposado
Chamucos Reposado
Piedra Azul Reposado
Montejima Reposado

陳年龍舌蘭酒 Añejo

Avión Añejo
Cazadores Añejo
Corazón de Agave Añejo
Herradura Añejo
Tres Generaciones Añejo
Luna Nueva Añejo
Voodoo Tiki Añejo
Casa Noble Añejo
Gran Centenario Añejo
Tres Agaves Añejo
El Tesoro De Don Felipe Añejo
Kah Añejo
Suavecito Añejo
Cabo Wabo Añejo
1800 Tequila Reserva Añejo
Hornitos Añejo
El Jimador Añejo
Milagro Añejo
Partida Añejo
Tapatio Añejo
Don Julio 1942
Chinaco Añejo
4 Copas Añejo
Riazul Añejo
Dulce Vida Añejo
Corrido Añejo
Peligroso Añejo
Republic Añejo
Agave Dos Mil Añejo Grand Reserve
XQ Gran Reserva Añejo
Artá Añejo
Azuñia Añejo
Aha Toro Añejo
Comisario Añejo
Don Jose Lopez Portillo Añejo
Señor Rio Añejo
Don Valente Añejo
La Piñata Añejo
El Relingo Añejo
El Viejito Añejo
Capaz Añejo
5150 Añejo
374 Añejo
Tequila II 55 Añejo
3 Amigos Añejo
Ambhar Añejo
Oro de Jalisco Añejo
Gran Dovejo Añejo
Sol de Mexico Añejo
El Charro Añejo
Don Modesto Añejo
Vida Tequila Añejo
88 Añejo
Gran Patrón Burdeos
U4Rick Añejo

年輕龍舌蘭酒 Joven/Gold

Casa Dragones
Agavales Gold
Casa Noble Joven
La Cava de los Morales Gold
XXX Siglo Treinta Gold
Margaritaville Gold
Sauza Gold
Olmeca Gold
Pepe Lopez Gold
Jose Cuervo Especial Gold
Cesar Monterrey Gold Reserva
Zafarrancho Gold
Milagro Unico

特級陳年龍舌蘭酒 Extra Añejo

Don Julio Real
Jose Cuervo Reserva de la Familia
Qui Platinum Extra Añejo
San Matias Gran Reserva
Gran Centenario Leyenda
AsomBroso 11 Year Añejo
Crótalo Extra Añejo
Casa Noble Single Barrel Extra Añejo
Chinaco Negro Extra Añejo
Herradura Seleccion Suprema
Corrido Extra Añejo
Toro de Lidia Extra Añejo
Siete Leguas D'Antaño
San Matias Rey Sol
Tonala Suprema Reserva
Partida Elegante
Centinela Extra Añejo
El Gran Jubileo Seleccion Suprema
Herencia Historico
Arette Gran Clase

龍舌蘭調酒

許多龍舌蘭調酒僅是將其他烈酒替換成龍舌蘭酒，例如名字令人玩味的的璜可林斯與泰格羅尼調酒，但最佳的龍舌蘭調酒之一瑪格麗特，便是以這種獨一無二而風味特出的烈酒調成。

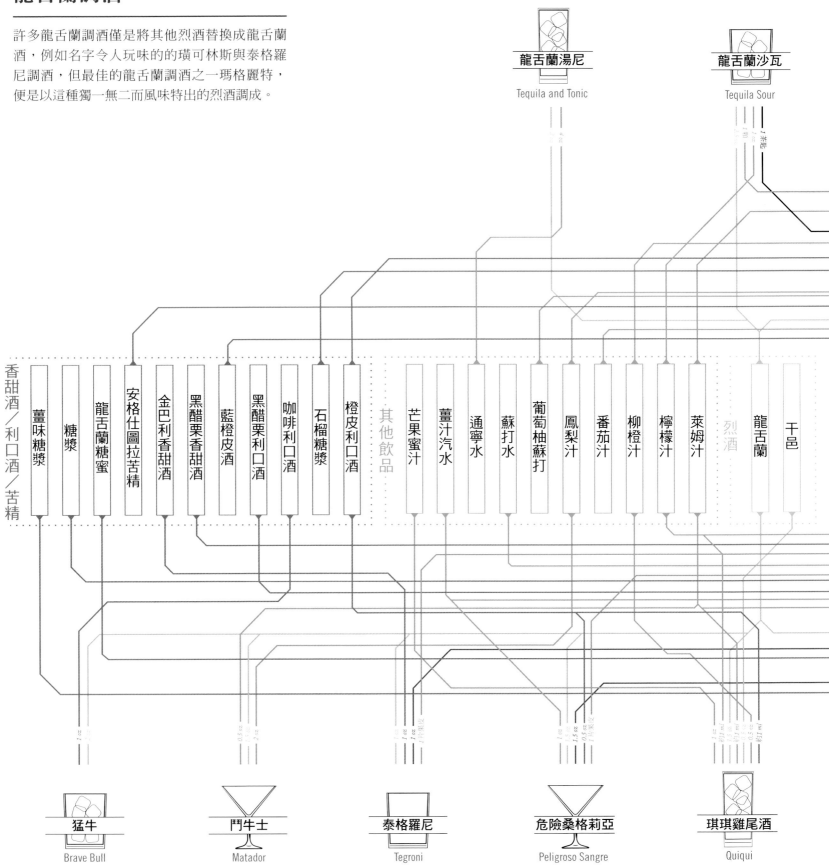

龍舌蘭湯尼
Tequila and Tonic

龍舌蘭沙瓦
Tequila Sour

香甜酒／利口酒／苦精

薑味糖漿
糖漿
龍舌蘭糖蜜
安格仕圖拉苦精
金巴利香甜酒
黑醋栗香甜酒
藍橙皮酒
黑醋栗利口酒
咖啡利口酒
石榴糖漿
橙皮利口酒

其他飲品

芒果蜜汁
薑汁汽水
通寧水
蘇打水
葡萄柚蘇打
鳳梨汁
番茄汁
柳橙汁
檸檬汁
萊姆汁

烈酒

龍舌蘭
干邑

猛牛
Brave Bull

鬥牛士
Matador

泰格羅尼
Tegroni

危險桑格莉亞
Peligroso Sangre

琪琪雞尾酒
Quiqui

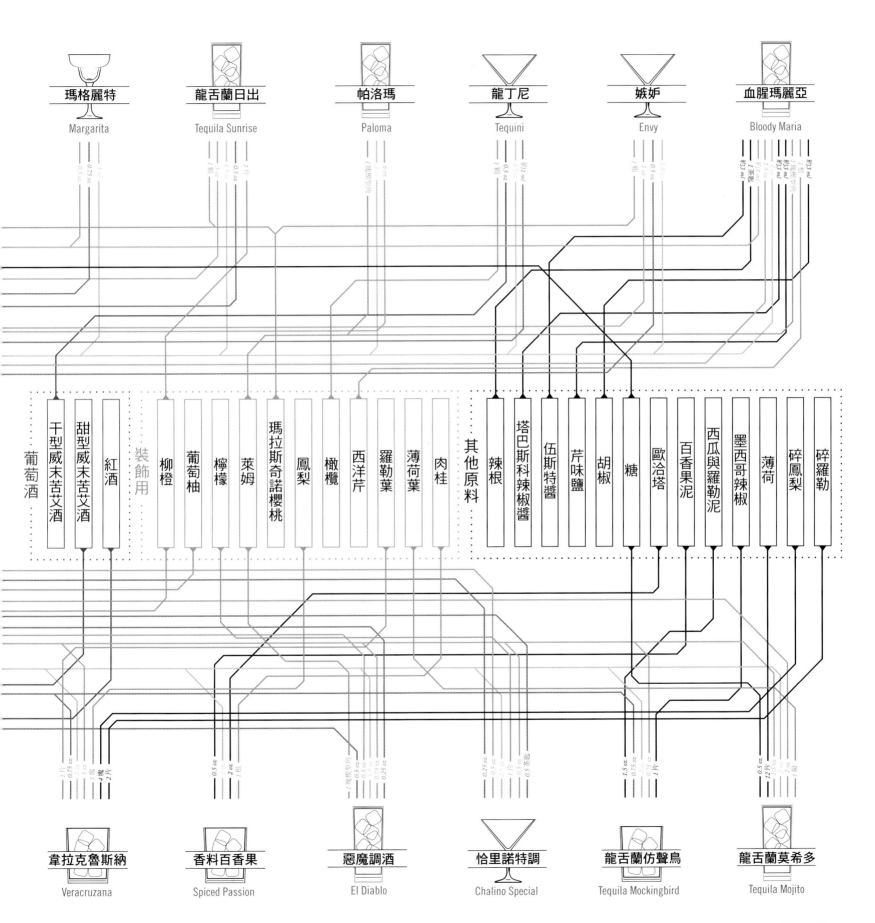

瑪格麗特 Margarita

龍舌蘭日出 Tequila Sunrise

帕洛瑪 Paloma

龍丁尼 Tequini

嫉妒 Envy

血腥瑪麗亞 Bloody Maria

葡萄酒
干型威末苦艾酒
甜型威末苦艾酒
紅酒

裝飾用
柳橙
葡萄柚
檸檬
萊姆
瑪拉斯奇諾櫻桃
鳳梨
橄欖
西洋芹
羅勒葉
薄荷葉
肉桂

其他原料
辣根
塔巴斯科辣椒醬
伍斯特醬
芹味鹽
胡椒
糖
歐洽塔
百香果泥
西瓜與羅勒泥
墨西哥辣椒
薄荷
碎鳳梨
碎羅勒

韋拉克魯斯納 Veracruzana

香料百香果 Spiced Passion

惡魔調酒 El Diablo

恰里諾特調 Chalino Special

龍舌蘭仿聲鳥 Tequila Mockingbird

龍舌蘭莫希多 Tequila Mojito

白蘭地類型與產區

簡單來說，白蘭地即是蒸餾過的葡萄酒。白蘭地過去被當成飯後開胃酒，酒精濃度約 35～60%，並以肚大口窄的聞香杯飲用。渣釀白蘭地則是以釀造葡萄酒後剩下的固體葡萄渣蒸餾而成。最知名的白蘭地與酒渣白蘭地酒款可在歐洲與南美洲找到。

希普羅
Tsipouro

希加尼
Singani

齊凡尼亞
Zivania

希谷麗亞
Tsikoudia

歐魯荷
Orujo

V.S.O.P. /
陳年Reserve

恰恰
Chacha

格拉帕
Grappa

渣釀白蘭地
Pomace Brandy

不知年
Hors d'Âge

瑪克
Marc

V.S.

陳年索雷拉
Solera
Reserva

赫雷茲白蘭地
Brandy de Jerez

雅馬邑
Armagnac

特級陳年
索雷拉
Solera Gran
Reserva

索雷拉
Solera

X.O. /
拿破崙Napoléon /
不知年Hors d'Âge

綠渣類
Mosto
Verde

托可帕尼卡
Törkölypálinka

V.S.O.P. /
陳年Reserve

干邑
Cognac

陳年
Reservado

皮斯可
Pisco

秘魯
皮斯可

芳香類
Aromáticas

X.O. /
拿破崙Napoléon /
不知年Hors d'Âge

現時Corriente /
傳統Tradicional

智利
皮斯可

特別
Especial

V.S.

不知年
Hors d'Âge

特級
Gran

混合類
Acholado

純粹類
Puro

瑪克
法國

托可帕尼卡

干邑
法國干邑區

格拉帕
義大利

恰恰
喬治亞

歐魯荷
西班牙西北

雅馬邑
法國雅馬邑區

希普羅
希臘

齊凡尼亞
賽普勒斯

赫雷茲白蘭地
西班牙赫雷茲

希谷麗亞
希臘克里克島

皮斯可
秘魯

希加尼
玻利維亞

皮斯可
智利

蒸餾干邑白蘭地

白蘭地類型中最出名且品質最卓越的應該便是干邑。與同樣來自法國的香檳相同，干邑也有屬於自己的 AOC 法定產區，並規範了製作干邑的地理位置與方式。

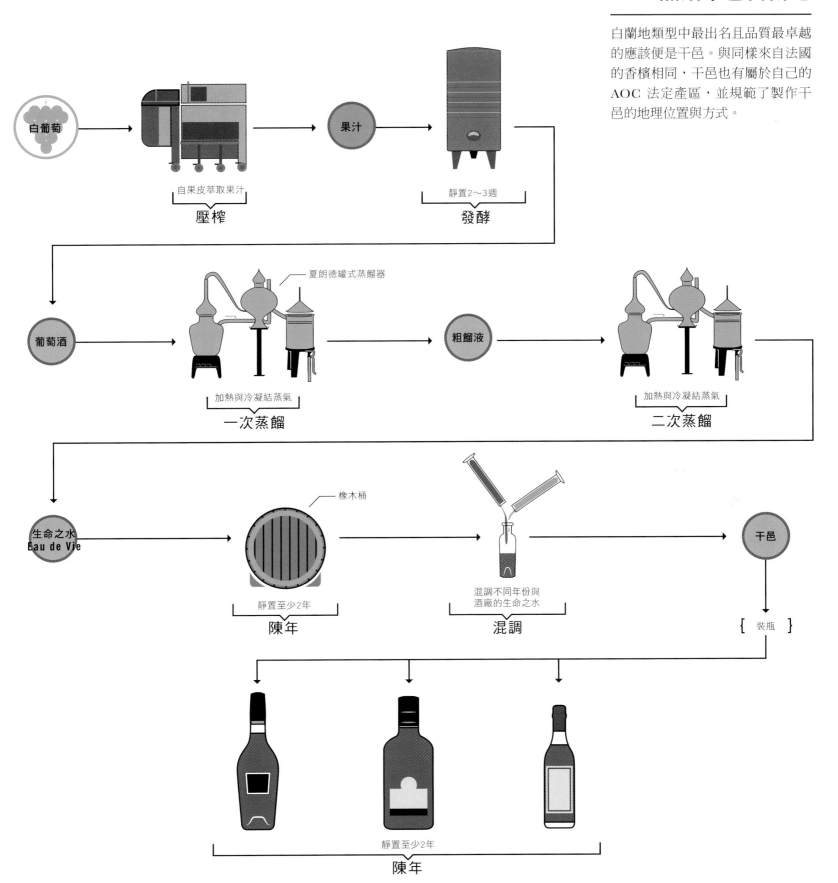

白葡萄 → 壓榨（自果皮萃取果汁）→ 果汁 → 發酵（靜置2～3週）

葡萄酒 → 一次蒸餾（加熱與冷凝結蒸氣）夏朗德罐式蒸餾器 → 粗餾液 → 二次蒸餾（加熱與冷凝結蒸氣）

生命之水 Eau de Vie → 陳年（靜置至少2年）橡木桶 → 混調（混調不同年份與酒廠的生命之水）→ 干邑 → 裝瓶

陳年（靜置至少2年）

白蘭地調酒

許多白蘭地調酒源自十九世紀，如
以白蘭地、蘭姆酒和溫牛奶調成的
湯姆貓與傑利鼠，也是最能象徵寒
帶的經典調酒之一。

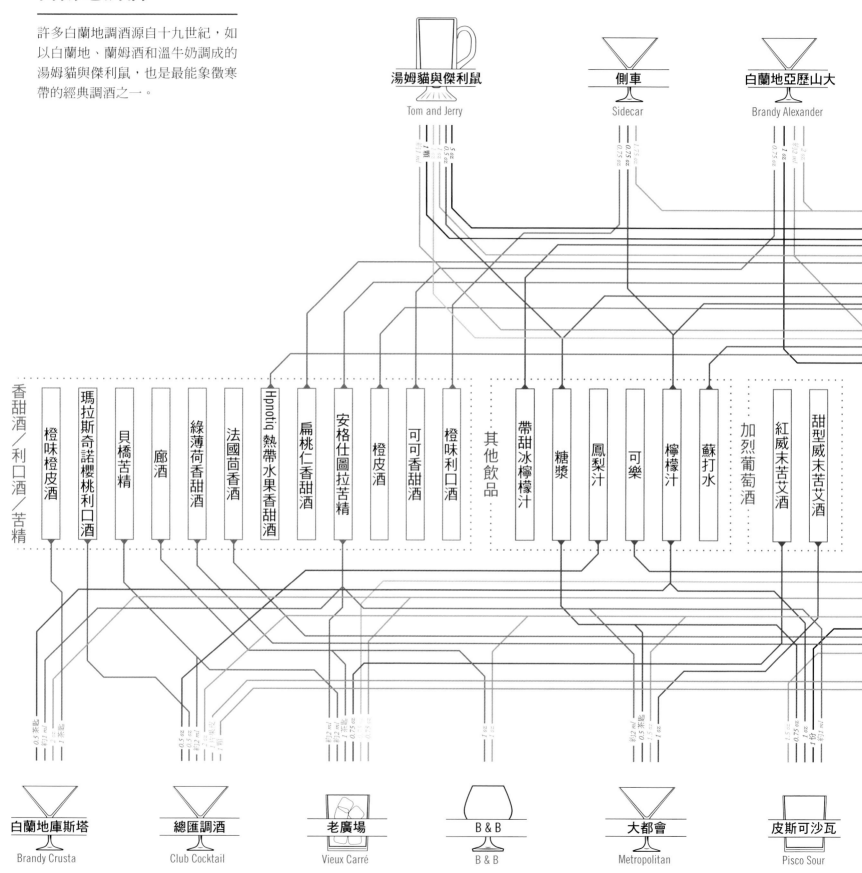

湯姆貓與傑利鼠
Tom and Jerry

側車
Sidecar

白蘭地亞歷山大
Brandy Alexander

香甜酒／利口酒／苦精

橙味橙皮酒
瑪拉斯奇諾櫻桃利口酒
貝橋苦精
廊酒
綠薄荷香甜酒
法國茴香酒
Hpnotiq 熱帶水果香甜酒
扁桃仁香甜酒
安格仕圖拉苦精
橙皮酒
可可香甜酒
橙味利口酒
其他飲品
帶甜冰檸檬汁
糖漿
鳳梨汁
可樂
檸檬汁
蘇打水
加烈葡萄酒
紅威末苦艾酒
甜型威末苦艾酒

白蘭地庫斯塔
Brandy Crusta

總匯調酒
Club Cocktail

老廣場
Vieux Carré

B & B
B & B

大都會
Metropolitan

皮斯可沙瓦
Pisco Sour

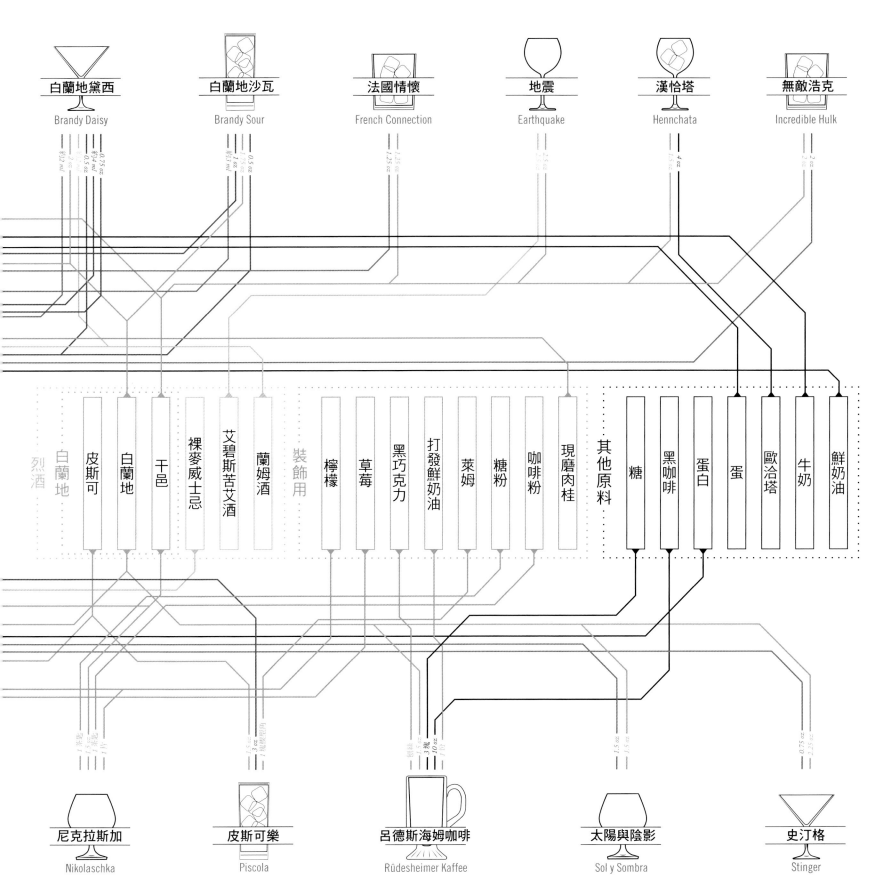

利口酒與苦精

典型的利口酒是蒸餾過的酒精、調味劑與糖等甜味劑的結合。而
類似利口酒的苦精，則是以其獨特的草本風味著稱。這些飲品是
調製多種雞尾酒的重要原料。

Southern Comfort

Batida de Coco

Xanté

Marie Brizard Poire William

Mathilde

水蜜桃

椰子

Kalani

梨／西洋梨白蘭地

Cocoribe

Mathilde Poire

Malibu

Stock

Clear Creek

Dolce Cilento Meloncello

PAMA Pomegranate

Drioli

瑪拉斯奇諾櫻桃

BOLS Melon

瓜類

Kuemmerling

Jägermeister

Luxardo

Maraska

櫻桃類

Midori

果味

St-Germain

The Bitter Truth

KRÄUTER-LIKÖR

Berentzen Wild Cherry

Pallini

Luxardo

KWV Van der Hum

Schonauer Apple

接骨木花

Greenbar Fruitlab Organic Jasmine

Combier Pamplemousse

檸檬／檸檬利口酒

Giffard Crème de Pamplemousse

Aurum

Marolo Milla

茉莉

Sovrano

洋干菊

葡萄柚

Monin Original

萊姆

J. Witty

花味

Tapaus Licor de Pomelo

Stirrings

柳橙／柑橘類

Pimm's No. 1 Cup

Lazzaroni

Cointreau

橙皮利口酒

Velvet Falernum

Damiana

Bénédictine

Glayva

Antica

珊布卡利口酒

Grand Marnier

Liqueur Herbert

Luxardo

Pierre Ferrand

橙皮酒

Chartreuse

草本

Averna

Senior Curaçao

Verveine du Velay

利口酒

Pernod Ricard Pastis 51

Mandarine Napoléon

Strega

檸檬馬鞭草

巴斯提利口酒

茴香

Berger

Goldwasser

Agwa de Bolivia

Sidetrack

榛果

Pastis Henri Bardouin

Galliano

Frangelico

Fratello

Meletti

茴香酒

Becherovka

菸草

Tamborine Mountain Choc Hazelnut

Marie Brizard

KIS

Suze

Sabra

Aperol

St. Vitus

Regan's Orange

AMARO 綜合草本

Godiva

Peychaud's

Fernet Branca

Underberg

苦精

巧克力

Campari

Angostura

Averna

Ramazzotti

Perique Liqueur de Tebac

Historias y Sabores

Mozart

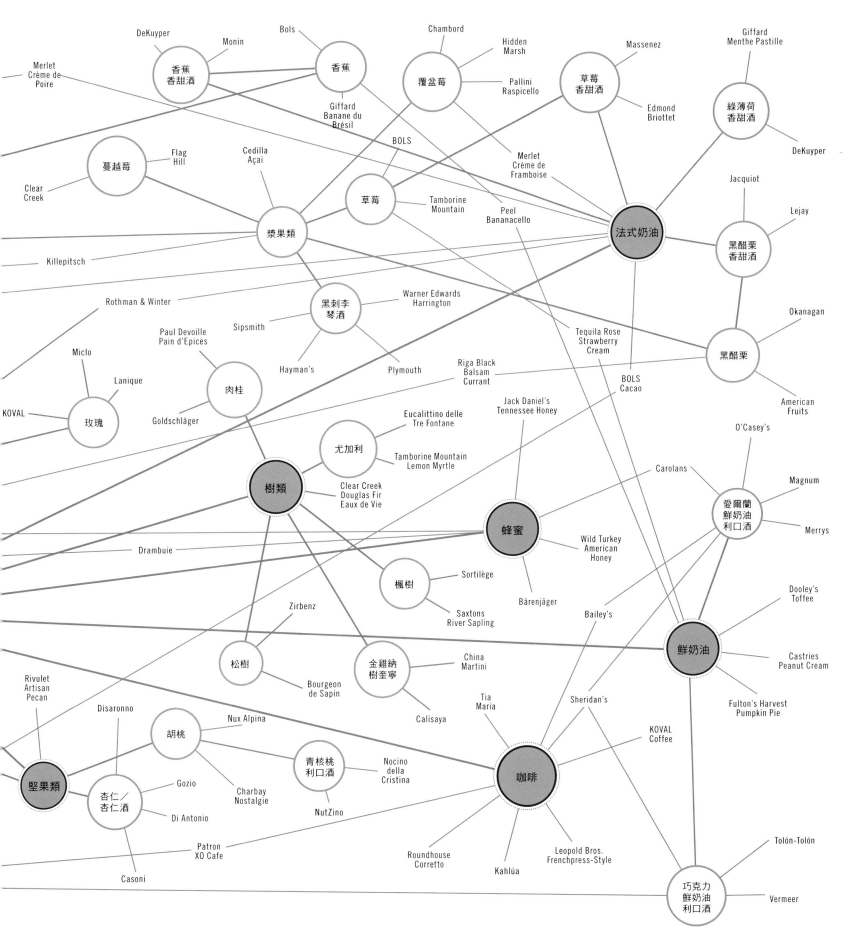

香蕉
香甜酒

DeKuyper
Monin

Bols

香蕉

Chambord

Hidden
Marsh

Massenez

草莓
香甜酒

Giffard
Menthe Pastille

綠薄荷
香甜酒

Merlet
Crème de
Poire

覆盆莓

Pallini
Raspicello

Edmond
Briottet

DeKuyper

Giffard
Banane du
Brésil

BOLS

Jacquiot

蔓越莓

Flag
Hill

Cedilla
Açai

Merlet
Crème de
Framboise

法式奶油

黑醋栗
香甜酒

Clear
Creek

草莓

Tamborine
Mountain

Peel
Bananacello

Lejay

Killepitsch

漿果類

Okanagan

Rothman & Winter

黑刺李
琴酒

Warner Edwards
Harrington

黑醋栗

Paul Devoille
Pain d'Epices

Sipsmith

Tequila Rose
Strawberry
Cream

American
Fruits

Miclo

Riga Black
Balsam
Currant

BOLS
Cacao

O'Casey's

Lanique

Hayman's

Plymouth

Jack Daniel's
Tennessee Honey

Carolans

Magnum

KOVAL

玫瑰

Goldschläger

肉桂

Eucalittino delle
Tre Fontane

愛爾蘭
鮮奶油
利口酒

尤加利

Merrys

Tamborine Mountain
Lemon Myrtle

樹類

Clear Creek
Douglas Fir
Eaux de Vie

蜂蜜

Wild Turkey
American
Honey

Dooley's
Toffee

Drambuie

Sortilège

Bailey's

Castries
Peanut Cream

楓樹

Bärenjäger

鮮奶油

Zirbenz

Saxtons
River Sapling

Fulton's Harvest
Pumpkin Pie

Rivulet
Artisan
Pecan

松樹

金雞納
樹奎寧

China
Martini

Sheridan's

Disaronno

Nux Alpina

Bourgeon
de Sapin

Tia
Maria

KOVAL
Coffee

胡桃

Calisaya

堅果類

青核桃
利口酒

Nocino
della
Cristina

咖啡

杏仁／
杏仁酒

Gozio

Charbay
Nostalgie

Tolón-Tolón

Di Antonio

NutZino

Patron
XO Cafe

Roundhouse
Corretto

Leopold Bros.
Frenchpress-Style

巧克力
鮮奶油
利口酒

Casoni

Kahlúa

Vermeer

名人與酒

名人向來樂於讓自己的名氣與小量生產的利口酒、葡萄酒與啤酒等品牌結合。過去，類似的合作主要為了滿足雙方的虛榮之心，但也有少數名人酒款讓雙方名利雙收。例如，Jay Z 便成功投資黑桃王牌香檳。

Cabo Wabo 龍舌蘭

山米海格
SAMMY HAGAR
音樂人

丹尼迪維托檸檬利口酒

丹尼迪維托
DANNY DeVITO
演員

Skinnygirl 低卡酒

貝思妮法藍科
BETHENNY FRANKEL
企業家

Myx 蜜思嘉

妮姬米娜
NICKI MINAJ
饒舌歌手

米拉瓦粉紅酒

布萊德彼特
BRAD PITT
演員

安潔麗娜裘莉
ANGELINA JOLIE
演員

翰格俱樂部
單一穀物蘇格蘭威士忌

大衛貝克漢
DAVID BECKHAM
運動員

Aviation 美國琴酒

喬蒙大拿
JOE MONTANA
運動員

Dreaming Tree Wines 酒莊

大衛馬修斯
DAVE MATTHEWS
音樂人

White Girl 粉紅酒

肥下巴
THE FAT JEW
網路名人

Pura Vida 龍舌蘭

比利吉賓斯
BILLY GIBBONS
音樂人

Roberto Cavalli 伏特加

羅貝多卡瓦利
ROBERTO CAVALLI
設計師

Mmmhops 啤酒

韓森
HANSON
樂團

Old Whiskey River
波本威士忌

威利尼爾森
WILLIE NELSON
音樂人

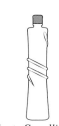

Mangria 調酒

亞當卡羅拉
ADAM CAROLLA
喜劇演員

Sauza 901 龍舌蘭

賈斯汀
JUSTIN TIMBERLAKE
歌手與演員

Conjure 干邑

路得克斯
LUDACRIS
饒舌歌手與演員

曼森苦艾酒

瑪麗蓮曼森
MARILYN MANSON
音樂人

Voli Light 伏特加

鬥牛犬
PITBULL
饒舌歌手

菲姬
FERGIE
歌手

姚明家族酒莊

姚明
YAO MING
運動員

巴利摩灰皮諾

茱兒芭莉摩
DREW BARRYMORE
演員

Ron de Jeremy 蘭姆酒

朗恩傑瑞米
RON JEREMY
成人影片演員

科波拉葡萄酒

法蘭西斯科波拉
FRANCIS FORD COPPOLA
導演

黑桃王牌香檳

JAY-Z
饒舌歌手

Casamigos 龍舌蘭

喬治克隆尼
GEORGE CLOONEY
演員

DeLeón 龍舌蘭

弟帝
DIDDY
演藝人員

Jeff Gordon 葡萄酒

傑夫高登
JEFF GORDON
賽車車手

Tenuta Il Palagio 葡萄酒

史汀
STING
音樂人

水晶骷髏頭伏特加

丹艾克羅
DAN AYKROYD
演員

斯洛維尼亞伏特加

比爾莫瑞
BILL MURRAY
演員與喜劇演員

米榭巴雷什尼科夫
MIKHAIL BARYSHNIKOV
演員與舞者

文學與電影中的飲品

電影007的馬丁尼、《謀殺綠腳指》（The Big Lebowski）中男主角The Dude偏愛的白色俄羅斯，與懷舊電影《漫長的告別》（The Long Goodbye）中男主角Philip Marlowe的琴蕾調酒等，都是因電影而大受歡迎的出名調酒。還有哪些知名調酒因文學作品、電視影集與電影而廣為人知呢？

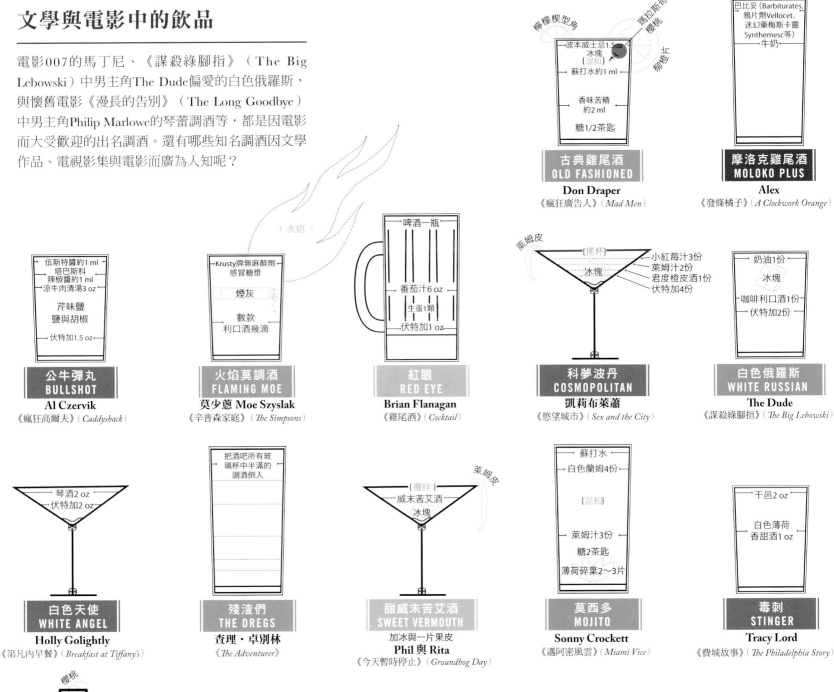

→ 檸檬楔型角
→ 瑪拉斯奇諾櫻桃
→ 柳橙片
→ 波本威士忌1.5 oz
冰塊
{混和}
→ 蘇打水約1 ml
→ 香味苦精約2 ml
糖1/2茶匙

古典雞尾酒
OLD FASHIONED
Don Draper
《瘋狂廣告人》（*Mad Men*）

巴比妥（Barbiturates，鴉片劑Vellocet、迷幻藥梅斯卡靈Synthemesc等）
→ 牛奶

摩洛克雞尾酒
MOLOKO PLUS
Alex
《發條橘子》（*A Clockwork Orange*）

→ 伍斯特醬約1 ml
塔巴斯科辣椒醬約1 ml
涼牛肉清湯3 oz
芹味鹽
鹽與胡椒
→ 伏特加1.5 oz

公牛彈丸
BULLSHOT
Al Czervik
《瘋狂高爾夫》（*Caddyshack*）

「火焰！」

→ Krusty牌無麻醉劑感冒糖漿
煙灰
數款利口酒幾滴

火焰莫調酒
FLAMING MOE
莫少蔥 Moe Szyslak
《辛普森家庭》（*The Simpsons*）

→ 啤酒一瓶
→ 番茄汁6 oz
→ 生蛋1顆
→ 伏特加1 oz

紅眼
RED EYE
Brian Flanagan
《雞尾酒》（*Cocktail*）

萊姆皮
{搖杯}
冰塊
→ 小紅莓汁3份
→ 萊姆汁2份
→ 君度橙皮酒1份
→ 伏特加4份

科夢波丹
COSMOPOLITAN
凱莉布萊蕭
《慾望城市》（*Sex and the City*）

→ 奶油1份
冰塊
→ 咖啡利口酒1份
→ 伏特加2份

白色俄羅斯
WHITE RUSSIAN
The Dude
《謀殺綠腳指》（*The Big Lebowski*）

→ 琴酒2 oz
→ 伏特加2 oz

白色天使
WHITE ANGEL
Holly Golightly
《第凡內早餐》（*Breakfast at Tiffany's*）

把酒吧所有玻璃杯中半滿的調酒倒入

殘渣們
THE DREGS
查理·卓別林
《*The Adventurer*》

萊姆皮
{攪拌}
→ 威末苦艾酒
冰塊

甜威末苦艾酒
SWEET VERMOUTH
加冰與一片果皮
Phil 與 Rita
《今天暫時停止》（*Groundhog Day*）

→ 蘇打水
→ 白色蘭姆4份
{混和}
→ 萊姆汁3份
糖2茶匙
薄荷碎葉2～3片

莫西多
MOJITO
Sonny Crockett
《邁阿密風雲》（*Miami Vice*）

→ 干邑2 oz
→ 白色薄荷香甜酒1 oz

毒刺
STINGER
Tracy Lord
《費城故事》（*The Philadelphia Story*）

櫻桃
{混調}
糖1茶匙
香蕉1根
→ 萊姆汁1.5 oz
→ 橙皮利口酒1湯匙
→ 淡色蘭姆1.5 oz

香蕉黛克瑞
BANANA DAIQUIRI
Fredo Corleone
《教父II》（*The Godfather: Part II*）

→ 金賓
百威啤酒7/8罐

拜德馬克鍋爐廠
THE BUTTERMAKER BOILERMAKER
拜德馬克教練
《少棒闖天下》（*The Bad News Bears*）

→ 艾碧斯苦艾酒少許
冰塊
{攪拌}
→ 裸麥威士忌3 oz
{混和}
→ 苦精
→ 糖漿

賽澤瑞克
SAZERAC
Cletus Frade
《榮譽羈絆》（*Honor Bound*）系列

→ 火藥粉少許
→ 巴豆油Croton Oil
→ 阿魏草藥Asafetida
→ 吐根酊Ipecac
→ 辣芥末
→ 卡晏紅辣椒粉

約翰戴蒙醒酒快醬
JOHNNY DIAMOND'S SOBER-UP FAST SAUCE
Mississippi
《龍虎盟》（*El Dorado*）

檸檬皮
→ 安格仕圖拉苦精約1 ml
→ 甜威末苦艾酒2份
→ 蘇格蘭威士忌4份
{攪拌}
冰塊

羅伯洛伊
ROB ROY
Spellacy神父
《打不開的鎖》（*True Confessions*）

琴蕾
GIN GIMLET

→ Rose's牌萊姆汁1/2
→ 琴酒1/2

Philip Marlowe
《漫長的告別》（*The Long Goodbye*）

薄荷朱利普
MINT JULEP

→ 波本威士忌
2.5 oz
冰塊
{混和}
→ 方糖塊2顆
薄荷葉4～5片

Daisy Buchanan
《大亨小傳》（*The Great Gatsby*）

龍舌蘭殭屍
TEQUILA ZOMBIE

冰塊
{搖杯}
→ 柳橙汁2個一口杯
葡萄柚汁2個一口杯
{搖杯}
→ 伏特加1個一口杯
辛辣蘭姆酒
1個一口杯
→ 杏桃白蘭地
1個一口杯
→ 龍舌蘭2個一口杯

Doc Sportello
《性本惡》（*Inherent Vice*）

新加坡司令
SINGAPORE SLING

→ 鳳梨汁4 oz
→ 苦精約1 ml
→ 石榴糖漿0.3 oz
→ 萊姆汁0.5 oz
→ 廊酒0.25 oz
→ 君度橙皮酒0.25 oz
→ 櫻桃利口酒0.5 oz
→ 琴酒1.5 oz

加上Mescal龍舌蘭酒與一點啤酒
Raoul Duke
《賭城風情畫》（*Fear and Loathing in Las Vegas*）

黛克瑞
DAIQUIRI

→ 糖漿0.25 oz
→ 萊姆汁0.75 oz
→ 淡色蘭姆
1.5 oz

James Wormold
《哈瓦那特派員》（*Our Man in Havana*）

薇絲朋馬丁尼
VESPER MARTINI

→ 白朗麗葉酒0.5 oz
→ 伏特加1 oz
→ 倫敦琴酒3 oz
檸檬皮

詹姆斯・龐德
《007首部曲：皇家夜總會》
（*Casino Royale*）

糖水
SUGAR WATER

→ 自來水
大量的糖

Edgar
《MIB星際戰警》（*Men in Black*）

偉伯街計畫
WEBSTER F. STREET LAY-AWAY PLAN

→ 夏特勒茲藥草酒3份
琴酒11份

Doc
《*Sweet Thursday*》與《*Cannery Row*》

史巴弟度酒
WINE SPODIODI

→ 波特酒
1個一口杯
→ 威士忌
1個一口杯
→ 波特酒
1個一口杯

Walter
《浪蕩世代》（*On the Road*）

曼哈頓
MANHATTAN

→ 苦精約1 ml
→ 甜威末苦艾酒2/3 oz
→ 裸麥或波本
威士忌1.75 oz

Sugar Kane
《熱情如火》（*Some Like it Hot*）

琴奇利
GIN RICKEY

→ 波本威士忌2.5 oz
萊姆皮
現擠萊姆汁
1/2個一口杯
→ 琴酒1個一口杯

傑・蓋茲比
《大亨小傳》（*The Great Gatsby*）

奇揚替
CHIANTI

整整一杯
奇揚替紅酒

搭配蠶豆與煎香肝
漢尼拔・萊克特
《沈默羔羊》
（*Silence of the Lambs*）

法式七五
FRENCH 75

{搖杯}
→ 氣泡酒約1 ml
→ 萊姆汁0.5 oz
→ 糖漿0.5 oz
→ 干邑1.5 oz
冰塊

Yvonne
《北非諜影》（*Casablanca*）

美式調酒
AMERICANO

{攪拌}
→ 沛綠雅氣泡水
檸檬皮
→ 甜（紅）
威末苦艾酒1 oz
→ 金巴利
利口酒1 oz
冰塊

詹姆斯・龐德
《007首部曲：皇家夜總會》（*Casino Royale*）

蛋昔
PROTEIN SHAKE

{大口吞下}
生蛋5顆

Rocky Balboa
《洛基》（*Rocky*）

泛銀河勁爆漱口水
PAN GALACTIC GARGLE BLASTER

威覺
→ 塞氣爾外星粉
→ 夸樂頓
超薄荷萃取物1份
→ 法利亞星甲烷4 L
奧古林太陽虎之牙
亞特倫大琴酒糖3顆
→ 沙瑞吉文斯
海洋之水1份
→ 老薑烈酒
之液1瓶

Zaphod Beeblebrox
《銀河便車指南》
（*The Hitchhiker's Guide to the Galaxy*）

蘇格蘭之霧
SCOTCH MIST

檸檬片
→ 蘇格蘭威士忌
2～3 oz
（或以波本與
白蘭地取代）
碎冰1/2杯

Vivian Sternwood Rutledge
《夜長夢多》（*The Big Sleep*）

香檳雞尾酒
CHAMPAGNE COCKTAIL

→ 苦精
→ 白蘭地
方糖
→ 干型香檳

Victor Laszlo
《北非諜影》（*Casablanca*）

7&7

→ 七喜9 oz
檸檬片捲起角
冰塊
→ 威士忌2 oz

Tony Manero
《週末夜狂熱》（*Saturday Night Fever*）

亞歷山大調酒
ALEXANDER COCKTAIL

→ 鮮奶油
→ 可可香甜酒
→ 琴酒

Anthony Blanche
《慾望莊園》（*Brideshead Revisited*）

流行樂中的酒

似乎早在第一個音符被寫下時，酒精便已是音樂家作詞作曲的好幫手。從古老的民謠到鄉村樂名曲，或當代搖滾樂與流行樂，無論這些歌曲的主題是愛慕、悔恨或純粹因獲得啟發而譜出的和弦與旋律，酒精、歌詞與幾乎所有音樂類型彼此為一。

酒精與其他

威士忌和私釀酒

《LET ME GO HOME WHISKEY》，Amos Milburn

《BAD, BAD WHISKEY》，Amos Milburn

《LAST CALL》，Lee Ann Womack

《JOCKEY FULL OF BOURBON》，湯姆威茲

《MOONSHINER》，The Clancy Brothers

《ALABAMA SONG》，Bertolt Brecht 與門戶樂團

《CHEERS (DRINK TO THAT)》，蕾哈娜

《MOONSHINE》，野人花園

《NO NO SONG》，Ringo Starr

《SNORTIN' WHISKEY》，Pat Travers Band

《GOOD GOOD WHISKEY》，Amos Milburn

《THAT SMELL》，林納史金納

《AMERICAN PIE》，Don McClean

《A GOODBYE RYE》，Richard Buckner

《RYE WHISKEY》，Punch Brothers

《WHISKEY GIRL》，Toby Keith

《WHISKEY HANGOVER》，Godsmack

《WHISKEY IN A JAR》，都柏林人

《WHISKEY RIVER》，Johnny Bush

《WHITE LIGHTNING》，The Big Bopper

《GOOD OLD MOUNTAIN DEW》，Bascom Lamar Lunsford與Scotty Wiseman

二見鍾情

《SIPPIN' CIDER THROUGH A STRAW》，蘋果酒，Collins and Harlan

《PASS THE COURVOISIER》，干邑，Busta Rhymes

《EISGEKÜHLTER BOMMERLUNDER》，烈酒，無名

琴酒

《GIN HOUSE BLUES》，Bessie Smith

《GIN AND JUICE》，史努比狗狗

《COLD GIN》，親吻合唱團

龍舌蘭

《JOSÉ CUERVO》，Cindy Jordan

《STRAIGHT TEQUILA NIGHT》，John Anderson

《TEQUILA》，The Champs

調酒

《RUM AND COCA-COLA》，The Andrews Sisters

《BRASS MONKEY》，野獸男孩

《FUNKY COLD MEDINA》，Tone-Lōc

《ONE MINT JULEP》，The Clovers

《ESCAPE（THE PIÑA COLADA SONG）》，Rupert Holmes

《MARGARITAVILLE》，Jimmy Buffett

啤酒與威士忌

《ONE BOURBON, ONE SCOTCH, ONE BEER》，Amos Milburn

《JOHN BARLEYCORN》，無名

《THE JUICE OF THE BARLEY》，無名

《I DRINK ALONE》，George Thorogood and the Destroyers

《THE WILD ROVER》，無名

提倡理性飲酒

《THE PIG GOT UP AND SLOWLY WALKED AWAY》，布偶福滋熊

《REHAB》，艾美懷絲

酒精

《COCKTAILS FOR TWO》，艾靈頓公爵

《ONE FOR MY BABY (AND ONE MORE FOR THE ROAD)》，法蘭克辛納屈

《BRUCES' PHILOSOPHERS SONG》，Monty Python

《DRINKIN' MY BABY GOODBYE》，Charles Daniels Band

《GET MY DRINK ON》，Toby Keith

《I THINK I'LL JUST STAY HERE AND DRINK》，Merle Haggard

《LONGNECK BOTTLE》，Garth Brooks

《THE PIANO HAS BEEN DRINKING》，湯姆威茲

《LITTLE BROWN JUG》，Glenn Miller and His Orchestra

《MONKS OF THE SCREW》，Monks of the Screw

《SEVEN DRUNKEN NIGHTS》，都柏林人

《DROBNA DRABNITSA》，無名

《DRINKING AGAIN》，法蘭克辛納屈

《ONE MORE DRINK FOR THE FOUR OF US》，無名

《THE NIGHT PADDY MURPHY DIED》，Johnny Burke

《SHOW ME THE WAY TO GO HOME》，Irving King

《BUY U A DRANK (SHAWTY SNAPPIN')》，T-Pain

《CRACK A BOTTLE》，阿姆

《ONE MORE DRINK》，路得克斯

《CIGARETTES AND ALCOHOL》，綠洲合唱團

《HAPPY HOUR》，The Housemartins

《NIGHTTRAIN》，槍與玫瑰樂團

《PAINT BOX》，平克佛洛伊德樂團

《FAIRYTALE OF NEW YORK》，棒客樂團

《DRUNKEN SAILOR》，無名

《HELAN GÅR》，無名

《SHOTS》，笑本部

《SWIMMING POOLS (DRANK)》，Kendrick Lamar

《TIPSY》，J-Kwon

《TOO DRUNK TO F*CK》，Dead Kennedys

《TUBTHUMPING》，Chumbawamba

《VIENS BOIRE UN P'TIT COUP À LA MAISON》，License IV

《WASTED》，Carrie Underwood

《KISS ME, I'M SHITFACED》，Dropkick Murphys

《HIGH 'N' DRY (SATURDAY NIGHT)》，Def Leppard

啤酒

《CORONA》，The Minutemen

《BEEF AND BUTT BEER》，無名

《BAR ROOM BUDDIES》，克林伊斯威特與 Merle Haggard

《BEER FOR MY HORSES》，威利尼爾森與 Toby Keith

《BEER IN MEXICO》，Kenny Chesney

《BEERS AGO》，Toby Keith

《CHARLIE MOPPS》，無名

《I LIKE GIRLS THAT DRINK BEER》，Toby Keith

《REDNECKS, WHITE SOCKS AND BLUE RIBBON BEER》，Johnny Russell

《BEER BARREL POLKA》，列勃拉斯

《IM HIMMEL GIBT'S KEIN BIER (IN HEAVEN THERE IS NO BEER)》，Ernest Neubach

《ES GIBT KEIN BIER AUF HAWAII》，Paul Kuhn

《ROADHOUSE BLUES》，門戶樂團

《SAY IT AIN'T SO》，Weezer

《99 BOTTLES OF BEER》，無名

《THERE'S A TEAR IN MY BEER》，Hank Williams

《'TIS MONEY MAKES A MAN: OR, THE GOOD-FELLOWS FOLLY》，John Wade

《WHAT'S MADE MILWAUKEE FAMOUS (HAS MADE A LOSER OUT OF ME)》，Glen Sutton

《WIGGLE IT》，2 in a Room

葡萄酒

《HAVE SOME MADEIRA M'DEAR》，Flanders and Swann

《THE BOTTLE LET ME DOWN》，Merle Haggard

《DRINKING CHAMPAGNE》，Cal Smith

《DAYS OF WINE AND ROSES》，Henry Mancini

《RED RED WINE》，UB40/Neil Diamond

《BOTTLE OF WINE》，The Fireballs

《ELDERBERRY WINE》，艾爾頓強

《LILAC WINE》，Elkie Brooks

《GUBBEN NOAK CARL》，Michael Bellman

《SO HAPPY I COULD DIE》，女神卡卡

《SPILL THE WINE》，War

《SCENES FROM AN ITALIAN RESTAURANT》，Billy Joel

《YESTERDAY'S WINE》，威利尼爾森

《NORWEGIAN WOOD》，披頭四

酒精飲品可透過不同形式的冰塊、酒杯尺寸、非酒精飲品的添加，甚至杯口的裝飾以滿足各式飲者的需求。如果想來杯不加任何冰塊或調味的酒精飲品，只要跟調酒師喊聲「純的」（Neat）即可；如果你偏好喝完飲料再來一杯蘇打水，記得加點「back」；如果你想要鳳梨可樂達（paña colada），嗯……點就是了！

室溫純飲
NEAT

加冰塊
ON THE ROCKS

冰鎮過
CHILLED

去冰
UP

冰凍
FROZEN

高杯
TALL

飲品加蘇打水
WITH SODA (MIXED)

飲品隨另一杯蘇打水
WITH A SODA BACK

不甜／加甜
DRY/SWEET

雙倍份量
DOUBLE

加一片果皮
WITH A TWIST

稍微改變飲品顏色
DIRTY

一口杯
SHOT

常見添加物
- 冰塊
- 蘇打水
- 其他利口酒
- 檸檬／萊姆
- 威末苦艾酒
- 橄欖汁

調製方法
- B 混調
- S 攪拌

更多關於
本書

本書設計元素

大標1 華康明體W9，字體大小16pt

副標2

副標3

副標4

內文。華康明體W3、Baskerville Regular，字體大小10pt，行距15。所有酒精飲料都會先經過發酵過程──即由酵母菌轉化出酒精的過程，但發酵過後的酒精飲品還可繼續蒸餾，以讓酒精濃度提高。

箭頭與橫線

本書透過尺寸、顏色、線與點分類，並區分不同主題的等級

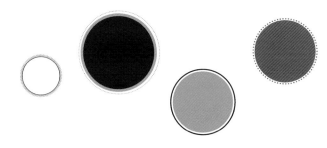

插圖通常以線條表示，並強調工業科技風格，主要是為了盡可能詳實呈現立面與比例。

標籤與標題則以多種色塊呈現，彰顯不同主題的分層，並選用最適合該圖象的格式。

主要用色

次要用色

參考資料

以下列出編輯團隊在製作此書時不斷查詢的各種資料。

酒精類

柯本全球氣候分類（World Maps of Köppen-Geiger climate classification）：koeppen-geiger.vu-wien.ac.at/

麥芽威士忌：malt-review.com/

美國農業部農業研究局（USDA Agricultural Research Service）：www.ars.usda.gov

麥芽大師（Master of Malt）：www.masterofmalt.com/

國立酒精濫用與酗酒機構（National Institute on Alcohol Abuse and Alcoholism）：www.niaaa.nih.gov/

世界衛生組織（World Health Organization）：www.who.int/en/

為植物命名（Name that Plant）：www.namethatplant.net

植物的未來（Plants for a Future）：pfaf.org/user/Default.aspx

植物的系統（Plant Systematics：plantsystematics.org/

歷史考古學俱樂部（Society for Historical Archaeology）：www.sha.org/

啤酒

在編撰酒的時候，《牛津啤酒指南》（*The Oxford Companion to Beer*）可以說是我們的終極參考指南，特別是在分辨容易混淆不清的啤酒類型之時。另外我們也參考了Joshua M. Bernstein所著的《啤酒完全課程》（*The Complete Beer Course*）。除此之外，我們還大量利用了啤酒愛好者網站（BeerAdvocate.com）的資料庫，為各種類的啤酒找出例子。BJCP啤酒評審認證機構（Beer Judge Certification Program，BJCP.com）所提供的SRM風格色譜（Standard Reference Method）、酒精濃度（ABV），與區分啤酒風格的量詞，則成為我們最終的參考指標。我們也參考了以下網站：

啤酒傳說（Beer Legends）：beerlegends.com/

評鑑啤酒（RateBeer）：www.ratebeer.com/

啤酒一二事（Beer Pulse）：beerpulse.com/

原裝啤酒花（Hopunion）：hopunion.com/

給我啤酒！（Beer Me!）：beerme.com/index.php

釀啤酒維基（Brew Wiki）：brewwiki.com/

釀啤酒約克（Brew York）：brewyorknewyork.com/

雅基瑪酒花（Yakima Chief）：yakimachief.com/

啤酒同好者（The Beer Connoisseur）：www.beerconnoisseur.com/

啤酒歷史（Beer History）：beerhistory.com/

啤酒獵人麥可傑克森（Michael Jackson, Beer Hunter）：beerhunter.com/

釀啤酒協會（Brewers Association）：www.brewersassociation.org/

美國自釀啤酒協會（American Homebrewers Association）：www.homebrewersassociation.org/

移民企業家（Immigrant Entrepreneurship）：www.immigrantentrepreneurship.org/index.php

德國：旅遊勝地（Germany: The Travel Destination）：www.germany.travel/en/index.html

液體麵包（Liquid Bread）：www.liquidbreadmag.com/

更多啤酒（MoreBeer）：www.morebeer.com/

舊金山啤酒協會（San Francisco Brewers Guild）：sfbrewersguild.org/

北區釀酒人（Northern Brewer）：www.northernbrewer.com/

波特蘭啤酒（Portland Beer）：www.portlandbeer.org/

真啤酒（True Beer）：www.truebeer.com/

斯洛維尼亞優質啤酒花（Slohops）：slohops.com/

啤酒閥（Beer Taps）：www.beertaps.com/

40盎司麥芽汁（40oz Malt Liquor）：www.40ozmaltliquor.com/

葡萄酒

在編撰葡萄酒的部分，我們得大大感謝Jancis Robinson以及她所編寫的所有葡萄酒專書，包括了《牛津葡萄酒指南》（*The Oxford Companion to Wine*）、《世界葡萄酒地圖》（*The World Atlas of Wine*）與《釀酒葡萄》（*Wine Grapes*）。釀酒葡萄與葡萄酒的族譜資訊均來自於《釀酒葡萄》與國際品種目錄網頁（www.vivc.de）。除此之外，我們也參考了以下網站：

《葡萄酒愛好者》（*Wine Enthusiast Magazine*）：www.winemag.com/

葡萄酒觀察家（Wine Spectator）：www.winespectator.com/

安達魯西亞.com（Andalucia.com）：andalucia.com/

薩塞克斯里斯本區歷史俱樂部（Sussex-Lisbon Area Historical Society）：slahs.org/

索諾瑪谷遊客辦公室（Sonoma Valley Visitors' Bureau）：www.sonomavalley.com/

全是葡萄酒（Total Wine & More）：www.totalwine.com/

葡萄酒厚夾克（The Wine Anorak）：www.wineanorak.com/

酒莊專家（Winerist）：www.winerist.com/

費爾店（Freshops）：freshops.com/

參觀葡萄牙（Visit Portugal）：www.visitportugal.com/en

奧地利葡萄酒（Austrian Wine）：www.austrianwine.com

新希臘葡萄酒（New Wines of Greece）：www.newwinesofgreece.com/home/

義大利葡萄酒（Vino Italiano）：www.vinoitaliano.com/

《美食美酒》（*Food & Wine Magazine*）：www.foodandwine.com

香檳委員會（Comité Champagne）：www.champagne.fr/

香檳導覽（Champagne Guide）：www.champagneguide.net/

紐西蘭葡萄酒（New Zealand Wine）：
www.nzwine.com/

義大利葡萄酒中心（Italian Wine Central）：
italianwinecentral.com/

奇揚替與托斯卡納釀酒葡萄品種（Chianti and Tuscany Wine Grape Varieties）：
www.chianti-chianti.info/

義大利製（Made in Italy）：
www.made-in-italy.com/

義大利釀酒鄉（WineCountry.it）：
www.winecountry.it/

阿根廷葡萄酒指南（Argentina Wine Guide）：
www.argentinawineguide.com/index.htm

布根地葡萄酒（Bourgogne Wines）：
www.bourgogne-wines.com/

酒窖之旅（Cellar Tours）：
www.cellartours.com/

隆河葡萄酒（Rhone Wines）：
www.rhone-wines.com/

法國風土（Terroir France）：
www.terroir-france.com/

阿爾薩斯葡萄酒（Alsace Wines）：
www.vinsalsace.com/en/

酒窖內幕（The Wine Cellar Insider）：
www.thewinecellarinsider.com/

酒農的寶藏（The Vintner's Vault）：
www.thevintnervault.com/

《釀酒人》（Winemaker）：winemakermag.com/

葡萄酒蛙（WineFrog）：www.winefrog.com/

葡萄酒教育（WineEducation.com）：
www.wineeducation.com/

煉金術士的葡萄酒觀點（The Alchemist's Wine Perspective）：www.wineperspective.com/

阿根廷葡萄酒（Wines of Argentina）：
www.winesofargentina.org

葡萄酒網絡（The Wine Web）：
www.wineweb.com/

干邑專家（Cognac Expert）：
www.cognac-expert.com/

葡萄酒專題（Winetitles Media）：
winebiz.com.au/

南非葡萄酒（Wines of South Africa）：
www.winesofsa.co.sa/

葡萄酒癡（Winophilia）：www.winophilia.com/

干邑二三事（All About Cognac）：
www.bnic.fr/cognac/_en/2_cognac/index.aspx

雪莉酒組織（Sherry.org）：www.sherry.org

發掘斗羅河岸（Discover Douro Valley：
www.discoverdourovalley.com/

雪莉酒筆記（SherryNotes）：
www.sherrynotes.com

多虧了Amy Stewart所著的《醉鬼之書》（The Drunken Botanist），讓我們有機會一探所有艱澀小眾的烈酒世界。而Stuart Walton與Brian Glover所著的《終極指南：葡萄酒、啤酒、烈酒與利口酒》（The Ultimate Encyclopedia of Wine, Beer, Spirits & Liqueurs）也在我們一頭栽進烈酒世界中提供了許多基本知識。以下還有更多我們參考的資料：

正視飲食與飲酒（Serious Eats: Drinks）：
drinks.seriouseats.com/

在家蒸餾酒精（Home Distillation of Alcohol）：
homedistiller.org/

石英（Quartz）：qz.com/

酒款評論（AlcoholReviews.com）：
alcoholreviews.com/

烈酒評論（Spirits Review）：spiritsreview.com/

我們是威士忌（Whiskies R Us）：
whiskiesrus.blogspot.com/

威士忌科學（Whisky Science）：
whiskyscience.blogspot.com/

蒸餾廠一覽（Distiller）：drinkdistiller.com/

酒精度66%（Proof66）：www.proof66.com/

蘇格蘭部落格（ScotchBlog）：
www.scotchblog.ca/scotch_blog/blog/

威士忌101（WhiskyBase）：
www.whiskybase.com/

工藝蒸餾廠（Artisan Distiller）：
artisan-distiller.net/

白俄羅斯飲品（Belarusian Beverages）：
belarusvodka.lv

藝匠蒸餾廠（Craft Distillers）：
www.craftdistillers.com/

迪弗指南（Difford's Guide）：
www.diffordsguide.com/

發掘飲品（drinkFind）：drink nd.com/

飲料專賣店（The Drink Shop）：
www.thedrinkshop.com/

烈酒.com（Liquor.com）：liquor.com/

威末苦艾酒101（Vermouth 101）：
vermouth101.com/

《飲家日誌》（The Drinks Business）：
www.thedrinksbusiness.com/

龍舌蘭.net（Tequila.net）：www.tequila.net/

麥芽狂熱（Malt Madness）：
www.maltmadness.com/index.html

龍舌蘭：尋找藍龍舌蘭草（Tequila: In Search of the Blue Agave）：www.ianchadwick.com/tequila/

探訪蘇格蘭（Visit Scotland）：
www.visitscotland.com/en-us/

全球威士忌大賞（World Whiskies Awards）
：www.worldwhiskiesawards.com/

蘇格蘭：威士忌與蒸餾廠（Scotland: Whisky and Distilleries）：
www.whisky-distilleries.info/index.htm

人人威士忌（Whisky for Everyone）：
www.whiskyforeveryone.com/index.html

網路調酒師（The Webtender）：
www.webtender.com/

蟲木俱樂部（The Wormwood Society）：
www.wormwoodsociety.org/

威士忌交換中心（The Whisky Exchange）：
www.thewhiskyexchange.com/

致謝

當我們於2010年成立 Pop Chart Lab 計畫時，對於公司的未來一點頭緒也沒有。成立至今，我們仍舊難以想像，公司已從區區兩人增加至二十多位，從少數幾個設計作品到今日超過一百件產品。我們想先謝謝各位購買本書的讀者，是你們讓意外創業的我們，實現了不可能的夢想。

我們為製作團隊設下的工作進度相當驚人，而當我們決定進行此任務時，也已決心要全力以赴。Pop Chart Lab 的每個人在兼顧研究與設計之實以外，還得顧及其他應盡事物，謝謝 Ashley Walker、Becky Joy、Will Prince與 Alex Fernbach；有你們才有這本書。也謝謝 Rachel Mansfield、Allison Laskin、Galvin Chow 與 Sam Peterson從不懈怠，每天為各種大小事務東奔西跑，讓我們專心埋首這本書的製作。

感謝企鵝出版社（Penguin）的 Lauren Marino 力勸我們撰寫這本書、Brian Tart 的熱情支持，以及 Emily Wunderlich 為我們醜陋的初稿給出回應。我們也感謝 Gigi Campo 和 Megan Newman 在計畫進行中抱持著希望，並帶著我們衝向終點線，更謝謝他們對於遲遲未完成的圖表始終保持耐心。謝謝 Anne Kosmoski 與 Casey Maloney 舉辦的公關活動，讓我們看起來很有型；也謝謝生產部門的 Justin Thrift 與 Bob Wojciechowski讓這本書印製完成。

——Ben與Patrick

Pop Chart Lab

本書編製團隊

PATRICK MULLIGAN
共同創立者
編輯

BEN GIBSON
共同創立者
美術編輯

ASHLEY WALKER
美術編輯

BECKY JOY
美術編輯

WILL PRINCE
研究員

ALEX FERNBACH
研究員

譯名索引

中文	原文
艾恩貝克	Einbeck
艾普羅利口酒	Aperol
艾爾頓強	Elton John
艾瑪鎮	Emmerdale
艾碧斯苦艾酒	Absinthe
艾德多爾	Edradour
艾靈頓公爵	Duke Ellington
血腥凱撒雞尾酒	Caesar
衣索比亞	Ethiopia
西弗斯法	Sylvoz
西瓜（形容詞）	Watermelon
西列諾斯	Silenus
西印度波特啤酒	West India Porter
西西里	Sicily
西岸IPA	West Coast IPA
西南產區	Southwest
西洋梨酒	Perry
西班牙	Spain
七劃	
伯恩丘	Côte de Beaune
伯納達	Bonarda
低地區	Lowlands
克里歐拉	Criolla
克拉芙蘭瓶（葡萄酒）	Clavelin
克拉倫甘蔗蒸餾酒	Kleren
克拉格摩爾	Cragganmore
克林伊斯威特	Clint Eastwood
克萊力士	Clynelish
克萊菈拉奇	Craigellachie
克雷耶特	Clairette
克羅埃西亞	Croatia
克羅茲－艾米達吉	Crozes-Hermitage
克朗巴布雞尾酒	Krambambula
冷凝器	Condenser
利口酒	Liqueur
利比亞	Libya
利古利亞	Liguria
利勃	Liber
利馬里	Limari
利奧哈	Rioja
利慕	Limoux
利樂包	Tetra Pak
君度橙酒	Cointreau
呂貝宏	Luberon
呂薩克－聖愛美濃	Lussac-Saint-Émilion
坎帕尼亞	Campania
坎培爾鎮	Campletown
宏都拉斯	Honduras
希加尼（渣釀白蘭地）	Singani
希谷麗亞（渣釀白蘭地）	Tsikoudia
希哈	Shiraz
希哈	Syrah
希普羅（渣釀白蘭地）	Tsipouro
希爾瓦那	Silvaner
希濃	Chinon
希臘	Greece
快速扣	Lightning Tog gle
李子（形容詞）	Plum
李子白蘭地	Plum Brandy
李子白蘭地	Slivovitz
李子酒	Plum jerkum
杏桃（形容詞）	Apricot
杜松子	Juniper Berries
杜賽道夫	Düsseldorf
杜蘭朵	El Dorado
汶萊	Brunei
汽油味（形容詞）	Petrol
沙拉米諾藍布魯斯科	Lambrusco Salamino
沙烏地阿拉伯	Saudi Arabi
灼熱的（形容詞）	Hot
牡丹（形容詞）	Peony
牡蠣	Oysters
狄俄尼索斯	Bacchus
狄俄尼索斯	Dionysus
男孩我最壞	Superbad
貝里斯	Belize
貝勒加德克萊雷	Clairette de Bellegarde
貝赫洛夫卡草本蒸餾酒	Becherovka
貝橋苦精	Peychaud's Bitters
赤道幾內亞	Equatorial Guinea
辛巴威	Zimbabwe
辛加尼酒渣白蘭地	Singani
辛辛那提	Cincinnati
辛辛那提WKRP電台	WKRP in Cincinnati
辛普森家庭	The Simpsons
辛雷	Schenley
辛辣的（形容詞）	Piquant
辛辣倫敦干型琴酒	Spiced London Gin
那瓦拉	Navarra
那帕	Napa
那帕市中心	Downtown Napa
那帕西南部	Southwest Napa
那帕南部	South Napa

中文	原文
那赫	Nahe
那薩芙芙羅棕櫚甜酒	Nsafufuo
里哈克	Lirac
八劃	
乳酸桿菌	Lactobacillus
乳糖／牛奶司陶特啤酒	Lactose/Milk Stout
乳霜愛爾	Cream Ale
亞力茴香蒸餾酒	Arak
亞力扣	Arak
亞伯菲迪	Aberfeldy
亞希吉	Yasigi
亞北椰花蒸餾酒	Arrack
亞美尼亞	Armenia
亞塞拜然	Azerbaijan
亞歷山大蜜思嘉	Muscat of Alexandria
亞歷山大藍布魯斯科	Lambrusca di Alessandria
佩內得斯	Penedès
佩科利諾	Pecorino
佩德尼亞斯	Valdepeñas
佩德羅希梅內斯	Pedro Giménez
佩德羅希梅內斯	Pedro Ximénez
佩薩克－雷奧良	Pessac-Léognan
侍酒師開瓶器	Waiter's Friend
侏羅	Jura
侏羅卡本內	Cabernet Jura
侏羅與薩瓦	Jura and Savoie
兔子	Rabbit
兔仔（開瓶器）	Rabbit
兩海之間	Entre-Deux-Mers
兩海之間－上貝諾吉	Entre-deux-Mers-Haut-Benauge
具架構的（形容詞）	Structured
具萃取度的（形容詞）	Extracted
典型的（形容詞）	Typicity
咖啡（形容詞）	Coffee
咖啡利口酒	Coffee Liqueur
坦尚尼亞	Tanzania
坦圖爾皮諾	Pinot Teinturier
奇恰酒	Chicha
奇峰	Mount Gay
奇異果（形容詞）	Kiwi
奇揚替	Chianti
奈及利亞	Nigeria
姆巴巴－姆瓦納－瓦麗莎	Mbaba Mwana Waresa
委內瑞拉	Venezuela
孟加拉	Bangladesh
季節特釀啤酒	Saison
尚比亞	Zambia
居由法	Guyot
帕林卡水果蒸餾酒	Pálinka
帕洛科塔多	Palo Cortado
帕瑟麗娜	Passerina
帕維拉布索	Raboso Piave
所羅門瓶（葡萄酒）	Solomon
披頭四	The Beatles
拉加維林	Lagavulin
拉布索	Raboso
拉弗格	Laphroaig
拉扣	Pull Tab
拉扣	Zip Tab
拉格	Lager
拉格酵母	Lager Yeast
拉格酵母	Saccharomyces pastorianus
拉格蘭	Lagrein
拉基亞水果蒸餾酒	Rakija
拉曼恰	La Mancha
拉脫維亞	Latvia
拉斯多	Rasteau
拉隆－波美侯	Lalande-de-Pomerol
拉雯與雪莉	Laverne & Shirley
拉齊奧	Lazio
拉德加斯特	Radegast
拉環	Ring Top Pull Tab
昂登	Ondenc
易開罐	Can
東岸IPA	East Coast IPA
東帝汶	East Timor
東區人	EastEnders
松鼠	Squirrel
林可伍德	Linkwood
林恩臂	Lyne Arm Pipe
林納史金納	Lynyrd Skynyrd
果醬味（形容詞）	Jammy
油或醋漬橄欖（形容詞）	Marinated Olives
油耗味（形容詞）	Oily
法式窖藏啤酒	Bière de Garde
法式愛爾	French Ale

中文	原文
法茲	Pfalz
法國	France
法國茴香酒	Anisette
法蘭克尼亞	Franconia
法蘭克辛納屈	Frank Sinatra
法蘭德斯	Flanders
法蘭德斯紅愛爾	Flanders Red Ale
泛指木質香氣（形容詞）	Woody (nonspecic)
泛指果味（形容詞）	Fruity (nonspecic)
泛指花香（形容詞）	Flowery (nonspecic)
泛指紅果（形容詞）	Red Fruit(nonspecic)
泛指草本香氣（形容詞）	Herbaceous (nonspecic)
泛指乾燥香草（形容詞）	Dried Herbs(nonspecic)
泛指堅果味（形容詞）	Nutty (nonspecic)
波士尼亞	Bosnia
波布拉諾辣椒	Ancho
波本威士忌	Bourbon Whisk(e)y
波札那	Botswana
波多黎各	Puerto Rico
波希米亞皮爾森啤酒	Bohemian Pilsner
波奈	Bonaire
波美侯	Pomerol
波特酒	Port
波特啤酒	Porter
波茨維爾	Pottsville
波森莓（形容詞）	Boysenberry
波雅克	Pauillac
波爾多	Bordeaux
波爾多上貝諾吉	Bordeaux-Haut-Benauge
波爾多上貝諾吉白酒	Bordeaux Haut-Benauge
波爾多干型白酒	Bordeaux Sec
波爾多丘聖馬凱	Côtes de Bordeaux St-Macaire
波爾多弗朗克紅酒	Bordeaux Côtes de Francs
波爾多白氣泡酒	Crémant de Bordeaux White
波爾多白酒	Bordeaux White
波爾多紅酒	Bordeaux Red
波爾多首丘	Premières Côtes de Bordeaux
波爾多粉紅氣泡酒	Crémant de Bordeaux Rosé
波爾多粉紅酒	Bordeaux Rosé
波爾多淡紅葡萄酒	Bordeaux Clairet
波爾多優級酒	Bordeaux Supérieur
波爾多哈區	Campo de Borja
波德	Boulder
波羅的海特釀啤酒	Baltic Porter
波蘭	Poland
狐狸味（形容詞）	Foxy
玫瑰（形容詞）	Rose
玫瑰果酒	Rose Hip wine
肥胖的（形容詞）	Fat
肩型（醒酒器）	Shoulder
肯亞	Kenya
肯塔基	Kentucky
芝加哥	Chicago
芬蘭	Finland
芭樂（形容詞）	Guava
花序	Flower Cluster
芳香類（祕魯皮斯可）	Aromáticas (Peruvian Pisco)
芽	Bud
表現豐富的（形容詞）	Expressive
金巴利香甜酒	Campari
金色蘭姆酒	Gold Rum
金芬黛	Zinfandel
金盃	Drambuie
金粉黛	Primitivo
金黃愛爾	Blonde Ale
金黃葡萄乾（形容詞）	Golden Raisins
金瑪薩拉	Oro Marsala
金賓	Jim Beam
金屬	Southern Comfort
金屬（形容詞）	Metallic
長枝	Cordon
長的（形容詞）	Long
長普賽克	Prosecco Lungo
門戶樂團	The Doors
門西亞	Mencía
阿內斯	Arneis
阿布魯佐	Abruzzo
阿布魯佐特雷比亞諾	Trebbiano d'Abruzzo
阿弗萊侯	Alfrocheiro
阿瓜甸得	Aguardiente
阿夸維特加味蒸餾酒	Akevitt
阿夸維特穀物蒸餾酒	Akvavit
阿夸維特／阿夸維特	Aquavit/Akavit
阿里坎特	Alicante
阿里岡特布榭	Alicante Bouschet
阿里哥蝶	Aligote

中文	原文
阿依倫	Airén
阿姆	Eminem
阿拉伯聯合大公國	United Arab Emirates
阿空加瓜	Aconcagua
阿奎布拉凱多	Brachetto D'Acqui
阿哥里亞尼科	Aglianico
阿根廷	Argentina
阿茲特克	Aztec
阿曼	Oman
阿富汗	Afghanistan
阿斯提	Asti
阿斯提巴貝拉	Barbera d'Asti
阿斯提蜜思嘉	Moscato d'Asti
阿普爾頓	Appleton Estate
阿瑞圖	Arinto
阿爾	Ahr
阿爾及利亞	Algeria
阿爾巴尼亞	Albania
阿爾巴哪	Lacrima di Morro d'Alba
阿爾薩斯	Alsace
阿蒙提亞多	Amontillado
阿魯巴	Aruba
青椒（形容詞）	Bell Pepper
非年份香檳	Champagne NV
九劃	
俄羅斯	Russia
俄羅斯帝國司陶特啤酒	Russian Imperial Stout
俏妞報到	New Girl
保加利亞	Bulgaria
保樂力加	Pernod Ricard
俠盜獵車手	Grand Theft Auto IV
冠	Head
冠癭病	Crown Gall
勃區啤酒	Bock
南方安逸香甜酒	Southern Comfort
南瓜	Pumpkin
南瓜愛爾	Pumpkin Ale
南非	South Africa
南韓	South Korea
南蘇丹	South Sudan
厚重的（形容詞）	Heavy
咬口（形容詞）	Grippy
品脫杯	Pint
哈瓦那辣椒	Habanero
哈利波特	Harry Potter
哈得遜河傘狀法	Hudson River Umbrella
哈欽森瓶塞	Hutchinson Stopper
哈薩克	Kazakhstan
威士忌	whiskey
威末苦艾酒	Vermouth
威利尼爾森	Willie Nelson
威利柏	Willibecher
威雀	The Famous Grouse
封閉的（形容詞）	Closed
帝王	Dewar's
帝王（葡萄酒）	Impèriale
帝亞尼	Teaninich
帝亞吉歐	Diageo
帝國IPA	Imperial IPA
帝國司陶特啤酒	Imperial Stout
恰恰（渣釀白蘭地）	Chacha
扁桃仁	Almonds
扁桃仁（形容詞）	Almond
扁桃仁利口酒	Amaretto
按鈕蓋	Push Tab
星際大戰	Star Wars
星際爭霸戰	Star Trek
春季勃克啤酒	Maibock
柄	Petiole
柏拉圖濃度	degree Plato
柏林	Berlin
柏林白啤酒	Berliner Weisse
柑曼怡柑橘酒	Grand Marnier
柔軟的（形容詞）	Soft
柔軟的（形容詞）	Supple
柔順的（形容詞）	Mellow
柔愛爾	Mild Ale
查普爾秀	Chappelle's Show
查德	Chad
柬埔寨	Cambodia
柯蒂斯	Cortese
柱型切割（醒酒器）	Pillar Cut
柱腳型（杯梗）	Pedestal
柳橙雪泥（形容詞）	Orange Sorbet
柳橙雪酪（形容詞）	Orange Sherbet
洛坎多	Knockando
活力十足的（形容詞）	Vigorous
活潑的（形容詞）	Zippy
派皮（形容詞）	Piecrust
玻利維亞	Bolivia
珍妮瓶（葡萄酒）	Jeannie
皇家布萊克拉	Royal Brackla
皇家禮炮	Royal Salute

中文	原文
皇家藍勛	Royal Lochnagar
砂	Sand
科威特	Kuwait
科爾加瓜	Colchagua
科納	Kerner
科隆	Cologne
科隆啤酒	Kölsch
科爾比	Corby
科維納	Corvina
突尼西亞	Tunisia
約旦	Jordan
約翰走路	Johnnie Walker
紅／白醋栗酒	Red/White Currant wine
紅石榴利口酒	Pomegranate Liqueur
紅格那希	Garnacha Roja
紅格那希	Garnacha Tinta
紅酒	Rosso
紅矮星號	Red Dwarf
紅瑪薩拉	Rubino Marsala
紅寶石波特	Ruby Port
美式大麥酒	American Barley Wine
美式小麥愛爾	American Wheat Ale
美式司陶特	American Stout
美式皮爾森啤酒	American Pilsner
美式拉格	American Lager
美式波特	American Porter
美式金黃愛爾	American Blonde Ale
美式帝國皮爾森啤酒	American Imperial Pilsner
美式烈性愛爾	American Strong Ale
美式深色拉格	American Dark Lager
美式淺色拉格	American Pale Lager
美式淺色愛爾	American Pale Ale
美式野味愛爾	American Wild Ale
美式棕味愛爾	American Brown Ale
美式琥珀愛爾	American Amber Ale
美式裸麥愛爾	American Rye Ale
美式輔料拉格	American Adjunct Lager
美式雙倍司陶特啤酒	American Double Stout
美國	USA
美國威士忌	American Whisk(e)y
美國農業部	USDA
美國調和威士忌	Blended American Whisk(e)y
美屬維京群島	Virgin Islands (US)
耶克拉	Yecla
耶羅波安瓶（葡萄酒）	Jeroboam
胡米亞	Jumilla
胡西雍	Roussillon
胡姍	Roussanne
胡耶達	Rueda
胡桃（形容詞）	Walnut
胡椒味（形容詞）	Peppery
英尺高爾	Inch Gower
英式IPA	English IPA
英式大麥酒	English Barleywine
英式波特啤酒	English Porter
英式苦啤酒	English Bitter
英式烈性波特啤酒	English Stout Porter
英式烈性特級苦啤酒	ESB
英式烈性愛爾	English Strong Ale
英式淺色愛爾	English Pale Ale
英式棕愛爾	English Brown Ale
英國	United Kingdom
英雄不回頭	Once Upon a Time in Mexico
英屬維京群島	Virgin Islands (GB)
茂雷	Maule
茅利塔尼亞	Mauritania
迦納	Ghana
迪城	Die
迪恩斯頓	Deanston
風土條件	Terroir
風味青綠（形容詞）	Green
風味煙燻（形容詞）	Smoky
風乾葡萄甜酒	Passito
飛出個未來	Futurama
香瓜	Melon
香料蘋果（形容詞）	Spiced Apple
香料蘭姆酒	Spiced Rum
香草（形容詞）	Vanilla
香甜酒	Crème
香蕉（形容詞）	Banana
香蕉香甜酒	Crème de Banane
香蕉酒	Tonto
香檳	Champagne
香檳啤酒	Bière Brut
香檳啤酒	Bière de Champagne
香檳傳統釀法	Méthode Traditionelle
十劃	
修道院	Abbey
倍西甘蔗微甜酒	Basi
倒鈴杆型（杯梗）	Inverted Baluster
倫巴底	Lombardy
倫茨摩塞爾法	Lenz Moser

中文	原文
倫敦干型香料琴酒	Spiced London Dry Gin
倫敦干型琴酒	London Dry Gin
剛果民主共和國	Democratic Republic of the Congo
剛果共和國	Republic of the Congo
原始比重	original gravity
哥倫比亞	Colombia
哥斯大黎加	Costa Rica
唐Q	Don Q
埃及	Egypt
埃爾基	Elqui
埃諾省	Hainault
夏布利	Chablis
夏布利一級園	Chablis Premier Cru
夏布利特級園	Chablis Grand
夏多內	Chardonnay
夏威夷之虎	Magnum, P.I.
夏隆內區	Côte Charlonnaise
島區	Islands
庫里科	Curicó
徒長枝	Watersprout
恭德里奧	Condrieu
扇葉退化病	Fanleaf Degeneration
拿破崙（白蘭地）	Napoléon
挪威	Norway
時蘿（形容詞）	Dill
朗摩恩	Longmorn
柴油味（形容詞）	Diesel
根瘤蚜蟲	Phylloxera
格文	Girvan
格列拉	Glera
格列哥	Greco
格利普霍姆	Gripsholm
格那希	Grenache
格里尼昂	Grignan-les-Adhémar
格里洛	Grillo
格里葉堡	Château- Grillet
格拉夫	Graves
格拉夫優軸白酒	Graves Supérieures
格拉西亞諾	Graciano
格拉帕（渣釀白蘭地）	Grappa
格拉費拉波特	Garrefeira Port
格烏茲塔明那	Gewürztraminer
格瑞那達	Grenada
格藍蓋瑞	Glen Garioch
格蘭父子	William Grant & Sons
格蘭布雷珍藏	Glen Breton Rare
格蘭利威	Glenlivet
格蘭坎登	Glencadam
格蘭杜倫	Glendullan
格蘭花格	Glenfarclas
格蘭金奇	Glenkinchie
格蘭阿拉契	Glenallachie
格蘭洛斯	Glenlossie
格蘭哥尼	Glengoyne
格蘭莫雷	Glen Moray
格蘭陶蘭特	Glenturret
格蘭傑	Glenmorangie
格蘭斯考蒂亞	Glen Scotia
格蘭斯貝	Glen Spey
格蘭登納	Glen Turner
格蘭菲迪	Glenfiddich
格蘭愛琴	Glen Elgin
格蘭葛蘭特	Glen Grant
格蘭蓋爾	Glengyle
格蘭歐得	Glen Ord
格蘭濤切爾	Glentauchers
水蜜桃（形容詞）	Peach
桃味杜松子酒	Peach Schnapps
桑椹果醬（形容詞）	Mulberry Jam
氣泡酒	Sparkling
氣泡酒（匈牙利）	Pezsgö
氣泡酒（西班牙）	Cava
氣泡酒（法國）	Crémant
氣泡酒（義大利）	Spumante
氣泡酒（葡萄牙）	Espumante
氣泡酒（德國）	Sekt
氧化的（形容詞）	Oxidized/Oxidative
泰國	Thailand
泰得蜂蜜酒	Tej
海地	Haiti
海悅	Heaven Hill
烈性淺色愛爾	Strong Pale Ale
烏干達	Uganda
烏佐茴香蒸餾酒	Ouzo
烏佐酒	Ouzo
烏克蘭	Ukraine
烏克蘭伏特加	Horilka
烏拉圭	Uruguay
烏茲別別克	Uzbekistan
烏龍巡警	Super Troopers
烘焙（形容詞）	Baked
烤大麥	Roasted Barley
烤小麥	Torrified Wheat
烤彩椒（形容詞）	Roasted Peppers
烤焦吐司（形容詞）	Burnt Toast

中文	原文
烤麵包味（形容詞）	Toasty
特比亞諾莫德內塞	Trebbiano Modenese
特別（智利皮斯可）	Especial (Chilean Pisco)
特姆度	Tamdhu
特拉西納蜜思嘉	Moscato di Terracina
特倫托—上阿迪杰	Trentino-Alto Adige
特倫河畔波頓	Burton-on-Trent
特級（智利皮斯可）	Gran (Chilean Pisco)
特級陳年索雷拉（赫雷茲白蘭地）	Solera Gran Reserva (Brandy de Jerez)
特級陳年龍舌蘭	Extra Añejo Tequila
特斯卡瓊特卡托	Tezcatzontecatl
特選晚摘	Auslese
班努斯	Banyuls
班瓊斯	Benrinnes
班瑞克	Benriach
班羅馬克	Benromach
留置式拉環	Sta-Tab
真貝酵母	Saccharomyces eubayanus
祕魯	Peru
祖魯	Zulu
神奇酒釀	Strange Brew
窄口闡香杯	Snifter
笑本部	LMFAO
粉紅內比歐露	Nebbiolo Rosé
粉紅克萊雷	Clairette Rose
粉紅佳人	Pinky
粉紅波特	Rosé Port
粉紅胡椒（形容詞）	Pink Pepper
粉紅酒	Rosé
納米比亞	Namibia
紐西蘭	New Zealand
紐約市	New York City
紐奧良	New Orleans
純酒令	Reinheitsgebot
純粹類（祕魯皮斯可）	Puro (Peruvian Pisco)
索比斯基	Sobieski
索甸	Sauternes
索馬利亞	Somalia
索雷拉（赫雷茲白蘭地）	Solera (Brandy de Jerez)
索雷拉系統	Solera
缺乏骨架的（形容詞）	Spineless
翁布里亞	Umbria
臭鼬味（形容詞）	Skunk
茴香利口酒	Pastis/Sambuca
茶（形容詞）	Tea
茶色波特	Tawny Port
草本利口酒	Kräuterlikör
草味（形容詞）	Grassy
草莓（形容詞）	Strawberry
荔枝（形容詞）	Lychee
起司味（形容詞）	Cheesy
起瓦士	Chivas Regal
迷迭香	Rosemary
追愛總動員	How I Met Your Mother
酒汁	Wash
酒國英雄榜	Beerfest
酒壺	Growler
酒渣波特	Crusted Port
酒窖啤酒	Keller Beer
酒精濃度	Alcohol by Volume, ABV
馬丁尼克	Martinique
馬卡貝歐	Macabeo
馬卡貝歐	Maccabéo
馬卡龍（形容詞）	Macaroon
馬奶酒	Kumis
馬利	Mali
馬來西亞	Malaysia
馬其頓	Macedonia
馬味（形容詞）	Horsey
馬姍	Marsanne
馬拉加與馬拉加山脈	Málaga y Sierras de Málaga
馬拉威	Malawi
馬耶司里藍布魯斯科	Lambrusco Maestri
馬貢	Mâcon
馬貢村莊	Mâcon-Villages
馬莎拉酒	Marsala
馬給	Marche
馬瑟蘭	Marselan
馬達加斯加	Madagascar
馬鈴薯	Potatoes
馬雷科	Malleco
馬爾他	Malta
馬爾瓦西	Malvasia
馬爾地夫	Maldives
馬爾貝克	Malbec
馬德里葡萄酒	Vinos de Madrid
馬德拉味（形容詞）	Maderized
馬德拉酒	Madeira

中文	原文
馬鞍皮革味（形容詞）	Saddle Leather
高地	Highlands
高地騎士	Highland Park
高倫巴	Colombard
高納斯	Cornas
高貴的（形容詞）	Noble
高雅的（形容詞）	Elegant
高腳杯	Goblet
高樹	Highwood
高隱酒	Cauim
十一劃	
乾淨的（形容詞）	Clean
乾葡精選	Trockenbeernauslese
乾燥果皮（形容詞）	Fruit Leather
偉倫瓦孔達爾	Condado de Huelva
偉倫瓦麗詩丹	Listán de Huelva
健壯的（形容詞）	Sound
唯內多	Veneto
啤酒	Beer
啤酒味（形容詞）	Beery
啤酒花	Hops
啤酒馬克杯	Mug
啤酒馬克杯	Stein
啤酒靴	Beer Boot
國際琴酒	International Gin
國際賦苦單位	International Bittering Units, IBU
培根（形容詞）	Bacon
培根脂肪（形容詞）	Bacon Fat
基礎麥芽	Base Malt
堅果	Nut
堅果蜜糖（形容詞）	Pralines
堅硬的（形容詞）	Hard
堅硬的（形容詞）	Rigid
密爾瓦基	Milwaukee
帶有辛香氣味的（形容詞）	Spicy
康乃馨（形容詞）	Carnation
強勁的（形容詞）	Powerful
捲葉病	Leafroll Virus
捷克共和國	Czech Republic
敘利亞	Syria
教皇新堡	Châteauneuf-du-Pape
旋轉式（開瓶器）	Twist Bottle
旋轉把手（開瓶器）	Spin Handle
晚裝瓶年份波特	LBV Port
晚摘	Spätlese
曼羅拉	Manchuela
曼諾摩爾	Mannochmore
曼薩尼亞	Manzanilla
梅多克	Médoc
梅洛	Merlot
梅茲卡爾龍舌蘭	Mezcal
梅乾（形容詞）	Prune
梅普	Maipo
梅奧基爾（葡萄酒）	Melchior
梅森啤酒	Märzen
梗味（形容詞）	Stemmy
梨子（形容詞）	Asian Pear
殺手悲歌	El Mariachi
液體比重計	hydrometer
淋濕的狗味（形容詞）	Wet Dog
淡／銀／白色蘭姆酒	Light/Silver/White Rum
淤泥	Silt
深色小麥啤酒	Dunkelweizen
深色勃克啤酒	Dunkler Bock
深色蘭姆酒	Dark Rum
淺色勃克啤酒	Helles
淺色愛爾	Pale Ale
清淡無味的（形容詞）	Insipid
清淡蘭姆酒	Light Rum
爽脆的（形容詞）	Crisp
現時（智利皮斯可）	Corriente (Chilean Pisco)
甜瓜（形容詞）	Melon
甜的（形容詞）	Sweet
甜美司陶特啤酒	Sweet Stout
甜雪莉	Jerez Dulce
甜菜根（形容詞）	Beet
甜膩的（形容詞）	Cloying
甜鮮奶油（形容詞）	Sweet Cream
甜點酒	Dessert Wines
畢多羅甘蔗蒸餾酒	Pitorro
畢斯科渣釀白蘭地	Pisco
異形	Alien
硫化物（形容詞）	Sulfides
章魚型（開瓶器）	Octopus
笛型杯	Flute
符騰堡	Württemberg

中文	原文
粗劣的（形容詞）	Coarse
粗澀的（形容詞）	Harsh
粗糙的（形容詞）	Rough
細菌導致枯萎	Bacterial Blight
細緻的（形容詞）	Delicate
細緻的（形容詞）	Finesse
荷蘭	Netherlands
荷蘭琴酒	Dutch Gin
荷蘭琴酒	Genever Gin
荷蘭琴酒	Jenever
荸薺（形容詞）	Water Chestnut
莓果水果塔（形容詞）	Berry Tart
莖味（形容詞）	Stalky
莫三比克	Mozambique
莫利納拉	Molinara
莫瑞	Maury
蛀蟲	Borer
袋鼠	Kangaroo
軟木塞味（形容詞）	Corky
都明多	Tomintoul
都柏林人	The Dubliners
野火雞	Wild Turkey
野味酵母	"Brett" Yeast
野味酵母	Brettanomyces bruxellensis & Brettanomyces anomalus
野獸男孩	Beastie Boys
陳年	Reserve Port
陳年（智利皮斯可）	Reservado (Chilean Pisco)
陳年索雷拉（赫雷茲白蘭地）	Solera Reserva (Brandy de Jerez)
陳年龍舌蘭	Añejo Tequila
雪松（形容詞）	Cedar
雪茄盒（形容詞）	Cigar Box
雪莉酒	Sherry
雪莉產區	Jerez-Xérès-Sherry
頂級／陳年蘭姆酒	Premium/Aged Rum
頂級特釀香檳	Prestige Cuvée
鹿	Deer
麥卡倫	The Macallan
麥克道夫	MacDuff
麥芽威士忌	Malt Whisky
麥芽酒	Malt Liqour
麥芽漿	Mash
麥基洗德瓶（葡萄酒）	Melchizedek
十二劃	
傑克丹尼爾	Jack Daniel's
凱爾特	Celtic
博亞	Boal
博姆—威尼斯	Beaumes-de-Venise
博姆—威尼斯蜜思嘉	Muscat de Beaumes-de-Venise
博特	Botran
喀麥隆	Cameroon
喬治狄可	George Dickel
喬治亞	Georgia
喬阿帕	Choapa
單一麥芽威士忌	Single Malt Whisk(e)y
單一壺式蒸餾	Single Pot
單一園年份波特	Single Quinta Vintage Port
單一穀物	Single Grain
單針式（開瓶器）	Popper
壺式蒸餾器	Pot
幾內亞	Guinea
廊酒	Bénédictine
惡夜追殺令	From Dusk Till Dawn
提斯溫酒	Tiswin
揚特維爾	Yountville
斐濟	Fiji
斯卡帕	Scapa
斯貝河畔區	Speyside
斯貝波恩	Speyburn
斯貝塞	The Speyside
斯那普蒸餾酒	Schnapps
斯里蘭卡	Sri Lanka
斯拉夫	Slavic
斯洛伐克	Slovakia
斯洛維尼亞	Slovenia
斯特拉斯克萊德	Strathclyde
斯特拉塞拉斯	Strathisla
斯塔谷地	Aosta Valley
斯圖加特	Stuttgart
普利亞	Puglia
普里奧拉	Priorat
普依—富塞	Pouilly-Fuissé
普逵酒	Pulque
普塞爾	Pusser's
普爾甘—聖愛受美濃	Puisseguin Saint-Émilion
普賽克	Prosecco
普賽克阿梭羅	Asolo Prosecco
普羅旺斯	Provence
智利	Chile
最終比重	Final Gravity
朝鮮薊（形容詞）	Artichoke

中文	原文
棒狀杯	Stange
棒客樂團	The Pogues
棕色波特啤酒	Brown Porter
棕色愛爾	Brown Ale
棕櫚酒	Toddy
殘留糖分	Residual Sugar
渣釀白蘭地	Pomace Brandy
渣釀白蘭地（匈牙利）	Törkölypálinka
渣釀白蘭地（西班牙）	Orujo
渣釀白蘭地（克里特島）	Tsikoudia
渣釀白蘭地（希臘）	Tsipouro
渣釀白蘭地（法國）	Marc
渣釀白蘭地（玻利維亞）	Singani
渣釀白蘭地（喬治亞）	Chacha
渣釀白蘭地（義大利）	Grappa
渣釀白蘭地（賽普勒斯）	Zivania
湄公蜜蒸餾酒	Mekhong
湯姆威茲	Tom Waits
無花果（形容詞）	Fig
焦油（形容詞）	Tar
焦炭煉製法	coke smelting
焦糖	Caramel
焦糖布蕾（形容詞）	Crème Brûlée
焦糖麥芽	Caramel Malt
琥珀愛爾	Amber Ale
琥珀瑪薩拉	Ambra Marsala
琴酒	Gin
番茄（形容詞）	Tomato
番茄甜辣醬（形容詞）	Tomato Chutney
發泡酒	Happoshu
發酵	Fermentation
短的（形容詞）	Short
箭肉發達的（形容詞）	Muscular
紫羅蘭（形容詞）	Violet
結晶麥芽	Crystal Malt
絕命毒師	Breaking Bad
絕對伏特加	Absolut
菊花	Dandelion petals
菲奈特苦草本蒸餾酒	Fernet
菲律賓	Philippines
菲諾	Fino
菸草（形容詞）	Tobacco
萊比錫	Leipzig
萊比錫小麥酸啤酒	Gose
萊姆（形容詞）	Lime
萊茵	Rhine
萊茵高	Rheingau
萊茵黑森	Rheinhessen
萌芽苗	Shoot
萌芽苗尖端	Shoot Tip
著果	Fruit Set
象牙海岸	Côte D'ivoire
貴腐酒	Noble Rot Wine
貴腐精選	Beernauslese
貴腐黴病	Noble Rot
費薩	Freisa
超濃蘭姆酒	Overproof Rum
越南	Vietnam
距	Spur
週六夜現場	Saturday Night Live
開心果（形容詞）	Pistachio
隆河	Rhône
隆河丘	Côtes du Rhône
隆格多克	Languedoc
雅柏	Ardbeg
雅馬邑白蘭地	Armagnac
集中的（形容詞）	Concentrated
雲頂	Springbank
順口（形容詞）	Smooth
馮度	Ventoux
黃瓜（形容詞）	Cucumber
黃樟（形容詞）	Sassafras
黑IPA	Black IPA
黑中白香檳	Blanc de Noirs
黑加美	Gamay Noir
黑瓦倫提諾	Valentino Nero
黑皮普	Picpoul Noir
黑皮諾	Pinot Nero
黑死穀物蒸餾酒	Brennivin
黑色麥芽	Black Malt
黑刺莓	Blackthorn Fruit
黑刺李琴酒	Sloe Gin
黑果若	Grolleau Noir
黑胡椒（形容詞）	Black Pepper
黑格那希	Grenache Noir
黑啤酒	Schwarzbier
黑得瑞	Terret Noir
黑莓（形容詞）	Blackberry
黑博比諾	Bombino Nero
黑森苗山道	Hessische Bergstrasse

十三劃

中文	原文
黑達渥拉	Nero d'Avola
黑維門替諾	Vermentino Nero
黑蒙仙	Manseng Noir
黑醋栗（形容詞）	Blackcurrant
黑醋栗香甜酒	Crème de Cassis
黑醋栗香甜酒（形容詞）	Crème de Cassis
黑黴酸釀啤酒	Faro Lambic
黑黴病	Black Rot

中文	原文
傳統（智利皮斯可）	Tradicional (Chilean Pisco)
塑膠（形容詞）	Plastic
塔吉克	Tajikstan
塔納	Tannat
塔維	Tavel
塞內加爾	Senegal
塞隆	Cérons
塞爾維亞	Serbia
奧吉水果蒸餾酒	Oghi
奧地利	Austria
奧托奈蜜思嘉	Muscat Ottonel
奧克維爾	Oakville
奧爾班	Allt-á-Bhainne
奧特摩爾	Aultmore
媽媽的家	Mama's Family
微氣泡酒	Frizzante
微甜	Sec
微陳年龍舌蘭	Reposado Tequila
愛丁頓	Edrington
愛沙尼亞	Estonia
愛爾	Ale
愛爾酵母	Ale Yeast
愛爾酵母	Saccharomyces cerevisiae
愛爾蘭	Ireland
愛爾蘭干型司陶特酒	Dry Irish Stout
愛爾蘭司陶特啤酒	Irish Stout
愛爾蘭波特啤酒	Irish Porter
愛爾蘭威士忌	Irish Whisk(e)y
愛爾蘭愛爾	Irish Ale
新加坡	Singapore
新美式琴酒	New American Gin
新烏爾姆	New Ulm
新酒	Vino Noville
新鮮的（形容詞）	Fresh
椰子（形容詞）	Coconut
極干型琴酒	Extra Dry Gin
極不甜	Extra Brut
煙燻啤酒	Rauchbier
獅子山	Sierra Leone
瑞士	Switzerland
瑞典	Sweden
瑟西爾	Sercial
瑟雷諾維岱荷	Verdejo Serrano
督伯汀	Tullibardine
節間	Internode
節點	Node
經典（醒酒器）	Classic
義大利	Italy
義大利亞	Italia
聖巴泰勒米	St Barthélemy
聖文森及格瑞那丁	St. Vincent & The Grenadines
聖皮特羅	San Pietro
聖安東尼	Sant'Antonio
聖安東尼奧	San Antonio
聖朱利安	Saint-Julien
聖克里斯多福及尼維斯	St. Kitts & Nevis
聖佩雷	Saint-Péray
聖杯	Chalice
聖海倫娜	St. Helena
聖海倫娜中部	Central St. Helena
聖海倫娜市中心	Downtown St. Helena
聖海倫娜西北部	Northwest St. Helena
聖海倫娜南部	South St. Helena
聖納羅辣椒	Serrano
聖酒	Vin Santo
聖酒甜紅酒	Vin Santo Rosso
聖馬丁	St. Martin
聖喬治－聖愛美濃	Saint-Georges Saint-Émilion
聖喬瑟夫	St-Joseph
聖富瓦波爾多	St-Foy-Bordeaux
聖愛美濃	St-Émilion
聖愛美濃衛星產區	St-Émilion Satellites
聖愛斯臺夫	St-Estephe
聖路易	St. Louis
聖瑪麗亞	Santa Maria
聖露西亞	St. Lucia
腺蟲	Nematode
萬索布雷	Vinsobres
萬惡城市	Sin City
葉片	Leaf Blade
葉門	Yemen
葉蟬	Leafhopper

中文	原文
葛縷子	Caraway Seeds
葛縷子利口酒	Kummel
葡萄（形容詞）	Grape
葡萄牙	Portugal
葡萄柚（形容詞）	Grapefruit
葡萄酒	Wine
葡萄酒杯	Wine Glass
葡萄乾（形容詞）	Raisin
葡萄渣	Must
葡萄糖	Glucose
蛾	Moth
蜂蜜（形容詞）	Honey
蜂蜜香甜酒	Drambuie
蜂蜜酒	Mead
路得克斯	Ludacris
道摩爾	Dailuaine
達夫鎮	Dufftown
鉛筆屑（形容詞）	Pencil Shavings
雷克	Reyka
雷昂地區	Tierra de León
電台主播	NewsRadio
飼料玉米	Field Corn
麂皮（形容詞）	Suede
鼠尾草（形容詞）	Sage

十四劃

中文	原文
像在懸崖邊（形容詞）	Cliff-Edge
圖力加梅酒	Tuică
圖亞克棕櫚甜酒	Tuak
塵土味（形容詞）	Dirty
夢魘惡魔	Dexter
寧卡西	Ninkasi
榛果（形容詞）	Hazelnut
榭密雍	Sémillon
榲桲（形容詞）	Quince
槍與玫瑰樂團	Guns N' Roses
歌利亞瓶（葡萄酒）	Goliath
漢堡	Hamburg
漢堡蜜思嘉	Muscat of Hamburg
瑪土撒拉瓶（葡萄酒）	Methuselah
瑪克（渣釀白蘭地）	Marc
瑪拉斯奇諾櫻桃利口酒	Maraschino Liqueur
瑪歌	Margaux
瑪麗珍瓶（葡萄酒）	Marie-Jeanne
瘋人鍋院	Grindhouse
碧而索	Bierzo
碧坎	Bicane
精力充沛的（形容詞）	Lively
精緻的（形容詞）	Refined
精餾器	Rectifier
綠豆（形容詞）	Green Beans
綠洲合唱團	Oasis
綠茶利口酒	Green Tea Liqueur
綠渣類（祕魯皮斯可）	Mosto Verde (Peruvian Pisco)
綠維特利納	Gruner Veltliner
綠歐班	Aubin Vert
綠橄欖（形容詞）	Green Olive
綠蕁麻利口酒	Green Chartreuse
綠薄荷香甜酒	Crème de Menthe
維也納	Vienna
維也納拉格	Vienna Lager
維瓦萊丘	Côtes du Vivarais
維京灣	Vikingfjord
維岱侯	Verdelho
維岱荷	Verdejo
維波羅瓦	Wyborowa
維門替諾	Vermentino
維若納利維納	Corvina Veronese
維爾第歐	Verdicchio
維諾尼耶	Viognier
綿密的（形容詞）	Creamy
緊實的（形容詞）	Firm
緊實的（形容詞）	Tight
緊實的（形容詞）	Nerve
蒙古	Mongolia
蒙桑	Montsant
蒙特內哥羅	Montenegro
蒙特塞拉特	Montserrat
蒙塔涅－聖愛美濃	Montagne Saint-Émilion
蒙－聖跨	Ste-Croix-du-Mont
蒙德亞－莫利萊斯	Montilla-Moriles
蒙特普奇亞諾	Montepulciano
蒲公英酒	Dandelion wine
蒲隆地	Burundi
蒸氣啤酒	Steam Beer
蒸餾	Distilled
蒸餾塔	Distillation Column
蒸餾鍋	Boiler
蓋亞那	Guyana
蓋酷家庭	Family Guy
蜜思卡岱	Muscadelle
蜜思卡得	Muscadet
蜜思妮	Musigny

中文	原文
蜜思嘉	Moscato
蜜思嘉蒂	Muscardine
蜜桃（形容詞）	Nectarine
蜜桃奶酥蛋糕（形容詞）	Peach Cobbler
蜜漬堅果（形容詞）	Honey-Roasted Nuts
裸麥	Rye
裸麥威士忌	Rye Whisk(e)y
裸麥麥基愛爾	Rye-based Ale
裸麥麥芽威士忌	Rye Malt Whisky
製桶	cooperage
賓	Beam
賓－三得利	Beam-Suntory
赫塞哥維納	Herzegovina
赫雷斯白蘭地	Brandy de Jerez
輔料司陶特啤酒	Adjunct Stout
輕啤酒	Light Beer
辣椒愛爾	Chile Ale
酵母小麥啤酒	Hefeweizen
酵母菌	Yeast
酵母菌（形容詞）	Yeasty
酷艾拉	Caol Ila
酷尚	Cruzan
酸的（形容詞）	Sour
酸葡萄／優惠時段	Sour Grapes/Happy Hour
酸辣的（形容詞）	Tart
酸櫻桃（形容詞）	Sour Cherries
銀狐伏特加	Danzka
銀龍舌蘭	Silver Tequila
餅乾（形容詞）	Biscuit
鳳梨	Pineapple
鳳梨酒	Tepache
齊凡尼亞（渣釀白蘭地）	Zivania

十五劃

中文	原文
墨西哥	Mexico
墨西哥辣椒	Jalapeño
墨西哥辣椒（形容詞）	Jalapeño
賽國	Laos
德白	Hock
德式皮爾森啤酒	German Pilsner
德式拉格	German Lager
德式琴酒	Dutch Gin
德式愛爾	German Ale
德式矮腳杯	Pokal
德式裸麥啤酒	Roggenbier
德國	Germany
德國于度度	Oechsle
慕尼黑	Munich
慕尼黑拉格	Munich Lager
慕尼黑深色啤酒	Munich Dunkel
慕尼黑淺色啤酒	Munich Helles
慕維得爾	Monastrell
慕維得爾	Mourvédre
摩洛哥	Morocco
摩根船長	Captain Morgan
摩特拉克	Mortlach
摩塞爾	Mosel
摩爾多瓦	Moldova
撒曼尼薩瓶（葡萄酒）	Salmanazar
樂透趴趴走	My Name Is Earl
標準布根地瓶（葡萄酒）	Standard Burgundy
標準波爾多瓶（葡萄酒）	Standard Bordeaux
標準香檳瓶（葡萄酒）	Standard Champagne
標準參考方法	Standard Reference Method, SRM
歐本	Oban
歐式拉格	Euro Lager
歐式拉格	European Lager
歐式烈性拉格	Euro Strong Lager
歐式深色拉格	Euro Dark Lager
歐式淺色拉格	Euro Pale Lager
歐肯特軒	Auchentoshan
歐哥哥羅椰子蒸餾酒	Ogogoro
歐捷扁桃仁利口酒	Orgeat
歐魯荷（渣釀白蘭地）	Orujo
歐羅洛梭	Oloroso
稻米	Rice
稻草（形容詞）	Straw
稻草酒	Straw wine
穀倉（形容詞）	Barnyard
緬甸	Myanmar
蔓越莓乾（形容詞）	Craisin
蔬菜味（形容詞）	Vegetal
蔬菜愛爾	Vegetable Ale
蝗蟲	Locust
蝴蝶型（開瓶器）	Wing
蝸牛	Snail
複雜的（形容詞）	Complex
調味司陶特啤酒	Flavored Stout

中文	原文
調味麥芽飲品	Flavored Malt Beverages
調味蘭姆酒	Flavored Rum
調和酸釀啤酒	Gueuze Lambic
醋味（形容詞）	Vinegary
醋栗（形容詞）	Gooseberry
黎巴嫩	Lebanon

十六劃

中文	原文
樹木	Tree
樹幹	Trunk
橘子（形容詞）	Tangerine
橙皮利口酒	Triple Sec
橙皮酒	Curaçao
橙味利口酒	Orange Liqueur
橙皮苦精	Orange Bitter
橙味橙皮酒	Orange Curaçao
橙花（形容詞）	Orange Blossom
橙香蜜思嘉	Orange Muscat
橡木味（形容詞）	Oaked
橡實型（杯梗）	Acorn
橫萌芽苗	Lateral Shoot
澳洲	Australia
濃郁的（形容詞）	Dense
濃甜	Doux
燉西洋梨（形容詞）	Pear Compote
燉蘋果（形容詞）	Poached Apples
燒灼烈酒	Aguardiente
燒盡的火柴（形容詞）	Burnt Match
燕麥	Oats
燕麥片	Flaked Oats
燕麥司陶特啤酒	Oatmeal Stout
璜娜媽媽雞尾酒	Mama Juana
盧皮亞克	Loupiac
盧安達	Rwanda
盧森堡	Luxembourg
盧瑟弗	Rutherford
穆薩克	Mauzac
糖解作用	Glycolysis
糖漬香料蛋糕（形容詞）	Spice Cake
糖蜜	Molasses
糖漿	Simple Syrup
蕃紅花（形容詞）	Saffron
親吻合唱團	Kiss
貓尿（形容詞）	Cat Pee
賴比瑞亞	Liberia
鋼鐵味（形容詞）	Steely
錐型（醒酒器）	Taper
錯過適飲巔峰的（形容詞）	Fallen Over
龍舌蘭	Tequila
龍舌蘭草心	Agave Piñas
龍舌蘭採收員	Jimador
龍舌蘭糖漿	Agave Nectar

十七劃

中文	原文
優格（形容詞）	Yogurt
優級巴多利諾	Bardolino Superiore
優級年份波特	Colheita Port
優級阿格里亞尼科	Aglianico del Vulture Superiore
優級蒙費拉多巴貝拉	Barbera del Monferrato Superiore
優惠時段／酸葡萄	Happy Hour/Sour Grapes
檀香（形容詞）	Sandalwood
環型（杯梗）	Annulated
艱澀的（形容詞）	Austere
蕾哈娜	Rihanna
薄酒萊	Beaujolais
薄酒萊村莊	Beaujolais-Villages
薄荷（形容詞）	Mint
薄荷腦	Menthol
薊型杯	Thistle
薑	Ginger
薑汁利口酒	Ginger Liqueur
螺旋狀（開瓶器）	Basic Corkscrew
蟎	Mite
賽普勒斯	Cyprus
錘型（醒酒器）	Mallet
鮮奶油	Cream
鮮活的（形容詞）	Zesty
黏土（形容詞）	Clay

十八劃

中文	原文
擺弧法	Pendelbogen
斷魂椒	Ghost
檸檬（形容詞）	Lemon
檸檬酒	Limoncello
檸檬雪泥（形容詞）	Lemon Sorbet
檸檬凝乳（形容詞）	Lemon Curd
舊金山	San Francisco
薩丁尼亞	Sardinia
薩尼歐巴貝拉	Barbera del Sannio
薩瓦涅	Savagnin
薩克森	Sachsen
薩格蘭提諾	Sagrantino
薩勒－溫斯特圖特	Saale-Unstrut

中文	原文
薩莫拉地區葡萄酒	Tierra del Vino de Zamora
薩爾瓦多	El Salvador
薩赫蒂	Sahti
薩摩亞	Samoa
薰衣草（形容詞）	Lavender
藍布思柯	Lambrusco
藍布爾格爾	Blauburger
藍布魯斯切托	Lambruschetto
藍布魯斯科格斯帕羅薩	Lambrusco Grasparossa
藍布魯斯科索巴拉	Lambrusco di Sorbara
藍布魯斯科馬拉尼	Lambrusco Marani
藍布魯斯科費奧拉諾	Lambrusco di Fiorano
藍弗朗克	Blaufränkisch
藍皮諾	Pinot Noir Précoce
藍莓	Blueberries
藍莓奶酥蛋糕（形容詞）	Blueberry Cobbler
藍橙皮酒	Blue Curaçao
覆盆子糖漿	Raspberry Syrup
覆盆莓水果塔（形容詞）	Raspberry Tart
覆盆莓奶酥蛋糕（形容詞）	Raspberry Cobbler
豐腴（形容詞）	Unctuous
豐腴的（形容詞）	Voluptuous
豐裕的（形容詞）	Opulent
豐裕的（形容詞）	Rich
雙叉型（開瓶器）	Twin Prong
雙大瓶（葡萄酒）	Double Magnum
雙倍IPA	Double IPA
雙倍勃克啤酒	Doppelbock
雞蛋利口酒	Advocaat
鬆軟的（形容詞）	Flabby

十九劃

中文	原文
懷特馬凱	Whyte & Mackay
懷瑟斯	Wiser's
羅宋湯（形容詞）	Borscht
羅亞爾河	Loire
羅亞爾河谷	Loire Valley
羅波安瓶（葡萄酒）	Rehoboam
羅珊妮	Roseanne
羅馬	Roman
羅馬尼亞	Romania
羅馬諾特雷比亞諾	Trebbiano Romagnolo
羅勒	Basil
羅第丘	Côte-Rôtie
羅蒂內拉	Rondinella
藤蔓	Tendril
藥草利口酒	Herbal Liquor
麗絲玲	Rieslings

二十劃

中文	原文
嚴規熙篤會	Trappist
寶貝一族	The Drew Carey Show
寶貝家庭	Married with Children
礦物（形容詞）	Minerally
繽紛糖餅（形容詞）	Bark Candy
蘆筍（形容詞）	Asparagus
蘇丹	Sudan
蘇克魯斯	Sucellus
蘇利南	Suriname
蘇美	Sumerian
蘇格蘭威士忌	Scotch Whisk(e)y
蘇格蘭愛爾	Scotch Ale
蘋果（形容詞）	Apple
蘋果白蘭地	Apple Brandy
蘋果白蘭地	Applejack
蘋果白蘭地	Calvados
蘋果花（形容詞）	Apple Blossom
蘋果酒	Cider
蘑菇（形容詞）	Mushroom

二十一劃

中文	原文
櫻桃	Cherries
櫻桃（形容詞）	Cherry
櫻桃可樂（形容詞）	Cherry Cola
櫻桃白蘭地	Kirsch
櫻桃利口酒	Cherry Liqueur
櫻桃酒	Cherry wine
櫻桃乾（形容詞）	Dried Cherry
欄杆型（杯梗）	Baluster
灌木法	Bush
櫱	Sucker
蘭姆酒	Rum
露菌病	Downy Mildew

二十三劃

中文	原文
蘿夢湖	Loch Lomond
蘿蔔	Carrot
黴味（形容詞）	Musty
黴菌（形容詞）	Moldy

二十四劃

中文	原文
鹽之花（形容詞）	Fleur de Sel

二十八劃

中文	原文
豔麗的（形容詞）	Flamboyant

二十九劃

中文	原文
鬱金香杯	Tulip